注册消防工程师资格考试真题解析

消防安全技术综合能力真题解析
(2016~2019)

本书编委会 编著

中国建筑工业出版社

图书在版编目（CIP）数据

消防安全技术综合能力真题解析：2016—2019/《消防安全技术综合能力真题解析（2016—2019）》编委会编著. —北京：中国建筑工业出版社，2020.6
注册消防工程师资格考试真题解析
ISBN 978-7-112-25039-4

Ⅰ.①消… Ⅱ.①消… Ⅲ.①消防-安全技术-资格考试-题解 Ⅳ.①TU998.1-44

中国版本图书馆CIP数据核字（2020）第066626号

全国一级注册消防工程师资格考试至今已经第六个年头。为帮助广大考生顺利通过考试，本套丛书汇总了《消防安全技术实务》《消防安全技术综合能力》和《消防安全案例分析》三个科目的历年真题，详细分析了每道题的参考答案、答题依据及解题思路，并适当拓展相关知识，有助于考生全面了解考点，真正做到举一反三，在应试中灵活运用相关知识，从而取得好的成绩。

本丛书适合参加注册消防工程师考试的考生自学，也可供培训机构用作培训教材。

责任编辑：赵梦梅　刘婷婷
责任校对：王　瑞

注册消防工程师资格考试真题解析
消防安全技术综合能力真题解析（2016～2019）
本书编委会　编著
*
中国建筑工业出版社出版、发行（北京海淀三里河路9号）
各地新华书店、建筑书店经销
北京鸿文瀚海文化传媒有限公司制版
天津翔远印刷有限公司印刷
*

开本：787×1092毫米　1/16　印张：17　字数：420千字
2020年6月第一版　2020年6月第一次印刷
定价：**45.00**元
ISBN 978-7-112-25039-4
（35840）

版权所有　翻印必究
如有印装质量问题，可寄本社退换
（邮政编码100037）

前　言

自 2015 年一级注册消防工程师资格考试首次开考以来，已成为社会关注的热点，吸引了众多考生报名参加，报考人数逐年递增。由于该资格考试涉及消防行业的方方面面，专业性强，如果没有相关从业经历，很难在短时间内将相关的知识点融会贯通，并在考试中取得理想成绩。为了帮助广大考生准确掌握近 4 年的考试重点、难点以及出题思路，《注册消防工程师资格考试真题解析》丛书应运而生。

《注册消防工程师资格考试真题解析》丛书与注册消防工程师资格考试科目一致，共分为三本，即《消防安全技术实务真题解析（2016～2019）》《消防安全技术综合能力真题解析（2016～2019）》以及《消防安全案例分析真题解析（2016～2019）》。本套丛书将历年真题汇总成册，并逐题给出参考答案、命题思路和解题分析。解题分析的依据多出自现行国家标准的相关规定，部分解题分析中将与答案直接相关的内容用粗体字标出，避免考生为寻找答案依据而翻阅各项标准的烦琐。解析中所列其他相关标准条文的内容，则可作为考生的拓展学习资料，便于考生全面了解与考题相关的考点，真正做到举一反三，在应试中灵活运用相关知识。

考生在使用本套丛书过程中，需要注意以下几点：

1. 关于解题分析中的参考教材。

不管是技术实务、综合能力还是案例分析，都会涉及火灾和爆炸的一些基础知识，如某些液体的闪点、气体的爆炸上（下）限等，这些内容通常不会出现在相关的标准中，主要来自各类辅导教材。目前市面上辅导教材林林总总，存在很多版本。本套丛书依据的是由中国消防协会组织编写的最新版官方教材，但考虑到该教材自出版以来进行了多次改版，不同年份报名考生可能采用的是不同版本的教材，因此，本套丛书未给出各知识点在教材中的具体页码，只给出相应的篇、章、节号。纵观历次版本教材，基础知识相关内容相对稳定，在教材中的编排顺序也大体一致，所以考生可依据给出的章节位置，顺利查询相关内容。

2. 关于标准依据。

自 2016 年以来，多本工程建设消防技术标准进行了修订，部分修订内容会对标准答案产生较大影响。因此，本套丛书在研判答案的正确性时，仍然依据了考试当年版本的消防技术标准。如果因标准修订导致考题正确答案的更改，本丛书在解题分析中也给出了相应提示。

本套丛书的出版，离不开本书编委会各位成员的共同努力以及中国建筑工业出版社编辑赵梦梅和刘婷婷的严格审校和把关，感谢她们对编委会的信任和支持。

本书编委会

2020 年 4 月

目 录

2019 年一级注册消防工程师《消防安全技术综合能力》真题解析 …………… 1
    一、单项选择题 ………………………………………………………………… 3
    二、多项选择题 ………………………………………………………………… 54

2018 年一级注册消防工程师《消防安全技术综合能力》真题解析 …………… 77
    一、单项选择题 ………………………………………………………………… 79
    二、多项选择题 ………………………………………………………………… 118

2017 年一级注册消防工程师《消防安全技术综合能力》真题解析 …………… 135
    一、单项选择题 ………………………………………………………………… 137
    二、多项选择题 ………………………………………………………………… 180

2016 年一级注册消防工程师《消防安全技术综合能力》真题解析 …………… 195
    一、单项选择题 ………………………………………………………………… 197
    二、多项选择题 ………………………………………………………………… 235

附录 ……………………………………………………………………………… 253
    附录 A 一级注册消防工程师资格考试考生须知 …………………………… 255
    附录 B 一级注册消防工程师考试大纲 …………………………………… 257

2019 年
一级注册消防工程师《消防安全技术综合能力》
真题解析

一、单项选择题（共80题，每题1分。每题的备选项中，只有1个最符合题意）

【题1】 某公司租用创业大厦十五层办公，公司总经理发现防烟楼梯间的前室面积较大，遂摆放沙发作为公司休息室使用，该公司的行为违反了《中华人民共和国消防法》，应责令其改正，并（　　）。

　　A. 处一千元以上五千元以下罚款　　B. 对总经理处一日以上三日以下拘留
　　C. 对责任人处五日以上十日以下拘留　　D. 处五千元以上五万元以下罚款

【参考答案】 D
【解题分析】

《中华人民共和国消防法》

第六十条　单位违反本法规定，有下列行为之一的，责令改正，处五千元以上五万元以下罚款：

（一）消防设施、器材或者消防安全标志的配置、设置不符合国家标准、行业标准，或者未保持完好有效的；

（二）损坏、挪用或者擅自拆除、停用消防设施、器材的；

（三）**占用、堵塞、封闭疏散通道、安全出口或者有其他妨碍安全疏散行为的；**

（四）埋压、圈占、遮挡消火栓或者占用防火间距的；

（五）占用、堵塞、封闭消防车通道，妨碍消防车通行的；

（六）人员密集场所在门窗上设置影响逃生和灭火救援的障碍物的；

（七）对火灾隐患经消防救援机构通知后不及时采取措施消除的。

个人有前款第二项、第三项、第四项、第五项行为之一的，处警告或者五百元以下罚款。

有本条第一款第三项、第四项、第五项、第六项行为，经责令改正拒不改正的，强制执行，所需费用由违法行为人承担。

公司总经理在防烟楼梯间的前室摆放沙发作为公司休息室使用，符合第三项，故答案选D。

【题2】 某海鲜酒楼厨师发现厨房天然气轻微泄漏，立即报告总经理王某，要求停业维修。王某查看现场后认为问题不大，强令厨师开火炒菜，导致天然气爆炸燃烧，造成1人死亡，1人重伤。根据《中华人民共和国刑法》，应对总经理王某处以（　　）。

　　A. 五年以下有期徒刑或者拘役
　　B. 五年以上有期徒刑
　　C. 五年以上有期徒刑，并处罚金
　　D. 五年以上七年以下有期徒刑，并处罚金

【参考答案】 A
【解题分析】

《中华人民共和国刑法》第134条第二款

强令他人违章冒险作业，因而发生重大伤亡事故或者其他严重后果的，处5年以下有期徒刑或者拘役，情节特别恶劣的，处5年以上有期徒刑。

根据上述规定，死亡1人，重伤1人，可认为是发生重大伤亡事故，答案选A。

【题3】某消防技术服务机构受某大型综合体业主请托，出具虚假消防设施检测报告，消防救援机构责令该服务机构改正，处十万元罚款，并对直接负责人王某处一万元罚款，该服务机构及王某到期未缴纳罚款。根据《中华人民共和国行政处罚法》，到期不缴纳罚款的，应对该服务机构及王某分别每日加处（　　）。

　　A. 1000元和100元　　　　　　B. 3000元和300元
　　C. 5000元和500元　　　　　　D. 7000元和700元

【参考答案】B

【解题分析】

《中华人民共和国行政处罚法》

第五十一条　当事人逾期不履行行政处罚决定的，作出行政处罚决定的行政机关可以采取下列措施：

（一）到期不缴纳罚款的，每日按罚款数额的百分之三加处罚款；

（二）根据法律规定，将查封、扣押的财物拍卖或者将冻结的存款划拨抵缴罚款；

（三）申请人民法院强制执行。

根据第一款要求，到期不缴纳罚款的，每日按罚款数额的百分之三加处罚款，即公司每日处3000元罚款，负责人每日处300元罚款。故选项B正确。

【题4】某量贩式歌舞厅位于多层综合体一层，按照《公共娱乐场所消防安全管理规定》（公安部令第39号）进行防火检查，下列检查结果中，不符合规定的是（　　）。

　　A. 设置了自带电源的应急照明灯具
　　B. 设置了机械排烟设施
　　C. 安全出口门口设有门帘挡风
　　D. 地上一层员工食堂内使用液化石油气烧水煮饭

【参考答案】C

【解题分析】

《公共娱乐场所消防安全管理规定》（公安部令第39号）

第九条　公共娱乐场所的安全出口数目、疏散宽度和距离，应当符合国家有关建筑设计防火规范的规定。

安全出口处不得设置门槛、台阶、疏散门应向外开启，不得采用卷帘门、转门、吊门和侧拉门，**门口不得设置门帘、屏风等影响疏散的遮挡物。**

公共娱乐场所在营业时必须确保安全出口和疏散通道畅通无阻，严禁将安全出口上锁、阻塞。

根据上述要求，门口不得设置门帘、屏风等影响疏散的遮挡物。选项C不符合要求。

【题5】某北方寒冷地区多层车库，设置的干式消火栓系统采用电动阀作为启闭装置，消防工程施工单位对该系统进行检查调试，下列检查调试结果中，不符合现行国家标准要求的是（　　）。

　　A. 干式消火栓系统电动阀的开启时间为45s
　　B. 启闭装置后的管网为空管
　　C. 系统管道的最高处设置了快速排气阀

D. 消火栓系统电动阀启动后,最不利点消火栓4min后出水

【参考答案】A

【解题分析】

《消防给水及消火栓系统技术规范》第7.1.6条

7.1.6 干式消火栓系统的充水时间不应大于5min,并应符合下列规定:

1) 在供水干管上宜设干式报警阀、雨淋阀或电磁阀、电动阀等快速启闭装置,当采用电动阀时开启时间不应超过30s;

2) 当采用雨淋阀、电磁阀和电动阀时,在消火栓箱处应设置直接开启快速启闭装置的手动按钮;

3) 在系统管道的最高处应设置快速排气阀。

干式消火栓系统采用电动阀时,开启时间45s,大于第1)款规定的开启时间不应大于30s的要求,故选项A错误。

【题6】某单位设置储压型干粉灭火系统,该系统的组件不包括( )。

  A. 容器阀   B. 驱动气体储存装置

  C. 安全泄压装置   D. 干粉储存容器

【参考答案】B

【解题分析】

《干粉灭火系统设计规范》GB 50347—2004 第5.1.1条

5.1.1 储存装置宜由干粉储存容器、容器阀、安全泄压装置、驱动气体储瓶、瓶头阀、集流管、减压阀、压力报警及控制装置等组成。

储压型干粉灭火系统的驱动气体在干粉容器内,不需要专门的驱动气体存储装置。因此答案选B。

【题7】根据《消防法》及《公安部关于实施〈机关、团体、企业、事业单位消防安全管理规定〉有关问题的通知(公通字〔2001〕97号)》,下列单位中,应当界定为消防安全重点单位的是( )。

  A. 建筑面积为190m^2的卡拉OK厅

  B. 住宿床位为40张的养老院

  C. 高层公共建筑的公寓楼

  D. 生产车间员工为150人的建筑钢磨具加工企业

【参考答案】C

【解题分析】

《公安部关于实施〈机关、团体、企业、事业单位消防安全管理规定〉有关问题的通知》(公通字〔2001〕97号)

第十三条 下列范围的单位是消防安全重点单位,应当按照本规定的要求,实行严格管理:

(一)商场(市场)、宾馆(饭店)、体育场(馆)、会堂、公共娱乐场所等公众聚集场所。

  1 建筑面积在1000m^2(含本数,下同)以上且经营可燃商品的商场(商店、市场);

  2 客房数在50间以上的(旅馆、饭店);

3 公共的体育场（馆）、会堂；

4 建筑面积在 200m² 以上的公共娱乐场所。

上述所称公共娱乐场所是指向公众开放的下列室内场所：

（1）影剧院、录像厅、礼堂等演出、放映场所；

（2）舞厅、卡拉 OK 等歌舞娱乐场所；

（3）具有娱乐功能的夜总会、音乐茶座和餐饮场所；

（4）游艺、游乐场所；

（5）保龄球馆、旱冰场、桑拿浴室等营业性健身、休闲场所。

（二）医院、**养老院**和寄宿制的学校、托儿所、幼儿园

1 住院床位在 50 张以上的医院；

2 **老人住宿床位在 50 张以上的养老院；**

3 学生住宿床位在 100 张以上的学校；

4 幼儿住宿床位在 50 张以上的托儿所、幼儿园。

……

（九）服装、制鞋等劳动密集型生产、加工企业

生产车间员工在 100 人以上的服装、鞋帽、玩具等劳动密集型企业。

……

（十一）**高层公共建筑**、地下铁道、地下观光隧道，粮、棉、木材、百货等物资仓库和堆场，重点工程的施工现场

1 **高层公共建筑的办公楼（写字楼）、公寓楼等；**

2 城市地下铁道、地下观光隧道等地下公共建筑和城市重要的交通隧道；

3 国家储备粮库、总储备量在 10000t 以上的其他粮库；

4 总储量在 500t 以上的棉库；

5 总储量在 10000m³ 以上的木材堆场；

6 总储存价值在 1000 万元以上的可燃物品仓库、堆场；

7 国家和省级等重点工程的施工现场。

根据第（一）款规定，建筑面积大于 200m² 以上的卡拉 OK 厅才判定为消防重点单位，选项 A 建筑面积 190m²，故选项 A 不正确。

根据第（二）款要求，床位在 50 张以上的养老院判定为消防重点单位，选项 B 床位 40 张，不到要求，故不正确。

根据第（十一）款要求，选项 C 符合要求。

选项 D 中，加工企业员工达到 150 人，超过第（九）款要求，但为建筑钢磨具加工企业，不是上述规定的服装、鞋帽、玩具等劳动密集型企业。故选项 D 不正确。

【题8】对某在建工程作业场所设置的临时疏散通道进行防火检查，下列检查结果中，不符合现行国家标准《建设工程施工现场消防安全技术规定》GB 50720 要求的是（　　）。

A. 地面上的临时疏散通道净宽度为 1.5m

B. 疏散通道的隔墙采用厚度为 50mm 的金属岩棉夹芯板

C. 脚手架的临时疏散通道净宽度为 0.6m

D. 临时疏散通道的临空面设置了高度为 1.2m 的防护栏杆

【参考答案】B
【解题分析】
采用排除法。《建设工程施工现场消防安全技术规定》GB 50720 第 4.3.2 条
在建工程作业场所临时疏散通道的设置应符合下列规定：
……
2）设置在地面上的临时疏散通道，其净宽度不应小于 1.5m；利用在建工程施工完毕的水平结构、楼梯作临时疏散通道时，其净宽度不宜小于 1m；用于疏散的爬梯及设置在脚手架上的临时疏散通道，其净宽度不应小于 0.6m。
……
5）临时疏散通道的侧面为临空面时，应沿临空面设置高度不小于 1.2m 的防护栏杆。
（故选项 A、C 和 D 正确）

【题9】某在建高层公共建筑，拟安装室内消火栓 150 套，消防工程施工单位对该建筑的消火栓进行现场检查。根据《消防给水及消火栓系统技术规范》GB 50974，下列检查的做法和结果中，不符合标准要求的是（　　）。

A. 旋转型消火栓的转动部件为铜质
B. 消防软管卷盘的消防软管内径为 19mm，长度 30m
C. 消防水枪的当量喷嘴直径为 16mm
D. 消火栓外观检查，抽检数为 50 套

【参考答案】D
【解题分析】
《消防给水及消火栓系统技术规范》GB 50974 第 12.2.3 条
消火栓的现场检验应符合下列要求：
……
11　旋转型消火栓其内部构造应合理，转动部件应为铜或不锈钢，并应保证旋转可靠、无卡涩和漏水现象；
……
18　消防软管卷盘和轻便水龙应符合现行国家标准《消防软管卷盘》GB 15090 和现行行业标准《轻便消防水龙》GA 180 的性能和质量要求。

外观和一般检查数量：全数检查。
检查方法：直观和尺量检查。
性能检查数量：抽查符合本条第 14 款的规定。
检查方法：直观检查及在专用试验装置上测试，主要测试设备有试压泵、压力表、秒表。

根据第 11 款，旋转部分应为铜质或不锈钢，选项 A 正确；根据第 18 款，消火栓外观和一般检查数量为全数检查，选项 D 错误。

【题10】某消防技术服务机构对某宾馆的火灾自动报警系统进行年度检测，下列检测结果中不符合现行国家标准《火灾自动报警系统施工及验收规范》GB 50166 要求的是（　　）。

A. 断开 1 个探测回路与控制器之间的连线，56s 时控制器发出故障信号

B. 报警控制器在故障状态下，使任一非故障部位的探测器发出火灾报警信号，85s时控制器发出火灾报警信号

C. 将1个探测回路中任一探测器的接线断开，30s时控制器发出故障信号

D. 断开备用电源与控制器之间的连线，66s时控制器发出故障信号

【参考答案】B

【解题分析】

《火灾自动报警系统施工及验收规范》GB 50166

4.3.2 按现行国家标准《火灾报警控制器》GB 4717的有关要求对控制器进行下列功能检查并记录：

1 检查自检功能和操作级别。

2 使控制器与探测器之间的连线断路和短路，控制器应在100s内发出故障信号（短路时发出火灾报警信号除外）；在故障状态下，使任一非故障部位的探测器发出火灾报警信号，控制器应在1min内发出火灾报警信号，并应记录火灾报警时间；再使其他探测器发出火灾报警信号，检查控制器的再次报警功能。

3 检查消音和复位功能。

4 **使控制器与备用电源之间的连线断路和短路，控制器应在100s内发出故障信号。**

5 检查屏蔽功能。

6 使总线隔离器保护范围内的任一点短路，检查总线隔离器的隔离保护功能。

7 使任一总线回路上不少于10只的火灾探测器同时处于火灾报警状态，检查控制器的负载功能。

8 检查主、备电源的自动转换功能，并在备电工作状态下重复第7款检查。

9 检查控制器特有的其他功能。

检查数量：全数检查。

检验方法：观察检查、仪表测量。

根据第2款，在故障状态下，使任一非故障部位的探测器发出火灾报警信号，控制器应在1min内发出火灾报警信号，选项A正确，选项B错误。根据第4款，断开备用电源与控制器之间的线路，控制器在100s内发出故障信号，选项D正确。

【题11】某消防工程施工单位对某建筑安装的自动喷水灭火系统进行调试，根据现行国家标准《自动喷水灭火系统施工及验收规范》GB 50261，属于系统调试的是（　　）。

A. 排水设施调试　　　　　　B. 管道试压

C. 管网冲洗　　　　　　　　D. 支吊架间距测量

【参考答案】A

【解题分析】

《自动喷水灭火系统施工及验收规范》GB 50261

系统调试应包括：水源测试、消防水泵调试、稳压泵调试、报警阀调试、**排水设施调试**、联动试验。

根据上述要求，排水设施调试属于系统调试。答案选A。

【题12】某博物馆附属的地下2层丙类仓库，每层建筑面积为900m²，每层划分为2个防火分区，设有自动喷水灭火系统，对该仓库的下列防火检查结果中，不符合现行国家标准

要求的是（　　）。

　　A. 仓库通向疏散走道的门采用乙级防火门
　　B. 仓库通向疏散楼梯间的门采用乙级防火门
　　C. 地下二层1个防火分区的两个安全出口中的1个安全出口借用相邻防火分区疏散
　　D. 地下二层建筑面积为300m²的防火分区，设1个安全出口

【参考答案】D
【解题分析】
《建筑设计防火规范》GB 50016—2014（2018年版）

3.8.2 每座仓库的安全出口不应少于2个，当一座仓库的占地面积不大于300m²时，可设置1个安全出口。仓库内每个防火分区通向疏散走道、楼梯或室外的出口不宜少于2个，当防火分区的建筑面积不大于100m²时，可设置1个出口。**通向疏散走道或楼梯的门应为乙级防火门。**

根据上述要求，选项A和选项B正确。

3.8.3 地下或半地下仓库（包括地下或半地下室）的安全出口不应少于2个；当建筑面积不大于100m²时，可设置1个安全出口。

根据上述规定，选项D错误。

地下或半地下仓库（包括地下或半地下室），当有多个防火分区相邻布置并采用防火墙分隔时，每个防火分区可利用防火墙上通向相邻防火分区的甲级防火门作为第二安全出口，但每个防火分区必须至少有1个直通室外的安全出口。

根据上述要求，选项C正确。

【题13】某高层建筑的消防给水系统维护保养项目包括：①对减压阀的流量和压力进行一次试验；②对消防水泵接合器的栓口及附件进行一次检查；③将柴油机消防水泵的启动电池的电量进行检测；④对室外阀门井中，进水管上的控制阀门进行一次检查。根据现行国家标准《消防给水及消火栓系统技术规范》GB 50974，上述4项维护保养项目中，属于季度保养项目的共有（　　）。

　　A. 1项　　　　　　　　　　B. 3项
　　C. 4项　　　　　　　　　　D. 2项

【参考答案】D
【解题分析】
《消防给水及消火栓系统技术规范》GB 50974

14.0.4 消防水泵和稳压泵等供水设施的维护管理应符合下列规定：
　　1 每月应手动启动消防水泵运转一次，并应检查供电电源的情况；
　　2 每周应模拟消防水泵自动控制的条件自动启动消防水泵运转一次，且应自动记录自动巡检情况，每月应检测记录；
　　3 每日应对稳压泵的停泵启泵压力和启泵次数等进行检查和记录运行情况；
　　4 **每日应对柴油机消防水泵的启动电池的电量进行检测**，每周应检查储油箱的储油量，每月应手动启动柴油机消防水泵运行一次；
　　5 每季度应对消防水泵的出流量和压力进行一次试验；
　　6 每月应对气压水罐的压力和有效容积等进行一次检测。

14.0.5 减压阀的维护管理应符合下列规定：
1 每月应对减压阀组进行一次放水试验，并应检测和记录减压阀前后的压力，当不符合设计值时应采取满足系统要求的调试和维修等措施；
2 每年应对减压阀的流量和压力进行一次试验。
14.0.6 阀门的维护管理应符合下列规定：
1 雨淋阀的附属电磁阀应每月检查并应作启动试验，动作失常时应及时更换；
2 每月应对电动阀和电磁阀的供电和启闭性能进行检测；
3 系统上所有的控制阀门均应采用铅封或锁链固定在开启或规定的状态，每月应对铅封、锁链进行一次检查，当有破坏或损坏时应及时修理更换；
4 每季度应对室外阀门井中，进水管上的控制阀门进行一次检查，并应核实其处于全开启状态；
5 每天应对水源控制阀、报警阀组进行外观检查，并应保证系统处于无故障状态；
6 每季度应对系统所有的末端试水阀和报警阀的放水试验阀进行一次放水试验，并应检查系统启动、报警功能以及出水情况是否正常；
7 在市政供水阀门处于完全开启状态时，每月应对倒流防止器的压差进行检测，且应符合国家现行标准《减压型倒流防止器》GB/T 25178、《低阻力倒流防止器》JB/T 11151 和《双止回阀倒流防止器》CJ/T 160 等的有关规定。
14.0.7 每季度应对消火栓进行一次外观和漏水检查，发现有不正常的消火栓应及时更换。
14.0.8 每季度应对消防水泵接合器的接口及附件进行检查一次，并应保证接口完好、无渗漏、闷盖齐全。
14.0.9 每年应对系统过滤器进行至少一次排渣，并应检查过滤器是否处于完好状态，当堵塞或损坏时应及时检修。
14.0.10 每年应检查消防水池、消防水箱等蓄水设施的结构材料是否完好，发现问题应及时处理。

根据第14.0.5条规定，减压阀流量和压力应**每年**检测一次。根据第14.0.8条规定，**每季度**应对消防水泵接合器的接口及附件进行检查一次，并应保证接口完好、无渗漏、闷盖齐全。根据14.0.5条第4款，**每日**应对柴油机消防水泵的启动电池的电量进行检测；根据第14.0.6条第4款，**每季度**应对室外阀门井中，进水管上的控制阀门进行一次检查，并应核实其处于全开启状态。

综上所述，题干中的②和④是每季度检查项目；①是每年检查项目；③是每日检查项目。答案选D。

【题14】对某乙炔站的供配电系统进行防火检查，下列检查结果中，不符合现行国家标准要求的是（   ）。

A. 导线选用了截面积为 2.5mm² 的铜芯绝缘导线
B. 电气线路采用电缆桥架架空敷设
C. 绝缘导线的允许载流量是熔断器额定电流的 1.2 倍
D. 电缆内部的导线为绞线，终端采用定型端子连接

【参考答案】C

【解题分析】

《施工现场临时用电安全技术规范》JGJ 46—2005

7.1.18 架空线路必须有过载保护。

采用熔断器或断路器做过载保护时，**绝缘导线长期连续负荷允许载流量不应小于熔断器熔体额定电流或断路器长延时过流脱扣器脱扣电流整定值的1.25倍。**（故选项C不符合规范要求）

【题15】某地上3层汽车库，每层建筑面积为3600m²，建筑高度为12m，采用自然排烟，对该车库的下列防火检查结果中，不符合现行国家标准要求的是（　　）。

A. 外墙上排烟口采用上悬窗
B. 屋顶的排烟口采用平推窗
C. 每层自然排烟口的总面积为54m²
D. 防烟分区内最远点距排烟口的距离为30m

【参考答案】C

【解题分析】

《汽车库、修车库、停车场设计防火规范》GB 50067—2014

8.2.4 当采用自然排烟方式时，可采用手动排烟窗、自动排烟窗、孔洞等作为自然排烟口，并应符合下列规定：

1 **自然排烟口的总面积不应小于室内地面面积的2％；**

2 自然排烟口应设置在外墙上方或屋顶上，并应设置方便开启的装置；

3 房间外墙上的排烟口（窗）宜沿外墙周长方向均匀分布，排烟口（窗）的下沿不应低于室内净高的1/2，并应沿气流方向开启。

8.2.6 每个防烟分区应设置排烟口，排烟口宜设在顶棚或靠近顶棚的墙面上。**排烟口距该防烟分区内最远点的水平距离不应大于30m。**

本题中，每层建筑面积为3600m²，自然排烟窗面积应为3600×2％=72m²。

选项C结果为54m²，小于72m²，不符合规范规定。答案选C。

【题16】某消防施工单位对某酒店的自动消防设施进行安装施工，根据现行国家标准《火灾自动报警系统设计规范》GB 50116，下列消防设备中，可直接与火灾报警控制器连接的是（　　）。

A. 可燃气体探测器
B. 可燃气体报警控制器
C. 非独立式电气火灾监控探测器
D. 集中电源非集中控制型消防应急照明灯具

【参考答案】B

【解题分析】

《火灾自动报警系统设计规范》GB 50116—2013

8.1.1 可燃气体探测报警系统应由可燃气体报警控制器、可燃气体探测器和火灾声光警报器等组成。

8.1.2 **可燃气体探测报警系统应独立组成，可燃气体探测器不应接入火灾报警控制器的探测器回路；当可燃气体的报警信号需接入火灾自动报警系统时，应由可燃气体报警**

控制器接入。

根据上述规定，选项B正确。

【题17】某消防救援机构对某商业综合体设置的挡烟垂壁进行监督检查，下列检查结果中，不符合现行国家标准《建筑防烟排烟系统技术标准》GB 51251—2018要求的是（　　）。

A.活动挡烟垂壁的手动操作按钮安装在距楼地面1.4m的墙面上
B.活动挡烟垂壁与墙面、柱面的缝隙为70mm
C.由两块活动挡烟垂帘组成的连续性挡烟垂壁，挡烟垂帘搭接宽度为200mm
D.活动挡烟垂壁由无机纤维织物材料制作

【参考答案】B
【解题分析】
《建筑防烟排烟系统技术标准》GB 51251—2018
2.1.10　挡烟垂壁 draft curtain

用不燃材料制成，垂直安装在建筑顶棚、梁或吊顶下，能在火灾时形成一定的蓄烟空间的挡烟分隔设施。

根据上述要求，挡烟垂壁由不燃材料制作，选项D正确。

6.4.4　挡烟垂壁的安装应符合下列规定：
1　型号、规格、下垂的长度和安装位置应符合设计要求；
2　活动挡烟垂壁与建筑结构（柱或墙）面的缝隙不应大于60mm，由两块或两块以上的挡烟垂帘组成的连续性挡烟垂壁，各块之间不应有缝隙，搭接宽度不应小于100mm；
3　活动挡烟垂壁的手动操作按钮应固定安装在距楼地面1.3m～1.5m之间便于操作、明显可见处。

根据第2款，活动挡烟垂壁与建筑结构面的缝隙不应大于60mm，选项B不符合标准规定；两块活动挡烟垂帘组成的连续性挡烟垂壁，挡烟垂帘搭接宽度并小于100mm，选项C为200mm，满足要求；根据第3款，手动操作按钮安装在1.3～1.5m处，选项A满足要求。

【题18】某大型商业综合体物业管理单位编制了灭火和应急疏散预案，锁定了各组织机构的主要职责。下列职责中，属于灭火行动组职责的是（　　）。

A.负责引导人员疏散自救，确保人员安全快速疏散
B.负责向指挥部报告火场内情况
C.负责协调配合消防救援队开展灭火救援行动
D.负责现场灭火，抢救被困人员，操作消防设施

【参考答案】D
【解题分析】
教材《消防安全技术综合能力》第5篇第4章"应急预案编制与演练"
2.灭火行动组

灭火行动组由单位的志愿消防队员组成，可以进一步细化为灭火器材小组、水枪灭火小组、防火卷帘控制小组、物资疏散小组、抢险堵漏小组等。灭火行动组负责现场灭火、抢救被困人员、操作消防设施。

根据上述要求，选项D正确。

【题19】某3层养老院，设有自动喷水灭火系统和火灾自动报警系统，对其内装修工程进行验收。下列验收检查结果中，不符合现行国家标准要求的是（   ）。
   A. 顶棚采用轻钢龙骨纸面石膏板　　B. 地面采用PVC卷材地板
   C. 窗帘采用纯棉装饰布　　　　　　D. 墙面采用印刷木纹人造板

【参考答案】D
【解题分析】
《建筑内部装修设计防火规范》GB 50222—2017

5.1.1　单层、多层民用建筑内部各部位装修材料的燃烧性能等级，不应低于本规范表5.1.1的规定。

序号	建筑物及场所	建筑规模、性质	装修材料燃烧性能等级						
			顶棚	墙面	地面	隔断	固定家具	装饰织物		其他装修装饰材料
								窗帘	帷幕	
6	宾馆、饭店的客房及公共活动用房等	设置送回风道（管）的集中空气调节系统	A	B_1	B_1	B_1	B_2	B_2	—	B_2
		其他	B_1	B_1	B_1	B_2	B_2	B_2	—	B_2
7	养老院、托儿所、幼儿园的居住及活动场所	—	A	A	B_1	B_1	B_1	B_1	—	B_2

5.1.3　除本规范第4章规定的场所和本规范表5.1.1中序号为11~13规定的部位外，当单层、多层民用建筑需做内部装修的空间内装有自动灭火系统时，除顶棚外，其内部装修材料的燃烧性能等级可在本规范表5.1.1规定的基础上降低一级；**当同时装有火灾自动报警装置和自动灭火系统时，其装修材料的燃烧性能等级可在本规范表5.1.1规定的基础上降低一级。**

根据上述要求，养老院顶棚、墙面应为A级，地面为B_1级，窗帘B_1级，设置自动喷水灭火系统和火灾自动报警系统时可降低一级，即，顶棚和墙面为B_1级，地面和窗帘为B_2级。根据该规范第3.0.2条条文说明举例，纸面石膏板可达到B_1级，PVC卷材地板为B_2级，纯棉装饰布，其他经过阻燃处理的植物可达到B_2级，木纹人造板可以达到B_2级。墙面设置木纹人造板为B_2级，低于规范规定的B_1级。选项D错误。答案选D。

【题20】某消防工程施工单位在消防给水系统施工前制定了设备进场前的检验方案，其中稳压泵进场检验要求包括：①稳压泵的流量应满足设计要求，且不宜小于1L/s；②稳压泵的电机功率应满足水泵全性能曲线运行的要求；③泵及电机的外观表面不应有碰损；④泵与电机轴心的偏心不应大于2mm。根据现行国家标准《消防给水及消火栓系统技术规范》GB 50974，上述4项检验要求中，符合规范要求的共有（   ）。
   A. 1项　　　　　　　　　　　　　B. 2项
   C. 3项　　　　　　　　　　　　　D. 4项

【参考答案】C
【解题分析】
《消防给水及消火栓系统技术规范》GB 50974—2014

5.3.2 稳压泵的设计流量应符合下列规定：

1 稳压泵的设计流量不应小于消防给水系统管网的正常泄漏量和系统自动启动流量；

2 消防给水系统管网的正常泄漏量应根据管道材质、接口形式等确定，当没有管网泄漏量数据时，稳压泵的设计流量宜按消防给水设计流量的1‰～3‰计，且不宜小于1L/s；

3 消防给水系统所采用报警阀压力开关等自动启动流量应根据产品确定。

12.2.2 消防水泵和稳压泵的检验应符合下列要求：

1 消防水泵和稳压泵的流量、压力和电机功率应满足设计要求；

2 消防水泵产品质量应符合现行国家标准《消防泵》GB 6245、《离心泵技术条件（Ⅰ类）》GB/T 16907 或《离心泵技术条件（Ⅱ类）》GB/T 5656 的有关规定；

3 稳压泵产品质量应符合现行国家标准《离心泵技术条件（Ⅱ类）》GB/T 5656 的有关规定；

4 消防水泵和稳压泵的电机功率应满足水泵全性能曲线运行的要求；

5 泵及电机的外观表面不应有碰损，轴心不应有偏心。

12.2.2 消防水泵和稳压泵的（进场）检验要求：

……

5）泵及电机的外观表面不应有碰损，轴心不应有偏心。

根据第 5.3.2 条要求，①正确；根据 12.2.2 条第 4 款，②正确；根据 12.2.2 条第 5 款，③正确，④错误。故有 3 项正确，1 项错误，答案选 C。

【题21】某高层酒店，设有自动喷水灭火系统。根据现行国家标准《自动喷水灭火系统施工及验收规范》GB 50261，该酒店对自动喷水灭火系统维护保养的下列做法中，不符合规范要求的是（　　）。

A. 每个季度检查一次室外阀门井中进水管上的控制阀门

B. 对消防水池、高位消防水箱进行储水量检查，安排在每年 6 月进行

C. 利用末端试水装置对水流指示器试验，安排在每月 15 日进行

D. 每月手动启动消防水泵运转一次，每季度模拟自动控制的条件启动运转一次

【参考答案】D

【解题分析】

《自动喷水灭火系统施工及验收规范》GB 50261

9.0.4 消防水泵或内燃机驱动的消防水泵应每月启动运转一次。当消防水泵为自动控制启动时，应每月模拟自动控制的条件启动运转一次。

9.0.8 室外阀门井中，进水管上的控制阀门应每个季度检查一次，核实其处于全开启状态。

9.0.14 每年应对消防储水设备进行检查，修补缺损和重新油漆。

9.0.17 每月应利用末端试水装置对水流指示器进行试验。

根据第 9.0.4 条要求，应每月模拟自动控制的条件启动运转一次，不是每季度，故选项 D 错误。根据第 9.0.8 条，选项 A 正确；根据第 9.0.14 条，选项 B 正确；根据第 9.0.17 条，选项 C 正确。故答案选 D。

【题22】某建筑高度为 39m 的住宅，共 2 个单元，地上一至二层为商业服务网点，对该住

宅楼的下列防火检查结果中,不符合现行国家标准要求的是( )。

A. 每个单元设1部疏散楼梯并通过屋面连通

B. 消防电梯在商业服务网点不开口

C. 户门为乙级防火门,疏散楼梯间采用封闭楼梯间

D. 户门的净宽度均为0.9m

【参考答案】C

【解题分析】

《建筑设计防火规范》GB 50016—2014(2018年版)

5.5.27 住宅建筑的疏散楼梯设置应符合下列决定:

......

3 建筑高度大于33m的住宅建筑应采用防烟楼梯间。户门不宜直接开向前室,确有困难时,每层开向同一前室的户门不应大于3樘且应采用乙级防火门。

根据上述要求,大于33m的住宅应设置防烟楼梯间,选项C错误。

【题23】某建筑高度为26m的商业综合体,设有火灾自动报警系统和自动喷水灭火系统,对于地上三层的卡拉OK厅的室内装修工程进行验收。下列验收结果中,不符合现行国家标准要求的是( )。

A. 顶棚采用金属复合板　　　　B. 沙发采用实木布艺材料制作

C. 墙面采用珍珠岩装饰吸声板　　D. 地面采用氯丁橡胶地板

【参考答案】B

【解题分析】

《建筑内部装修设计防火规范》GB 50222—2017

5.1.1 单层、多层民用建筑内部各部位装修材料的燃烧性能等级,不应低于本规范表5.1.1的规定。

序号	建筑物及场所	建筑规模、性质	装修材料燃烧性能等级						
			顶棚	墙面	地面	隔断	固定家具	装饰织物		其他装修装饰材料
								窗帘	帷幕	
6	宾馆、饭店的客房及公共活动用房等	设置送回风道(管)的集中空气调节系统	A	B_1	B_1	B_1	B_2	B_2	—	B_2
		其他	B_1	B_1	B_2	B_2	B_2			
7	养老院、托儿所、幼儿园的居住及活动场所	—	A	A	B_1	B_1	B_2	B_1		B_2
8	医院的病房区、诊疗区、手术区	—	A	A	B_1	B_1	B_2	B_1		B_2
9	教学场所、教学实验场所	—	A	B_1	B_2	B_2	B_2	B_2		B_2
10	纪念馆、展览馆、博物馆、图书馆、档案馆、资料馆等的公众活动场所	—	A	B_1	B_1	B_2	B_2	B_1		B_2

续表

序号	建筑物及场所	建筑规模、性质	装修材料燃烧性能等级							
			顶棚	墙面	地面	隔断	固定家具	装饰织物		其他装修装饰材料
								窗帘	帷幕	
11	存放文物、纪念展览物品、重要图书、档案、资料的场所	—	A	A	B_1	B_1	B_2	B_1	—	B_2
12	歌舞娱乐游艺场所	—	A	B_1	B_1	B_1	B_1	B_1	B_1	B_1

歌舞娱乐游艺场所内部各部位装修材料的燃烧性能等级最低标准为：顶棚 A、墙面、地面为 B_1、家具包布 B_1。设自动喷水灭火系统和火灾自动报警系统时，歌舞娱乐游艺场所室内装修也不能降级。根据该规范第 3.0.2 条条文说明举例，选项 A 金属复合板 A 级，选项 C 珍珠岩装饰吸声板和选项 D 氯丁橡胶地板为 B_1 级，选项 B 实木布艺材料为 B_2 级，故选项 B 不符合要求。答案选 B。

【题 24】某二级耐火等级的单层白酒联合厂房，设有自动喷水灭火系统和火灾自动报警系统，对该厂房进行防火检查时发现：

(1) 灌装车间与勾兑车间采用耐火极限为 3.00h 的隔墙分隔；
(2) 容量为 20m^3 的成品酒灌装罐设置在灌装车间内靠外墙部位；
(3) 最大防火分区建筑面积为 7000m^2；
(4) 最大疏散距离为 30m。

上述防火检查结果中，符合现行国家标准要求的共有（　　）。

A. 4 项
B. 1 项
C. 2 项
D. 3 项

【参考答案】D
【解题分析】

《酒厂设计防火规范》GB 50694—2011

4.1.7 白酒、白兰地灌装车间应符合下列规定：

1) 应采用耐火极限不低于 3.00h 的不燃烧体隔墙与勾兑车间、洗瓶车间、包装车间隔开。题中 1 正确；

……

4) 当每条生产线的成品酒灌装罐的单罐容量大于 m^3 但小于或等于 20m^3，且总容量小于或等于 100m^3 时，其灌装罐可设置在建筑物的首层或二层靠外墙部位，并应采用耐火极限不低于 3.00h 的不燃烧体隔墙和不低于 1.50h 的楼板与灌装车间、勾兑车间、包装车间、洗瓶车间等隔开。

题中第 (2) 项正确。

《建筑设计防火规范》GB 50016—2014（2018 年版）

3.3 厂房或仓库的层数、面积和平面布置

3.3.1 除本规范另有规定外，厂房的层数和每个防火分区的最大允许建筑面积应符合表 3.3.1 的规定。

厂房的层数和每个防火分区的最大允许建筑面积　　　　表 3.3.1

生产的火灾 危险性类别	厂房的 耐火等级	最多允许 层数	每个防火分区的最大允许建筑面积(m^2)			
			单层 厂房	多层 厂房	高层 厂房	地下或半地下厂房 (包括地下或半地下室)
甲	一级 二级	宜采用 单层	4000 3000	3000 2000	— 	—

3.3.3　厂房内设置自动灭火系统时,每个防火分区的最大允许建筑面积可按本规范第 3.3.1 条的规定**增加 1.0 倍**。

题干中的车间为甲类厂房。二级甲类单层厂房每个防火分区面积最大允许建筑面积为 3000m^2,设自动喷水灭火系统最大为 6000m^2。第(3)项最大防火分区建筑面积为 7000m^2,大于上述规定的 6000m^2,错误。

3.7.4　厂房内任一点至最近安全出口的直线距离不应大于表 3.7.4 的规定。

厂房内任一点至最近安全出口的直线距离(m)　　　　表 3.7.4

生产的火灾 危险性类别	耐火等级	单层厂房	多层厂房	高层厂房	地下或半地下厂房 (包括地下或半地下室)
甲	一、二级	30	25	—	—

单层甲类厂房内任一点至最近安全出口的直线距离不应大于 30m。题中第(4)项正确。因此,符合国家标准的有 3 项,答案选 D。

【题25】某建筑高度为 30m 的写字楼,标准层建筑面积为 800m^2,人均使用面积为 6m^2,采用剪刀楼梯间。对该写字楼的下列防火检查结果中,符合现行国家标准要求的是(　　)。

A. 楼梯间共用一套机械加压送风系统

B. 梯段之间隔墙的耐火极限为 2.00h

C. 其中一间办公室门至最近安全出口的距离为 15m

D. 梯段的净宽度为 1.1m

【参考答案】B

【解题分析】

《建筑防烟排烟系统技术标准》GB 51251—2017

3.1.5　防烟楼梯间及其前室的机械加压送风系统的设置应符合下列规定:

3)当采用剪刀楼梯时,其两个楼梯间及其前室的机械加压送风系统应分别独立设置。(故选项 A 错误)

《建筑设计防火规范》GB 50016—2014(2018年版)

5.5.10　高层公共建筑的疏散楼梯,当分散设置确有困难且从任一疏散门至最近疏散楼梯间入口的距离不大于 10m 时,可采用剪刀楼梯间,但应符合下列规定:

2)梯段之间应设置耐火极限不低于 1.00h 的防火隔墙。(故选项 B 正确;选型 C 错误)

根据 GB 50016 表 5.5.8，其他高层民用建筑的疏散楼梯最小净宽度为 1.2m，选项 D 错误。

【题26】某单位设有石油泡沫灭火系统，系统设置及系统各项性能参数均符合现行国家标准要求。该泡沫灭火系统发泡倍数的测量参数为：量桶空桶重量为 2kg，量桶装满清水重量为 32kg，量桶装满泡沫重量为 12kg。该泡沫灭火系统的形式最有可能的是（   ）。

  A. 低倍数液上喷射泡沫灭火系统
  B. 中倍数泡沫灭火系统
  C. 高倍数泡沫灭火系统
  D. 低倍数液下喷射泡沫灭火系统

【参考答案】D

【解题分析】

《泡沫灭火系统设计规范》GB 50151—2010

2.1.6　低倍数泡沫

发泡倍数低于 20 的灭火泡沫。

2.1.7　中倍数泡沫

发泡倍数为 20~200 的灭火泡沫。

2.1.8　高倍数泡沫

发泡倍数高于 200 的灭火泡沫。

题干中，量桶空桶重量为 2kg，量桶装满清水重量为 32kg，量桶装满泡沫重量为 12kg；发泡倍数＝(32－2)/(12－2)＝3，属于低倍数泡沫。

3.6.2　高背压泡沫产生器应符合下列规定：

1　进口工作压力应在标定的工作压力范围内；

2　出口工作压力应大于泡沫管道的阻力和罐内液体静压力之和；

3　**发泡倍数不应小于2，且不应大于4。**

4.2.4　**液下喷射系统高背压泡沫产生器的设置**，应符合下列规定：

1　高背压泡沫产生器应设置在防火堤外，设置数量及型号应根据本规范第 4.2.1 条和第 4.2.2 条计算所需的泡沫混合液流量确定。

根据上述要求，可知高背压为液下喷射。答案选 D。

【题27】某制衣厂属于消防安全重点单位，分管安全工作的副厂长组织开展月度防火检查，根据《机关、团体、企业、事业单位消防安全管理规定》（公安部令第 61 号），下列检查内容中，不属于每月应当检查的是（   ）。

  A. 安防监控室值班情况
  B. 用火、用电有无违规情况
  C. 安全疏散通道情况
  D. 重点工种以及其他员工消防知识的掌握情况

【参考答案】A

【解题分析】

《机关、团体、企业、事业单位消防安全管理规定》（公安部令第 61 号）

第二十六条　机关、团体、事业单位应当至少每季度进行一次防火检查，其他单位应当至少每月进行一次防火检查。检查的内容应当包括：

（一）火灾隐患的整改情况以及防范措施的落实情况；

（二）**安全疏散通道**、疏散指示标志、应急照明和安全出口情况；

（三）消防车通道、消防水源情况；

（四）灭火器材配置及有效情况；

（五）用火、用电有无违章情况；

（六）重点工种人员以及其他员工消防知识的掌握情况；

……

根据上述规定，选项 A 不属于每月当检查的内容。

【题28】某12层病房楼，设有火灾自动报警系统和自动喷水灭火系统。该建筑每层有 3 个护理单元，洁净手术部设置在第 12 层，在 2 层以上的楼层设置了避难间。对该病房楼的下列防火检查结果中，不符合现行国家标准要求的是（　　）。

A. 每层设置了 2 个避难间

B. 在走道及避难间均设置了消防专线电话和应急广播

C. 每个避难间均设有可开启的乙级防火窗

D. 每层避难间的总净面积为 50m²

【参考答案】D

【解题分析】

《建筑设计防火规范》GB 50016—2014（2018年版）

5.5.24　高层病房楼应在二层及以上的病房楼层和洁净手术部设置避难间。避难间应符合下列规定：

1　避难间服务的护理单元不应超过 2 个，其净面积应按每个护理单元不小于 25.0m² 确定。

2　避难间兼作其他用途时，应保证人员的避难安全，且不得减少可供避难的净面积。

3　应靠近楼梯间，并应采用耐火极限不低于 2.00h 的防火隔墙和甲级防火门与其他部位分隔。

4　**应设置消防专线电话和消防应急广播。**

5　**避难间的入口处应设置明显的指示标志。**

6　应设置直接对外的可开启窗口或独立的机械防烟设施，外窗应采用乙级防火窗。

根据第 1 款可知，避难间应按每个护理单元 25m² 确定，题目中建筑每层有 3 个护理单元，护理单元总面积不应小于 75m²，故选项 D 错误。

【题29】对某建筑面积为 300m² 的网吧配置的灭火器进行竣工验收。根据《建筑灭火器配置验收及检查规范》GB 50444，下列验收检查结果中，不符合规范要求的是（　　）。

A. 每个灭火器箱内放置两具灭火器，灭火器箱的布置间距为 20m

B. 配置了手提式 MF/ABC4 型灭火器

C. 灭火器箱为翻盖型，翻盖开启角度为 105°

D. 灭火器放置在网吧靠墙位置，并设有取用标志

【参考答案】B
【解题分析】
《建筑灭火器配置验收及检查规范》GB 50444

根据附录D 民用建筑灭火器配置场所的危险等级举例，该建筑面积为300m²的网吧，属于严重危险级。

根据6.2.1条，A类火灾场所灭火器的最低配置基准应符合表6.2.1的规定。严重危险级单具灭火器最小配置灭火级别为3A，手提式MF/ABC4型灭火器为2A级，选项B错误。

根据5.2.1条，设置在A类火灾场所的灭火器，其最大保护距离应符合表5.2.1的规定，严重危险级保护距离为15m。选项A每个灭火器箱内放置两具灭火器，灭火器箱的布置间距为20m，每具灭火器保护距离为10m，满足灭火器保护距离不大于15m要求，选项A正确。

翻盖开启角度不小于100°；选项C正确。

5.1.1 灭火器应设置在位置明显和便于取用的地点，且不得影响安全疏散。
5.1.2 对有视线障碍的灭火器设置点，应设置指示其位置的发光标志。

选项D灭火器放置在网吧靠墙位置，并设有取用标志，满足上述要求。（故答案选B）

【题30】某消防技术服务机构对某商场疏散通道上设置的常开防火门的联动功能进行调试，下列调试结果中符合国家标准《火灾自动报警系统设计规范》GB 50116要求的是（　　）。

A. 防火门所在防火分区内两只独立的火灾探测器警报后，联动控制防火门关闭
B. 防火门所在防火分区内任一只火灾探测器报警后，联动控制防火门关闭
C. 防火门所在防火分区内任一只手动火灾报警按钮报警后，联动控制防火门关闭
D. 防火门所在防火分区及相邻防火分区各一只火灾探测器警报后，联动控制防火门关闭

【参考答案】A
【解题分析】
《火灾自动报警系统设计规范》GB 50116—2013

4.6.1 应由常开防火门所在防火分区内的两只独立的火灾探测器或一只火灾探测器与一只手动火灾报警按钮的报警信号，作为常开防火门关闭的联动触发信号，联动触发信号应由火灾报警控制器或消防联动控制器发出，并应由消防联动控制器或防火门监控器联动控制防火门关闭。

根据上述规定，选项A正确。

【题31】根据现行国家技术标准《建筑消防设施的维护管理》GB 25201，（　　）不属于每日应对防排烟系统进行巡查的项目。

A. 挡烟垂壁的外观　　　　B. 送风机房的环境
C. 排烟风机的供电线路　　D. 风机控制柜的工作状态

【参考答案】C
【解题分析】
《建筑消防设施的维护管理》GB 25201—2010

6.1.3 建筑消防设施巡查应明确各类建筑消防设施的巡查部位、频次和内容。**巡查时应填写《建筑消防设施巡查记录表》（见表 C.1）**。巡查时发现故障，应按第 8 章要求处理。

6.1.4 建筑消防设施巡查频次应满足下列要求：

1）公共娱乐场所营业时，应结合公共娱乐场每 2h 巡查一次的要求，视情况将建筑消防设施的巡查部分或全部纳入其中，但**全部建筑消防设施应保证每日至少巡查一次；**

2）消防安全重点单位，每日巡查一次；

3）其他单位，每周至少巡查一次。

附录 C

防烟、排烟系统巡查内容：

1）送风阀外观

2）送风机及控制柜外观及工作状态

3）挡烟垂壁及其控制装置外观及工作状况、排烟阀及其控制装置外观

4）电动排烟窗、自然排烟设施外观

5）排烟机及控制柜外观及工作状况

6）送风、排烟机房环境。

巡查是目测的，供电线路看不出，因此选项 C 不是每日的巡查内容。

【题 32】根据现行国家规定《气体灭火系统施工及验收规范》GB 50263，关于低压二氧化碳灭火系统管道强度试验及气密性试验的说法，正确的是（　　）。

A. 管道气压强度试验压力应为设计压力的 1.5 倍

B. 气密性试验前应进行吹扫，吹扫时管道末端的气体流速不应小于 10m/s

C. 经气压强度试验合格且在试验后未拆卸过的管道可不进行气密性试验

D. 采用气压强度试验代替水压强度试验时，试验压力应为 60% 的水压强度试验

【参考答案】C

【解题分析】

《气体灭火系统施工及验收规范》GB 50263—2007

E.1.6 灭火剂输送管道在水压强度试验合格后，或气密性试验前，应进行吹扫。吹扫管道可采用压缩空气或氮气，吹扫时，管道末端的气体流速不应小于 20m/s。（选项 B 错误）

E.1.5 灭火剂输送管道经水压强度试验合格后还应进行气密性试验，经气压强度试验合格且在试验后未拆卸过的管道可不进行气密性试验。（选项 C 正确）

E.1.3 当水压强度试验条件不具备时，可采用气压强度试验代替。气压强度试验压力取值：二氧化碳灭火系统取 80% 水压强度试验压力。（选项 D 采用 60% 的水压强度试验，错误）

【题 33】某美食广场建筑面积 30000m²，广场业主举办五周年庆典活动，开展文艺演出、美食比赛等系列活动，预计参加庆典活动的宾客人数达 5000 人。该广场业主的下列做法中，错误的是（　　）。

A. 向公安机关申请安全许可

B. 制定防止人员拥挤踩踏事件预案并组织一次演练

C. 确定安全办主任为活动的消防安全责任人
D. 保持疏散通道、安全出口畅通

【参考答案】C
【解题分析】

《大型群众性活动安全管理条例》（中华人民共和国国务院令第505号）

第五条规定，大型群众性活动的承办者对其承办活动的安全负责，承办者的主要负责人为大型群众性活动的安全责任人。故选项C错误。

【题34】某高层酒店，地下燃油、燃气锅炉房内设置水喷雾灭火系统。根据现行国家标准《水喷雾灭火系统技术规范》GB 50219对该系统进行检查验收。下列检测结果中，不符合规范要求的（　　）。

A. 水雾喷头布置在锅炉的顶部周围，水雾直接喷向锅炉
B. 雨淋报警阀前的管道过滤网为316L不锈钢，其网孔为0.50mm
C. 雨淋报警阀后的管道采用铜管
D. 主、备供水泵均采用柴油泵

【参考答案】B
【解题分析】

《水喷雾灭火系统技术规范》GB 50219—2014

3.2.11 当保护对象为室内燃油锅炉、电液装置、氢密封油装置、发电机、油断路器、汽轮机油箱、磨煤机润滑油箱时，**水雾喷头宜布置在保护对象的顶部周围，并应使水雾直接喷向并完全覆盖保护对象**。（选项A正确）

4.0.5 雨淋报警阀前的管道应设置可冲洗的过滤器，过滤器滤网应采用耐腐蚀金属材料，其网孔基本尺寸应为0.600～0.710mm。

选项B雨淋报警阀前的管道过滤网为316L不锈钢，其网孔为0.50mm，不满足上述要求，故选项B错误。

4.0.6 给水管道应符合下列规定：

1 过滤器与雨淋报警阀之间及雨淋报警阀后的管道，应采用内外热浸镀锌钢管、不锈钢管或铜管；需要进行弯管加工的管道应采用无缝钢管；

2 管道工作压力不应大于1.6MPa。

根据第1款，选项C雨淋报警阀后的管道采用铜管，满足要求，选项C正确；

5.2.6 柴油机驱动的消防水泵，柴油机排气管应通向室外。

由此可以知道，供水泵采用柴油泵是满足要求的，D正确。

答案选B。

【题35】根据《机关、团体、企业、事业单位消防安全管理规定》（公安部令第61号），某大型超市将仓库确定为消防安全重点部位，设置明显的防火标志，实行严格管理。该超市制定的下列管理规定中，属于加强严格管理措施的是（　　）。

A. 仓库内禁止吸烟和使用明火
B. 不应使用碘钨灯和超过60W以上的白炽灯等高温照明灯具
C. 应用电气火灾监测、物联网技术等技术消防措施
D. 仓库内不得使用电热水器、电视机、电冰箱

【参考答案】 C

【解题分析】

《仓储场所消防安全管理通则》GA 1131—2014

8.2 丙类固体物品的室内储存场所，**不应使用碘钨灯和超过60W以上的白炽灯等高温照明灯具**。当使用日光灯等低温照明灯具和其他防燃型照明灯具时，应对镇流器采取隔热、散热等防火保护措施，确保安全。

8.7 室内储存场所内**不应使用电炉、电烙铁，电熨斗、电热水器等电热器具和电视机、电冰箱等家用电器**。

9.2 仓储场所内**应禁止吸烟**，并在醒目处设置"禁止吸烟"的标志。

9.3 仓储场所内**不应使用明火**，并应设置醒目的禁止标志。因施工确需明火作业时，应按用火管理制度办理动火证，由具有相应资格的专门人员进行动火操作，并设专人和灭火器材进行现场监护；动火作业结束后，应检查并确认无遗留火种。动火证应注明动火地点、时间、动火人、现场监护人、批准人和防火措施等内。

选项A、选项B和选项D均为《仓储场所消防安全管理通则》内规定，为一般性要求。选项C应用电气火灾监测、物联网技术等技术消防措施为非《通则》内规定，属于加强严格管理措施。答案选C。

【题36】 某多层旅馆安装了自动喷水灭火系统，某消防技术服务机构对该系统进行检测。下列检测结果中，符合现行国家标准要求的是（　　）。

A. 有水平吊顶的3.8m×3.8m的客房中间，设置一只下垂型标准覆盖面积洒水喷头

B. 顶板为水平面的3.8m×3.8m的客房内，设置一只边墙型标准覆盖面积洒水喷头

C. 客房内直立式边墙型标准覆盖面积洒水喷头溅水盘与顶板的距离为75mm

D. 客房内直立式边墙型标准覆盖面积洒水喷头溅水盘与背墙的距离为150mm

【参考答案】 A

【解题分析】

《自动喷水灭火系统设计规范》GB 50084—2017

根据附录A设置场所火灾危险等级分类，多层旅馆为轻危险级。

设置场所火灾危险等级分类　　　表A

火灾危险等级	设置场所分类
轻危险级	住宅建筑、幼儿园、老年人建筑、建筑高度为24m及以下的旅馆、办公楼;仅在走道设置闭式系统的建筑等

6.1.3 吊顶下布置的洒水喷头，应采用下垂型洒水喷头或吊顶型洒水喷头。

7.1.2 直立型、下垂型标准覆盖面积洒水喷头的布置，包括同一根配水支管上喷头的间距及相邻配水支管的间距，应根据设置场所的火灾危险等级、洒水喷头类型和工作压力确定，并不应大于表7.1.2的规定，且不应小于1.8m。

直立型、下垂型标准覆盖面积洒水喷头的布置　　表 7.1.2

火灾危险等级	正方形布置的边长(m)	矩形或平行四边形布置的长边边长(m)	一只喷头的最大保护面积(m²)	喷头与端墙的距离(m)	
				最大	最小
轻危险级	4.4	4.5	20.0	2.2	0.1
中危险级Ⅰ级	3.6	4.0	12.5	1.8	
中危险级Ⅱ级	3.4	3.6	11.5	1.7	
严重危险级、仓库危险级	3.0	3.6	9.0	1.5	

7.1.3 边墙型标准覆盖面积洒水喷头的最大保护跨度与间距,应符合表 7.1.3 的规定。

边墙型标准覆盖面积洒水喷头的最大保护跨度与间距　　表 7.1.3

火灾危险等级	配水支管上喷头的最大间距(m)	单排喷头的最大保护跨度(m)	两排相对喷头的最大保护跨度(m)
轻危险级	3.6	3.6	7.2
中危险级Ⅰ级	3.0	3.0	6.0

选项 A 下垂型标准覆盖面积洒水喷头,设置边长 3.8m×3.8m 小于规定的保护范围 4.4m×4.4m,选项 A 正确;选项 B 为边墙型碰头,保护边长 3.8m,大于规范规定的 3.6m 的间距,选项 B 错误。

7.1.6 除吊顶型洒水喷头及吊顶下设置的洒水喷头外,**直立型、下垂型标准覆盖面积洒水喷头和扩大覆盖面积洒水喷头溅水盘与顶板的距离应为 75mm～150mm**。(故选项 C 和选项 D 错误。答案选 A)

【题37】根据现行国家标准《消防给水及消火栓系统技术规范》GB 50974,消防设施维护管理人员对消防水泵和稳压泵维护管理的下列做法中,符合规范要求的是(　　)。
A. 每周对稳压泵的停泵启泵压力和启泵次数进行一次检查
B. 每月模拟消防水泵自动控制的条件,自动启动消防水泵运转一次
C. 每季度对消防水泵的出流量和压力进行一次试验
D. 每季度对气压水罐的压力和有效容积进行一次检测

【参考答案】C
【解题分析】
《消防给水及消火栓系统技术规范》GB 50974—2014
14.0.4 消防水泵和稳压泵等供水设施的维护管理应符合下列规定:
1 每月应手动启动消防水泵运转一次,并应检查供电电源的情况;
2 **每周应模拟消防水泵自动控制的条件自动启动消防水泵运转一次,且应自动记录自动巡检情况,每月应检测记录;**
3 每日应对稳压泵的停泵启泵压力和启泵次数等进行检查和记录运行情况;
4 每日应对柴油机消防水泵的启动电池的电量进行检测,每周应检查储油箱的储油量,每月应手动启动柴油机消防水泵运行一次;

5 每季度应对消防水泵的出流量和压力进行一次试验；

6 每月应对气压水罐的压力和有效容积等进行一次检测。

根据第3款，每日应对稳压泵的停泵启泵压力和启泵次数等进行检查和记录运行情况，选项A错误；根据第2款，每周模拟消防水泵自动控制的条件，自动启动消防水泵运转一次，选项B错误；根据第5款，每季度应对消防水泵的出流量和压力进行一次试验；选项C正确；根据第6款，每月对气压水罐的压力和有效容积进行一次检测，选项D错误。答案选C。

【题38】对某服装厂的仓库进行电气防火检查。下列检查结果中，符合现行国家标准《建筑设计防火规范》GB 50016—2014（2018年版）要求的是（　　）。

A. 仓库采用卤钨灯照明

B. 额定功率为10W的照明灯的引入线采用阻燃材料做隔热保护

C. 照明配电箱设置在仓库门口外墙上

D. 仓库门口内墙上设置照明开关

【参考答案】C

【解题分析】

《建筑设计防火规范》GB 50016—2014（2018年版）

10.2.5 可燃材料仓库内宜使用低温照明灯具，并应对灯具的发热部件采取隔热等防火措施，不应使用卤钨灯等高温照明灯具。

配电箱及开关应设置在仓库外。

选项A仓库采用卤钨灯照明，错误；配电箱及开关应设置在仓库外，选项C照明配电箱设置在仓库门口外墙上，正确；选项D仓库门口内墙上设置照明开关，错误。

10.2.4 开关、插座和照明灯具靠近可燃物时，应采取隔热、散热等防火措施。

卤钨灯和额定功率不小于100W的白炽灯泡的吸顶灯、槽灯、嵌入式灯，其引入线应采用瓷管、矿棉等**不燃材料作隔热保护**。

选项B采用阻燃材料做隔热保护，不满足采用不燃材料做隔热保护的要求，错误。答案选C。

【题39】根据现行国家标准《自动喷水灭火系统施工及验收规范》GB 50261，对寒冷地区某汽车库的预作用自动喷水灭火系统进行检查。下列检查结果中，不符合规范要求的是（　　）。

A. 设置场所冬季室内温度长期低于0℃

B. 配水管道未增设快速排气阀，排气阀入口前的控制阀为手动阀门

C. 喷头选用直立型易熔合金喷头

D. 气压表显示配水管道内的气压值为0.035MPa

【参考答案】B

【解题分析】

《自动喷水灭火系统设计规范》GB 50084—2017

4.2.3 环境温度低于4℃或高于70℃的场所，应采用干式系统。

4.2.4 具有下列要求之一的场所，应采用预作用系统：

1) 系统处于准工作状态时严禁误喷的场所；

2) 系统处于准工作状态时严禁管道充水的场所；

3) 用于替代干式系统的场所。

选项A环境温度长期为0℃，小于4℃，应设置干式系统，可采用预作用系统替代干式系统，正确。

4.3.2 自动喷水灭火系统应有下列组件、配件和设施：

1 应设有洒水喷头、报警阀组、水流报警装置等组件和末端试水装置，以及管道、供水设施等；

2 控制管道静压的区段宜分区供水或设减压阀，控制管道动压的区段宜设减压孔板或节流管；

3 应设有泄水阀（或泄水口）、排气阀（或排气口）和排污口；

4 **干式系统和预作用系统的配水管道应设快速排气阀。有压充气管道的快速排气阀入口前应设电动阀。**

根据第4款，选项B错误。

5.0.17 利用有压气体作为系统启动介质的干式系统和预作用系统，其配水管道内的气压值应根据报警阀的技术性能确定；利用有压气体检测管道是否严密的预作用系统，配水管道内的气压值不宜小于0.03MPa，且不宜大于0.05MPa。

根据上述要求，选项D气压值为0.035MPa，大于规定最小值0.03MPa，正确。

6.1.4 干式系统、预作用系统应采用直立型洒水喷头或干式下垂型洒水喷头。

选项C直立型易熔合金喷头，正确。

答案选B。

【题40】对某多层办公楼设置的自带蓄电池非集中控制型消防应急照明和疏散指示系统功能进行调试。根据现行国家标准《消防应急照明和疏散指示系统技术标准》GB 51309，下列调试结果中不符合规范要求的是（　　）。

A.手动操作应急照明配电箱的应急启动按钮，应急照明配电箱切断主要电源输出

B.启动应急照明配电箱的应急启动按钮，其所配接的持续型灯具的光源由节电点亮模式转入应急点亮模式的时间为10s

C.走廊的最低地面水平照度为1.0lx

D.灯具应急点亮的持续工作时间达到45min

【参考答案】B

【解题分析】

《消防应急照明和疏散指示系统技术标准》GB 51309

3.2.4 系统应急启动后，在蓄电池电源供电时的持续工作时间应满足下列要求：

1 建筑高度大于100m的民用建筑，不应小于1.5h。

2 医疗建筑、老年人照料设施、总建筑面积大于100000m^2的公共建筑和总建筑面积大于20000m^2的地下、半地下建筑，不应少于1.0h。

3 其他建筑，不应少于0.5h。

选项D持续工作时间达到45min，大于0.5h，正确。

3.7.4 系统手动应急启动的设计应符合下列规定：

1 灯具采用集中电源供电时，应能手动操作集中电源，控制集中电源转入蓄电池电

源输出,同时控制其配接的所有非持续型照明灯的光源应急点亮、持续型灯具的光源由节电点亮模式转入应急点亮模式;

2 灯具采用自带蓄电池供电时,应能手动操作切断应急照明配电箱的主电源输出,同时控制其配接的所有非持续型照明灯的光源应急点亮、持续型灯具的光源由节电点亮模式转入应急点亮模式。(选项A正确)

3.2.3 火灾状态下,灯具光源应急点亮、熄灭的响应时间应符合下列规定:

1 高危险场所灯具光源应急点亮的响应时间不应大于0.25s;

2 其他场所灯具光源应急点亮的响应时间不应大于5s;

3 具有两种及以上疏散指示方案的场所,标志灯光源点亮、熄灭的响应时间不应大于5s。

选项B转入应急点亮模式的时间为10s,错误。答案选B。

【题41】某10层办公楼,建筑高度为36m,标准层建筑面积为3000m²,设置有自动喷水灭火系统,外墙采用玻璃幕墙。对该办公楼的下列防火检查结果中,不符合现行国家标准要求的是( )。

A. 九层、十层外墙上、下层开口之间防火玻璃墙的耐火极限为0.50h

B. 一至四层外墙上、下层开口之间采用高度为0.80m的实体墙分隔

C. 五至八层外墙上、下层开口之间采用高度为1.20m的实体墙分隔

D. 标准层采用大空间办公,每层为1个防火分区

【参考答案】A

【解题分析】

《建筑设计防火规范》GB 50016—2014(2018年版)

5.3.1 除本规范另有规定外,不同耐火等级建筑的允许建筑高度或层数、防火分区最大允许建筑面积应符合表5.3.1的规定。

不同耐火等级建筑的允许建筑高度或层数、防火分区最大允许建筑面积 表5.3.1

名称	耐火等级	允许建筑高度或层数	防火分区的最大允许建筑面积(m²)	备注
高层民用建筑	一、二级	按本规范第5.1.1条确定	1500	对于体育馆、剧场的观众厅,防火分区的最大允许建筑面积可适当增加
单、多层民用建筑	一、二级	按本规范第5.1.1条确定	2500	
	三级	5层	1200	

根据上述规定,当设置自动喷水灭火系统时,高层建筑防火分区建筑面积不应大于3000m²,选项D正确。

6.2.5 除本规范另有规定外,建筑外墙上、下层开口之间应设置高度不小于1.2m的实体墙或挑出宽度不小于1.0m、长度不小于开口宽度的防火挑檐;当室内设置自动喷水灭火系统时,上、下层开口之间的实体墙高度不应小于0.8m。当上、下层开口之间设置实体墙确有困难时,可设置防火玻璃墙,但高层建筑的防火玻璃墙的耐火完整性不应低

于 1.00h，多层建筑的防火玻璃墙的耐火完整性不应低于 0.50h。外窗的耐火完整性不应低于防火玻璃墙的耐火完整性要求。

建筑上下层开口应设置高度≥1.2m 的实体墙，当设置自动喷水灭火系统时，实体墙≥0.8m，因此选项 B 和选项 C 正确。

当设实体墙有困难，可设防火玻璃墙，防火玻璃墙的耐火完整性，高层建筑≥1.00h，单、多层建筑≥0.50h，故选项 A 错误。答案选 A。

【题 42】某病房楼共 6 层，建筑高度为 28m，每层建筑面积为 3000m²，划分为 2 个护理单元。对该病房楼的下列防火检查结果中，符合现行国家标准要求的是（　　）。

　　A. 疏散楼梯间为封闭楼梯间
　　B. 每层设 1 个避难层（间）
　　C. 四层为单面布房，走道净宽度为 1.30m
　　D. 位于袋形走道尽端的病房门至最近安全出口的直线距离为 18m

【参考答案】B
【解题分析】
《建筑设计防火规范》GB 50016—2014（2018 年版）

5.1.1　民用建筑根据其建筑高度和层数可分为单、多层民用建筑和高层民用建筑。高层民用建筑根据其建筑高度、使用功能和楼层的建筑面积可分为一类和二类。民用建筑的分类应符合表 5.1.1 的规定。

名称	高层民用建筑		单、多层民用建筑
	一类	二类	
住宅建筑	建筑高度大于 54m 的住宅建筑（包括设置商业服务网点的住宅建筑）	建筑高度大于 27m，但不大于 54m 的住宅建筑（包括设置商业服务网点的住宅建筑）	建筑高度不大于 27m 的住宅建筑（包括设置商业服务网点的住宅建筑）
公共建筑	1. 建筑高度大于 50m 的公共建筑； 2. 建筑高度 24m 以上部分任一楼层建筑面积大于 1000m² 的商店、展览、电信、邮政、财贸金融建筑和其他多种功能组合的建筑； 3. 医疗建筑、重要公共建筑； 4. 省级及以上的广播电视和防灾指挥调度建筑、网局级和省级电力调度建筑； 5. 藏书超过 100 万册的图书馆、书库	除一类高层公共建筑外的其他高层公共建筑	1. 建筑高度大于 24m 的单层公共建筑。 2. 建筑高度不大于 24m 的其他公共建筑

根据上述规定，某病房楼共 6 层，建筑高度为 28m，为大于 24m 的医疗建筑，属于一类高层建筑。

5.5.12　一类高层公共建筑和建筑高度大于 32m 的二类高层公共建筑，其疏散楼梯应采用防烟楼梯间。

因此，选项 A 应为防烟楼梯间；错误。

5.5.24　高层病房楼应在二层及以上的病房楼层和洁净手术部设置避难间。避难间应符合下列规定：

1　避难间服务的护理单元不应超过 2 个，其净面积应按每个护理单元不小于 25.0m²

确定。

根据第 1 款可知，避难间服务的护理单元不应超过 2 个，避难间面积应按每个护理单元 $25m^2$ 确定，题目中建筑每层有 32 个护理单元，可以设置一个避难间，避难间面积不小于 $50m^2$，选项 B 正确。

5.5.18 除本规范另有规定外，公共建筑内疏散门和安全出口的净宽度不应小于 0.90m，疏散走道和疏散楼梯的净宽度不应小于 1.10m。

高层公共建筑内楼梯间的首层疏散门、首层疏散外门、疏散走道和疏散楼梯的最小净宽度应符合表 5.5.18 的规定。

高层公共建筑内楼梯间的首层疏散门、首层疏散外门、疏散走道和疏散楼梯的最小净宽度（m）

表 5.5.18

建筑类别	楼梯间的首层疏散门、首层疏散外门	走道		疏散楼梯
		单面布房	双面布房	
高层医疗建筑	1.30	1.40	1.50	1.30
其他高层公共建筑	1.20	1.30	1.40	1.20

根据上述要求，高层建筑单面布房时，走道最小净宽度应为 1.4m。选项 C 疏散走道净宽 1.3m，小于 1.4m，错误。

5.5.17 公共建筑的安全疏散距离应符合下列规定：

1 直通疏散走道的房间疏散门至最近安全出口的直线距离不应大于表 5.5.17 的规定。

直通疏散走道的房间疏散门至最近安全出口的直线距离（m） 表 5.5.17

名称			位于两个安全出口之间的疏散门			位于袋形走道两侧或尽端的疏散门		
			一、二级	三级	四级	一、二级	三级	四级
托儿所、幼儿园老年人建筑			25	20	15	20	15	10
歌舞娱乐放映游艺场所			25	20	15	9	—	—
医疗建筑	单、多层		35	30	25	20	15	10
	高层	病房部分	24	—	—	12	—	—
		其他部分	30	—	—	15	—	—
教学建筑	单、多层		35	30	25	22	20	10
	高层		30	—	—	15	—	—
高层旅馆、展览建筑			30	—	—	15	—	—
其他建筑	单、多层		40	35	25	22	20	15
	高层		40	—	—	20	—	—

注：1 建筑内开向敞开式外廊的房间疏散门至最近安全出口的直线距离可按本表的规定增加 5m。
2 直通疏散走道的房间疏散门至最近敞开楼梯间的直线距离，当房间位于两个楼梯间之间时，应按本表的规定减少 5m；当房间位于袋形走道两侧或尽端时，应按本表的规定减少 2m。
3 建筑物内全部设置自动喷水灭火系统时，其安全疏散距离可按本表的规定增加 25%。

选项 D 中，高层病房楼位于袋形走道尽端的疏散门至最近安全出口的直线距离 12m，设置自动喷水灭火系统后可增加 25%，即 12×1.25＝15m。选项 D 错误。

答案选 B。

【题 43】某劳动密集型生产企业依法编制了灭火和应急疏散预案,组织开展年度灭火和应急疏散预案演练。按照组织形式,演练分为实战演练等不同种类,实战演练是指（　　）。

　　A. 针对事先假设的演练情景,讨论和推演应急决策及现场处置的过程

　　B. 针对设置的突发火灾事故情景,通过实际决策行动和操作,完成真实响应的过程

　　C. 查找灭火和应急疏散预案中的问题,提高应急预案的实用性和可操作性

　　D. 促进参与单位和人员掌握灭火和应急疏散预案中规定的职责和程序,提高指挥决策和协同配合能力

【参考答案】B
【解题分析】

教材《消防安全技术综合能力》第 5 篇第 4 章"应急预案编制与演练"

（一）按组织形式划分

按组织形式划分,应急预案演练可分为桌面演练和实战演练。

1　桌面演练

桌面演练是指参演人员利用地图、沙盘、流程图、计算机模拟,视频会议等辅助手段,针对事先假定的演练情景,讨论和推演应急决策及现场处置的过程,从而促进相关人员掌握应急预案中所规定的职责和程序,提高指挥决策和协同配合能力,桌面演练通常在室内完成。

2　实战演练

实战演练是指参演人员利用应急处置涉及的设备和物资,针对事先设置的突发火灾事故情景及其后续的发展情景,**通过实际决策、行动和操作,完成真实应急响应的过程**,从而检验和提高相关人员的临场组织指挥、队伍调动、应急处置技能和后勤保障等应急能力。实战演练通常要在特定场所完成。（答案选 B）

【题 44】对某 24 层住宅建筑进行屋面和外墙外保温系统施工,保温材料均采用 B1 级材料,该建筑外墙外保温的防火措施中,不符合现行国家标准要求的是（　　）。

　　A. 在外墙外保温系统中每层采用不燃材料设置高度为 300mm 的水平防火隔离带

　　B. 建筑外墙上窗的耐火完整性为 0.50h

　　C. 外墙外保温系统首层采用厚度为 15mm 的不燃材料作为防火层

　　D. 屋面与外墙之间采用不燃材料设置宽度为 300mm 的防火隔离带

【参考答案】D
【解题分析】

《建筑设计防火规范》GB 50016—2014（2018 年版）

6.7.7　除本规范第 6.7.3 条规定的情况外,当建筑的外墙外保温系统按本节规定采用燃烧性能为 B1、B2 级的保温材料时,应符合下列规定：

1）除采用 B1 级保温材料且建筑高度不大于 24m 的公共建筑或采用 B1 级保温材料且建筑高度不大于 27m 的住宅建筑外,**建筑外墙上门、窗的耐火完整性不应低于 0.50h。**

2）应在保温系统中每层设置水平防火隔离带。防火隔离带应采用燃烧性能为 A 级的材料,防火隔离带的高度不应小于 300mm。（选项 A 和选项 B 正确）

6.7.8　建筑的外墙外保温系统当按本节规定采用 B1、B2 级保温材料时,防护层厚度

首层不应小于15mm，其他层不应小于5mm。（选项C正确）

6.7.10 当建筑的屋面和外墙外保温系统均采用B1、B2级保温材料时，屋面与外墙之间应采用宽度不小于500mm的不燃材料设置防火隔离带进行分隔。（选项D错误。答案选D）

【题45】某图书馆是"L"形布置，防火墙设置在内转角，两侧墙上的窗口之间的距离为3m。对该图书馆的下列防火检查结果中，不符合现行国家标准要求的是（　　）。

A.外墙上所设防火窗的耐火极限为1.00h
B.温控释放装置动作后，窗扇在70s时关闭
C.模拟火灾，可开启窗扇自动关闭
D.窗框与墙体采用预埋钢件连接

【参考答案】B
【解题分析】
《建筑设计防火规范》GB 50016—2014（2018年版）

6.1.4 建筑内的防火墙不宜设置在转角处，确需设置时，内转角两侧墙上的门、窗、洞口之间最近边缘的水平距离不应小于4.0m；采取设置乙级防火窗等防止火灾水平蔓延的措施时，该距离不限。

选项A中所设防火窗为乙级防火窗，满足上述要求，正确。

《建筑防烟排烟系统技术标准》GB 51251—2017

5.2.6 自动排烟窗可采用与火灾自动报警系统联动和温度释放装置联动的控制方式。**当采用与火灾自动报警系统自动启动时，自动排烟窗应在60s内或小于烟气充满储烟仓时间内开启完毕**。带有温控功能自动排烟窗，其温控释放温度应大于环境温度30℃且小于100℃。

自动排烟窗应能在温控释放装置动作后60s内应能自动关闭。选项B窗扇在70s关闭，错误。选项C正确。

【题46】消防水泵安装的步骤包括：（1）复核消防水泵之间，以及消防水泵与墙或其他设备之间的间距，应满足安装运行和维护管理的要求；（2）将消防水泵调定于基础上；（3）安装消防水泵吸水管上的控制阀，根据现行国家标准《消防给水及消火栓系统技术规范》GB 50974，安装顺序正确的是（　　）。

A.（1）（2）（3）　　　　　　B.（2）（1）（3）
C.（1）（3）（2）　　　　　　D.（2）（3）（1）

【参考答案】A
【解题分析】
《消防给水及消火栓系统技术规范》GB 50974
12.3.2 消防水泵的安装应符合下列要求：
1 消防水泵安装前应校核产品合格证，以及其规格、型号和性能与设计要求应一致，并应根据安装使用说明书安装；
2 消防水泵安装前应复核水泵基础混凝土强度、隔振装置、坐标、标高、尺寸和螺栓孔位置；
3 消防水泵的安装应符合现行国家标准《机械设备安装工程施工及验收通用规范》

GB 50231 和《风机、压缩机、泵安装工程施工及验收规范》GB 50275 的有关规定；

4 消防水泵安装前应复核消防水泵之间，以及消防水泵与墙或其他设备之间的间距，并应满足安装、运行和维护管理的要求；

5 消防水泵吸水管上的控制阀应在消防水泵固定于基础上后再进行安装，其直径不应小于消防水泵吸水口直径，且不应采用没有可靠锁定装置的控制阀，控制阀应采用沟漕式或法兰式阀门；

……

根据第 4 款和第 5 款可知消防水泵的安装顺序，答案选 A。

【题 47】某造纸厂干燥车间，耐火等级为二级，地上 2 层，每层划分 4 个防火分区，地下局部 1 层，划分为 2 个防火分区。该车间采用自动化生产工艺，平时只有巡检人员。对该车间的下列防火检查结果中，不符合现行国家标准要求的是（　　）。

A. 首层的最大疏散距离为 60m
B. 地下一层 1 个防火分区的其中 1 个安全出口借用相邻防火分区疏散
C. 首层外门的净宽度为 1.2m
D. 地上二层 1 个防火分区的其中 1 个安全出口借用相邻防火分区疏散

【参考答案】D

【解题分析】

《建筑设计防火规范》GB 50016—2014（2018 年版）

3.7.4 厂房内任一点至最近安全出口的直线距离不应大于表 3.7.4 的规定。

厂房内任一点至最近安全出口的直线距离（m）　　　表 3.7.4

生产的火灾危险性类别	耐火等级	单层厂房	多层厂房	高层厂房	地下或半地下厂房（包括地下或半地下室）
甲	一、二级	30	25	—	—
乙	一、二级	75	50	30	—
丙	一、二级 三级	80 60	60 40	40 —	30 —
丁	一、二级 三级 四级	不限 60 50	不限 50 —	50 — —	45 — —
戊	一、二级 三级 四级	不限 100 60	不限 75 —	75 — —	60 — —

根据上述要求，造纸厂干燥车间为丙类厂房，耐火等级为二级，多层厂房的疏散距离不应大于 60m，选项 A 满足要求。

3.7.3 地下或半地下厂房（包括地下或半地下室），当有多个防火分区相邻布置，并采用防火墙分隔时，每个防火分区可利用防火墙上通向相邻防火分区的甲级防火门作为第二安全出口，但每个防火分区必须至少有1个直通室外的独立安全出口。

根据上述规定，选项B满足要求。

3.7.5 厂房内疏散楼梯、走道、门的各自总净宽度，应根据疏散人数按每100人的最小疏散净宽度不小于表3.7.5的规定计算确定。但疏散楼梯的最小净宽度不宜小于1.10m，疏散走道的最小净宽度不宜小于1.40m，门的最小净宽度不宜小于0.90m。当每层疏散人数不相等时，疏散楼梯的总净宽度应分层计算，下层楼梯总净宽度应按该层及以上疏散人数最多一层的疏散人数计算。

厂房内疏散楼梯、走道和门的每100人最小疏散净宽度（m/百人） 表3.7.5

厂房层数(层)	1~2	3	≥4
最小疏散净宽度(m/百人)	0.60	0.80	1.00

首层外门的总净宽度应按该层及以上疏散人数最多一层的疏散人数计算，且该门的最小净宽度不应小于1.20m。

该车间采用自动化生产工艺，平时只有巡检人员，选项C首层外门的净宽度为1.2m，满足要求。

3.7.2 厂房内每个防火分区或一个防火分区内的每个楼层，其安全出口的数量应经计算确定，且不应少于2个；当符合下列条件时，可设置1个安全出口：

1 甲类厂房，每层建筑面积不大于100m²，且同一时间的作业人数不超过5人；
2 乙类厂房，每层建筑面积不大于150m²，且同一时间的作业人数不超过10人；
3 丙类厂房，每层建筑面积不大于250m²，且同一时间的作业人数不超过20人；
4 丁、戊类厂房，每层建筑面积不大于400m²，且同一时间的作业人数不超过30人；
5 地下或半地下厂房（包括地下或半地下室），每层建筑面积不大于50m²，且同一时间的作业人数不超过15人。

上述条款对厂房设置1个安全出口的情况进行了规定，但并没有规定可以借用相邻防火分区进行疏散。本题没有明确每层建筑面积，也没有明确防火分区共有几个安全出口，因此选项D为不确定项，选项A、B、C均满足规范要求，故答案选D。

【题48】某商品批发中心建筑面积为3000m²，地上3层、地下1层，经营服装、日用品、家具。根据现行国家标准《重大火灾隐患判定方法》GB 35181，对该中心进行防火检查时发现的下列火灾隐患中，可以直接判定为重大火灾隐患的是（　　）。

A.日用品经营区销售15kg瓶装液化石油气
B.有商家在安全疏散通道上摆摊位，占用疏散通道
C.火灾自动报警系统有25个探测器显示故障
D.室内消火栓被广告牌遮挡

【参考答案】A
【解题分析】

《重大火灾隐患判定方法》GB 35181—2017

6.2 生产、储存、**经营易燃易爆危险品的场所**与人员密集场所、居住场所设置在同一建筑物内，或与人员密集场所、居住场所的防火间距小于国家工程建设消防技术标准规

定值的75%。

液化石油气为易燃易爆危险品，根据上述要求，选项A在日常经营区销售15kg瓶装液化石油气，可以直接判定为重大火灾隐患。（答案选A）

【题49】某工业建筑的室外消火栓供水管网，管材采用钢丝网骨架塑料管，系统工作压力为0.4MPa。对该消火栓系统管道进行水压强度试验，试验压力最小不应小于（　　）。

A. 0.48MPa　　　　　　　　B. 0.8MPa
C. 0.6MPa　　　　　　　　D. 0.9MPa

【参考答案】B
【解题分析】

《消防给水及消火栓系统技术规范》GB 50974—2014

12.4.2　压力管道水压强度试验的试验压力应符合表12.4.2的规定。

检查数量：全数检查。

检查方法：直观检查。

表12.4.2　压力管道水压强度试验的试验压力

管材类型	系统工作压力 P(MPa)	试验压力(MPa)
钢管	≤1.0	$1.5P$，且不应小于1.4
	>1.0	$P+0.4$
球墨铸铁管	≤0.5	$2P$
	>0.5	$P+0.5$
钢丝网骨架塑料管	P	$1.5P$，且不应小于0.8

根据表12.4.2，本题中钢丝网骨架塑料管试验压力为$1.5P$（P为系统工作压力），$1.5\times 0.4=0.6$MPa，且不应小于0.8MPa。故选项B正确。

【题50】对某厂区进行防火检查，消防电梯设置的下列防火检查结果中，不符合现行国家标准要求的是（　　）。

A. 设置在冷库穿堂区的消防电梯未设置前室
B. 高层厂房兼作消防电梯的货梯在设备层不停靠
C. 消防电梯前室的短边尺寸为2.40m
D. 消防电梯井与相邻电梯井之间采用耐火极限为2.00h的防火隔墙分隔

【参考答案】B
【解题分析】

《建筑设计防火规范》GB 50016—2014（2018年版）

7.3.5　除设置在仓库连廊、冷库穿堂或谷物筒仓工作塔内的消防电梯外，消防电梯应设置前室，并应符合下列规定：

1　前室宜靠外墙设置，并应在首层直通室外或经过长度不大于30m的通道通向室外；

2　前室的使用面积不应小于6.0m²，**前室的短边不应小于2.4m**；与防烟楼梯间合用的前室，应符合本规范第5.5.28条和第6.4.3条的规定；

3　除前室的出入口、前室内设置的正压送风口和本规范第5.5.27条规定的户门外，前室内不应开设其他门、窗、洞口；

4 前室或合用前室的门应采用乙级防火门，不应设置卷帘。

根据7.3.5条规定，设置在冷库穿堂区的消防电梯可不设置前室，选项A正确；根据第2款，前室短边不应小于2.4m，（选项C正确）。

7.3.8 消防电梯应符合下列规定：

1 应能每层停靠；

2 电梯的载重量不应小于800kg；

3 电梯从首层至顶层的运行时间不宜大于60s；

4 电梯的动力与控制电缆、电线、控制面板应采取防水措施；

5 在首层的消防电梯入口处应设置供消防队员专用的操作按钮；

6 电梯轿厢的内部装修应采用不燃材料；

7 电梯轿厢内部应设置专用消防对讲电话。

根据7.3.8条第1款，消防电梯应每层停靠，因此选项B错误。

7.3.6 消防电梯井、机房与相邻电梯井、机房之间应设置耐火极限不低于2.00h的防火隔墙，隔墙上的门应采用甲级防火门。

根据上述要求，消防电梯井与相邻电梯井之间应采用耐火极限为2.00h的防火隔墙分隔进行分隔，选项D正确。

答案选B。

【题51】某养老院共5层，建筑高度为22m，每层建筑面积为1000m^2，对该养老院的下列防火检查结果中，符合现行国家标准要求的是（　　）。

A.地下一层设有1间建筑面积为200m^2的健身房，有35人使用

B.地上四层设有1间有40个就餐座位的餐厅

C.地上三层设有1间建筑面积为300m^2的诊疗室

D.疏散门采用火灾时能自动开启的电动推拉门

【参考答案】C

【解题分析】

《建筑设计防火规范》GB 50016—2014（2018年版）

5.4.4B 当老年人照料设施中的老年人公共活动用房、康复与医疗用房设置在地下、半地下时，应设置在地下一层，每间用房的建筑面积不应大于200m^2且使用人数不应大于30人。

老年人照料设施中的老年人公共活动用房、康复与医疗用房设置在地上四层及以上时，每间用房的建筑面积不应大于200m^2且使用人数不应大于30人。

根据5.4.4B款可知，老年人设置在地下一层时，建筑面积不应大于200m^2，使用人数不应超过30人，选项A错误。地上四层及以上时，建筑面积不应大于200m^2，使用人数不应超过30人，选项B错误。选项C中的诊疗室设置在地上三层，面积不受200m^2的限制，故选项C正确。

6.4.11 建筑内的疏散门应符合下列规定：

1 民用建筑和厂房的疏散门，应采用向疏散方向开启的平开门，不应采用推拉门、卷帘门、吊门、转门和折叠门。除甲、乙类生产车间外，人数不超过60人且每樘门的平

均疏散人数不超过30人的房间，其疏散门的开启方向不限。

根据上述要求，民用建筑的疏散门应采用向疏散方向开启的平开门，不应采用推拉门，选项D错误。

【题52】某大型化工厂集团安保部组织开展职工消防安全教育培训，采取线上、线下的培训方式。按照《社会消防安全教育培训规定》（公安部令第109号），该安保部对职工进行消防安全教育培训，做法错误的是（　　）。

　　A.每年组织一次灭火和应急疏散演练
　　B.建立消防安全教育培训制度
　　C.每年邀请专业消防培训机构进行培训
　　D.对所有员工进行灭火器操作培训

【参考答案】A

【解题分析】

《社会消防安全教育培训规定》（公安部令第109号）

第十四条　单位应当根据本单位的特点，建立健全消防安全教育培训制度，明确机构和人员，保障教育培训工作经费，按照下列规定对职工进行消防安全教育培训：

（一）定期开展形式多样的消防安全宣传教育；

（二）对新上岗和进入新岗位的职工进行上岗前消防安全培训；

（三）对在岗的职工每年至少进行一次消防安全培训；

（四）**消防安全重点单位每半年至少组织一次、其他单位每年至少组织一次灭火和应急疏散演练。**

单位对职工的消防安全教育培训应当将本单位的火灾危险性、防火灭火措施、消防设施及灭火器材的操作使用方法、人员疏散逃生知识等作为培训的重点。

根据第（四）款可知，消防安全重点单位应每半年至少组织一次灭火和应急疏散演练，选项A错误。

【题53】对防火门的检验项目包括：（1）检查是否提供出厂合格证明文件；（2）检查耐火性能是否符合设计要求；（3）检查是否在防火门上明显部位设置永久性标牌；（4）检查防火门的配件是否存在机械损伤。根据现行国家标准《防火卷帘、防火门、防火窗施工及验收规范》GB 50877，上述检验项目中属于防火门进场检验项目的共有（　　）。

　　A.1项　　　　　　　　　　　　B.2项
　　C.3项　　　　　　　　　　　　D.4项

【参考答案】D

【解题分析】

《防火卷帘、防火门、防火窗施工及验收规范》GB 50877

4.3.1　**防火门应具有出厂合格证和符合市场准入制度规定的有效证明文件，其型号、规格及耐火性能应符合设计要求。**

4.3.2　每樘防火门均应在其明显部位设置永久性标牌，并应标明产品名称、型号、规格、耐火性能及商标、生产单位名称和厂址、出厂日期及产品、生产批号、执行标准等。

4.3.3　防火门的门框、门扇及各配件表面应平整、光洁，**并应无明显凹痕或机**

械损伤。

根据上述要求，题干中四项均属于防火门进场检验项目，答案选D。

【题54】某大型厂房施工现场，在用电防火方面的下列做法中，不符合现行国家标准要求的是（   ）。

  A. 产生粉尘的作业区距配电屏6m
  B. 普通灯具与易燃物的距离为0.3m
  C. 堆放的可燃物距配电屏1.5m
  D. 聚光灯与易燃物的距离为0.6m

【参考答案】C

【解题分析】

《建设工程施工现场消防安全技术规范》GB 50720—2011

6.3.2 施工现场用电应符合下列规定：

1 施工现场供用电设施的设计、施工、运行和维护应符合现行国家标准《建设工程施工现场供用电安全规范》GB 50194的有关规定。

2 电气线路应具有相应的绝缘强度和机械强度，严禁使用绝缘老化或失去绝缘性能的电气线路，严禁在电气线路上悬挂物品。破损、烧焦的插座、插头应及时更换。

3 电气设备与可燃、易燃易爆危险品和腐蚀性物品应保持一定的安全距离。

4 有爆炸和火灾危险的场所，应按危险场所等级选用相应的电气设备。

5 配电屏上每个电气回路应设置漏电保护器、过载保护器，距配电屏2m范围内不应堆放可燃物，5m范围内不应设置可能产生较多易燃、易爆气体、粉尘的作业区。

6 可燃材料库房不应使用高热灯具，易燃易爆危险品库房内应使用防爆灯具。

7 普通灯具与易燃物的距离不宜小于300mm，聚光灯、碘钨灯等高热灯具与易燃物的距离不宜小于500mm。

8 电气设备不应超负荷运行或带故障使用。

9 严禁私自改装现场供用电设施。

10 应定期对电气设备和线路的运行及维护情况进行检查。

根据第5款，距配电屏2m范围内不应堆放可燃物，5m范围内不应设置可能产生较多易燃、易爆气体、粉尘的作业区，选项A正确，选项C错误。根据第7款，普通灯具距离易燃物不宜小于0.3m，聚光灯不宜小于0.5m，选项B和选项D正确。故答案选C。

【题55】何某取得注册消防工程师资格，受聘于消防技术服务机构从事消防设施检测、消防安全评估工作。何某的下列行为，不符合注册消防工程师"客观公正"道德基本规范要求的是（   ）。

  A. 在项目检测过程中接受被检测单位的宴请
  B. 未收到检测费不出具检测报告
  C. 将消防设施检测不合格的项目判定为合格
  D. 以低于市场价格中标消防设施检测项目

【参考答案】C

【解题分析】

教材《消防安全技术综合能力》第1篇第2章"注册消防工程师职业道德"

三、客观公正

客观，是指不以人的意志为转移的事物的本身属性，简单地说，就是不带偏见，是什么就是什么，实事求是。公正，是指公平正直，没有偏私，强调人们所享有的权利和应尽的义务应当一致；付出的劳动和得到的报酬应当一致；处理问题不偏不倚。客观是公正的基础，公正是客观的反映。

作为注册消防工程师的职业道德规范，**客观公正是指注册消防工程师执业必须坚持实事求是，不偏不倚地为服务对象提供消防安全技术服务，开展消防设施检测、消防安全监测等工作，不得由于偏见、利益冲突或他人的不当影响而损害自己的执业判断，确保执业结果真实可信，符合有关规定**。消防安全是社会公共安全的重要环节，不容有失。因此，客观公正在注册消防工程师职业道德规范中尤为重要，它是注册消防工程师行业的本质要求，也涉及消防安全技术工作的本质特征；它是注册消防工程师职业道德的重要规范，也是注册消防工程师必须具备的职业道德品质，是抵制行业不正之风、促进行业发展的重要保证。

根据上述要求，可以判断选项C不符合"客观公正"的要求。

【题56】某单位工作人员在对本单位配置的灭火器进行检查时，发现其中一具干粉灭火器筒体表面轻微锈蚀，筒体有锡焊的修补痕迹，压力指针在绿区范围。根据现行国家标准《建筑灭火器配置验收及检查规范》GB 50444，对该具灭火器的处置措施正确的是（　　）。

A. 筒体锈蚀处涂漆　　　　B. 报废

C. 送修　　　　　　　　　D. 采取防潮措施

【参考答案】B

【解题分析】

《建筑灭火器配置验收及检查规范》GB 50444—2008

5.4.2 有下列情况之一的灭火器应报废：

1 筒体严重锈蚀，锈蚀面积大于、等于筒体总面积的1/3，表面有凹坑；

2 筒体明显变形，机械损伤严重；

3 器头存在裂纹、无泄压机构；

4 筒体为平底等结构不合理；

5 没有间歇喷射机构的手提式；

6 没有生产厂名称和出厂年月，包括铭牌脱落，或虽有铭牌，但已看不清生产厂名称，或出厂年月钢印无法识别；

7 **筒体有锡焊、铜焊或补缀等修补痕迹；**

8 被火烧过。

根据第7款，筒体有锡焊、铜焊或补缀等修补痕迹的灭火器应报废。答案选B。

【题57】根据现行国家标准《建筑设计防火规范》GB 50016，下列消防配电线路的敷设方式中，不符合规范要求的是（　　）。

A. 阻燃电线穿封闭式普通金属线槽明敷设

B. 矿物绝缘类不燃性电缆直接敷设在电缆井内

C. 耐火电缆直接敷设在电缆井内

D. 阻燃电缆在吊顶内穿涂刷防火涂料保护的金属管敷设

【参考答案】A

【解题分析】

《建筑设计防火规范》GB 50016—2014（2018年版）

10.1.10 消防配电线路应满足火灾时连续供电的需要，其敷设应符合下列规定：

1 明敷时（包括敷设在吊顶内），应穿金属导管或采用封闭式金属槽盒保护，金属导管或封闭式金属槽盒应采取防火保护措施；当采用阻燃或耐火电缆并敷设在电缆井、沟内时，可不穿金属导管或采用封闭式金属槽盒保护；当采用矿物绝缘类不燃性电缆时，可直接明敷；

2 暗敷时，应穿管并应敷设在不燃性结构内且保护层厚度不应小于30mm；

3 消防配电线路宜与其他配电线路分开敷设在不同的电缆井、沟内；确有困难需敷设在同一电缆井、沟内时，应分别布置在电缆井、沟的两侧，且消防配电线路应采用矿物绝缘类不燃性电缆。

根据第1款可知，选项A阻燃电线穿封闭式普通金属线槽明敷设错误，选项D阻燃电缆在吊顶内穿涂刷防火涂料保护的金属管敷设正确。当采用矿物绝缘类不燃性电缆时，可直接明敷，选项B正确；当采用阻燃或耐火电缆并敷设在电缆井、沟内时，可不穿金属导管或采用封闭式金属槽盒保护，选项C正确。（故答案选A）

【题58】某消防技术服务机构对不同工程项目的消防应急灯具在蓄电池电源供电时的持续工作时间进行检测，根据现行国家标准《消防应急照明和疏散指示系统技术标准》GB 51309，下列检测结果中，不符合规范要求的是（　　）。

A. 某建筑高度为55m，建筑面积为10000m² 的办公建筑的消防应急灯具持续工作时间为0.5h

B. 某建筑面积为1500m² 的幼儿园的消防应急灯具持续工作时间为0.5h

C. 某建筑面积为1500m² 的养老院的消防应急灯具持续工作时间为0.5h

D. 某建筑面积为1000m² 的KTV的消防应急灯具持续工作时间为0.5h

【参考答案】C

【解题分析】

《消防应急照明和疏散指示系统技术标准》GB 51309—2018

3.2.4 系统应急启动后，在蓄电池电源供电时的持续工作时间应满足下列要求：

1 建筑高度大于100m的民用建筑，不应小于1.5h。

2 医疗建筑、老年人照料设施、总建筑面积大于100000m² 的公共建筑和总建筑面积大于20000m² 的地下、半地下建筑，不应少于1.0h。

3 其他建筑，不应少于0.5h。

根据上述要求，选项A、选项B和选项D正确，选项C建筑面积为1500m² 的养老院的消防应急灯具持续工作时间为1.0h，选项C错误。

【题59】某超高层建筑高度为230m，塔楼功能为酒店、办公，裙房为商业。对该建筑消防设施进行验收检测，下列检测结果中，不符合现行国家标准要求的是（　　）。

A. 采用消防水泵转输水箱串联供水，转输水箱有效储水容积为50m³

B. 比例式减压阀垂直安装，水流方向向下

C. 塔楼酒店客房洒水喷头采用快速响应喷头

D. 第三十层酒店大堂采用隐蔽型喷头

【参考答案】A

【解题分析】

《消防给水及消火栓系统技术规范》GB 50974—2014

6.2.3 采用消防水泵串联分区供水时，宜采用消防水泵转输水箱串联供水方式，并应符合下列规定：

1 当采用消防水泵转输水箱串联时，转输水箱的有效储水容积不应小于 $60m^3$，转输水箱可作为高位消防水箱；

2 串联转输水箱的溢流管宜连接到消防水池；

3 当采用消防水泵直接串联时，应采取确保供水可靠性的措施，且消防水泵从低区到高区应能依次顺序启动；

4 当采用消防水泵直接串联时，应校核系统供水压力，并应在串联消防水泵出水管上设置减压型倒流防止器。

根据第1款，当采用消防水泵转输水箱串联时，转输水箱有效储水容积不应小于 $60m^3$，转输水箱可作为高位消防水箱，选项A错误。答案选A。

【题60】某商场安装了自动喷水灭火系统，该商场管理人员在巡查中发现与湿式报警阀组漏水故障无关的是（　　）。

A. 阀瓣密闭垫老化或者损坏　　B. 报警阀组排水阀未完全关闭

C. 阀瓣组件与阀座组件处有杂物　　D. 湿式报警阀组前水控制阀未完全关闭

【参考答案】D

【解题分析】

教材《消防安全技术综合能力》第3篇第4章"自动喷水灭火系统"

湿式报警阀组漏水故障原因分析：

1）排水阀门未安全关闭；

2）阀瓣密闭垫老化或者损坏；

3）系统侧管道接口渗漏；

4）报警管路测试控制阀渗漏；

5）阀瓣组件与阀座之间因变形或者污垢、杂物阻挡出现不密封状态。

根据上述要求，报警阀前的控制阀未关闭与湿式报警阀漏水没什么关系，答案选D。

【题61】下列低倍数泡沫灭火系统维护保养的做法，符合现行国家标准《泡沫灭火系统施工及验收规范》GB 50281要求的是（　　）。

A. 每年对泡沫灭火系统进行一次喷泡沫试验

B. 每月以手动控制方式对消防泵进行一次启动试验

C. 每半年对泡沫产生器和泡沫比例混合器进行一次外观检查

D. 每年对泡沫灭火系统的全部管道进行一次冲洗，清除锈渣

【参考答案】A

【解题分析】

《泡沫灭火系统施工及验收规范》GB 50281—2006

8.2.4 **每两年应对系统进行检查和试验**，并应按本规范表D.0.2记录。

根据上述要求，每两年应对系统进行检查和试验，所以一年是可以的，选项A正确。

8.2.1 每周应对消防泵和备用动力进行一次启动试验，并应按本规范D.0.1记录。

根据上述要求，每周应对消防泵和备用动力进行一次启动试验，选项B每月进行一次启动试验错误。

8.2.2 每月应对系统进行检查，并应按本规范D.0.2记录，检查内容及要求应符合下列规定：

1 对低、中、高倍数**泡沫发生器**，泡沫喷头，固定式泡沫炮，**泡沫比例混合器（装置）**，泡沫液储罐进行外观检查，应完好无损。

2 对固定式泡沫炮的回转机构、仰俯机构或电动操作机构进行检查，性能应达到标准的要求。

3 泡沫消火栓和阀门的开启与关闭应自如，不应锈蚀。

4 压力表、管道过滤器、金属软管、管道及附件不应有损伤。

5 对遥控功能或自动控制设施及操纵机构进行检查，性能应符合设计要求。

6 对储罐上的低、中倍数泡沫混合液立管应清除锈渣。

7 动力源和电气设备工作状况应良好。

8 水源及水位指示装置应正常。

根据第1款，每月需要对泡沫产生器和泡沫比例混合器进行一次外观检查，选项C错误。

8.2.3 每半年除储罐上泡沫混合液立管和液下喷射防火堤内泡沫管道及高倍数泡沫产生器进口端控制阀后的管道外，其余管道应全部冲洗，清除锈渣，并应按规范D.0.2记录。

选项D每年对泡沫灭火系统的全部管道进行一次冲洗，不满足每半年进行一次冲洗的要求，错误。答案选A。

【题62】某消防施工单位对某建筑的自动喷水系统组件进行进场检验。根据现行国家标准《自动喷水灭火系统施工及验收规范》GB 50261，不属于喷头现场检验内容的是（　　）。

　　A. 喷头的型号、规格　　　　　　B. 喷头的工作压力
　　C. 喷头的公称动作温度　　　　　D. 喷头的响应时间指数（RTI）

【参考答案】B

【解题分析】

《自动喷水灭火系统施工及验收规范》GB 50261—2017

3.2.7 喷头的现场检验必须符合下列要求：

1 **喷头的商标、型号、公称动作温度、响应时间指数（RTI）**、制造厂及生产日期等标志应齐全；

2 喷头的型号、规格等应符合设计要求；

3 喷头外观应无加工缺陷和机械损伤；

4 喷头螺纹密封面应无伤痕、毛刺、缺丝或断丝现象；
5 闭式喷头应进行密封性能试验，以无渗漏、无损伤为合格。

试验数量应从每批中抽查1%，并不得少于5只，试验压力应为3.0MPa，保压时间不得少于3min。当两只及两只以上不合格时，不得使用该批喷头。当仅有一只不合格时，应再抽查2%，并不得少于10只，并重新进行密封性能试验；当仍有不合格时，亦不得使用该批喷头。

根据第1款，喷头的商标、型号、公称动作温度、响应时间指数（RTI）为喷头的现场检验项，选项A、选项C和选项D符合要求。采用排除法，答案为B。

【题63】某电子元件生产厂房首层2个防火分区有疏散门通向避难走道，其中，防火分区一设置1个门通向该避难走道，门的净宽为1.20m，防火分区二有2个净宽均为1.20m的门通向避难走道。对该厂房的下列防火检查结果中，不符合现行国家标准要求的是（　　）。

A. 避难走道设1个直通室外的出口
B. 避难走道的净宽度为2.40m
C. 避难走道入口处前室的使用面积为6.0m²
D. 进入避难走道前室的门为甲级防火门

【参考答案】A

【解题分析】

《建筑设计防火规范》GB 50016—2014（2018年版）

6.4.14 避难走道的设置应符合下列规定：

1 避难走道防火隔墙的耐火极限不应低于3.00h，楼板的耐火极限不应低于1.50h；

2 **避难走道直通地面的出口不应少于2个，并应设置在不同方向**；当避难走道仅与一个防火分区相通且该防火分区至少有1个直通室外的安全出口时，可设置1个直通地面的出口。任一防火分区通向避难走道的门至该避难走道最近直通地面的出口的距离不应大于60m；

3 避难走道的净宽度不应小于任一防火分区通向该避难走道的设计疏散总净宽度；

4 避难走道内部装修材料的燃烧性能应为A级；

5 防火分区至避难走道入口处应设置防烟前室，前室的使用面积不应小于6.0m²，开向前室的门应采用甲级防火门，前室开向避难走道的门应采用乙级防火门；

6 避难走道内应设置消火栓、消防应急照明、应急广播和消防专线电话。

根据第2款，避难走道直通地面的出口不应少于2个，并应设置在不同方向；当避难走道仅与一个防火分区相通且该防火分区至少有1个直通室外的安全出口时，可设置1个直通地面的出口。根据题意，有两个防火分区用避难走道进行疏散，需要设置2个安全出口，选项A错误。答案选A。

【题64】常用检验仪器包括：（1）称重器；（2）压力表；（3）液位仪；（4）流量计。上述4种检验仪器中，可适用于低压二氧化碳灭火系统灭火剂泄漏检查的仪器共有（　　）。

A. 1种　　　　　　　　　　B. 3种
C. 2种　　　　　　　　　　D. 4种

【参考答案】C

【解题分析】

《二氧化碳灭火系统及部件通用技术条件》GB 16669—2010

5.14 检漏装置包括：称重装置、压力显示器和液位测量装置。

对于低压二氧化碳灭火系统可用液位仪、称重器。对高压二氧化碳储存容器可用称重器。（答案选C）

【题65】某电信大楼安装细水雾灭火系统，系统的设计工作压力为10.0MPa。根据现行国家标准《细水雾灭火系统技术规范》GB 50898，该系统调试的下列做法和结果中，不符合规范要求的是（　　）。

A.柴油泵作为备用泵，柴油泵的启动时间为10s

B.制定系统调试方案，根据批准的方案按程序进行系统调试

C.对泵组、稳压泵、分区控制阀进行调试和联动试验

D.对控制柜进行空载和加载控制调试

【参考答案】A

【解题分析】

《细水雾灭火系统技术规范》GB 50898

4.4.3 泵组调试应符合下列规定：

1 以自动或手动方式启动泵组时，泵组应立即投入运行。

检查数量：全数检查。

检查方法：手动和自动启动泵组。

2 以备用电源切换方式或备用泵切换启动泵组时，泵组应立即投入运行。

检查数量：全数检查。

检查方法：手动切换启动泵组。

3 采用柴油泵作为备用泵时，柴油泵的启动时间不应大于5s。

检查数量：全数检查。

检查方法：手动启动柴油泵。

根据第3款，柴油泵的启动时间不应大于5s，选项A为10s，错误。（答案选A）

【题66】某消防工程施工单位对某石化企业原油储罐区安装的低倍数泡沫自动灭火系统进行系统调试，下列喷水试验的测试方法中，符合现行国家标准《泡沫灭火系统施工及验收规范》GB 50281要求的是（　　）。

A.选择最近和最大的两个储罐以手动控制方式分别进行2次喷水试验

B.选择最远和最大的两个储罐以自动控制方式分别进行2次喷水试验

C.选择最近和最大的两个储罐以手动和自动控制方式分别进行1次喷水试验

D.选择最远和最大的两个储罐以手动和自动控制方式分别进行1次喷水试验

【参考答案】D

【解题分析】

《泡沫灭火系统施工及验收规范》GB 50281—2006

6.2.6 泡沫灭火系统的调试应符合下列规定：

1 当为手动灭火系统时，应以手动控制的方式进行一次喷水试验；当为自动灭火系统时，应以手动和自动的控制方式各进行一次喷水试验，其各项性能指标均应达到设

计要求。

检查数量：当为手动灭火系统时，选择最远的防护区或储罐；当为自动灭火系统时，选择最大和最远两个防护区或储罐分别以手动和自动的方式进行试验。

检查方法：用压力表、流量计、秒表测量。

根据上述要求，选项 D 符合要求。

答案选 D。

【题 67】某松节油生产厂房专用的 10kV 变电站贴邻厂房设置。该厂房的下列防火防爆做法中，不符合现行国家标准要求的是（　　）。

  A. 生产厂房贴邻变电站的墙体为防火墙

  B. 贴邻的防火墙设置了一扇不可开启的甲级防火窗

  C. 厂房的所有电器均采用防爆电器

  D. 厂房与变电站连通开口处设置了甲级防火门

【参考答案】D

【解题分析】

《建筑设计防火规范》GB 50016—2014（2018 年版）

根据规范中物质火灾危险性划分，松节油为闪点大于 28℃、小于 60℃ 的乙类可燃物。

3.3.8　变、配电站不应设置在甲、乙类厂房内或贴邻，且不应设置在爆炸性气体、粉尘环境的危险区域内。供甲、乙类厂房专用的 10kV 及以下的变、配电站，**当采用无门、窗、洞口的防火墙分隔时，可一面贴邻**，并应符合现行国家标准《爆炸危险环境电力装置设计规范》GB 50058 等标准的规定。

乙类厂房的配电站确需在防火墙上开窗时，应采用甲级防火窗。

根据上述要求，选项 A 和选项 B 正确，选项 D 错误。答案选 D。

【题 68】刘某具有国家一级注册消防工程师资格，担任某消防安全重点单位的消防安全管理人，根据《机关、团体、企业、事业单位消防安全管理规定》（公安部令第 61 号），不属于刘某应当履行的消防安全管理职责的是（　　）。

  A. 拟定年度消防安全工作计划　　B. 批准实施消防安全制度

  C. 组织实施日常消防安全管理工作　D. 组织火灾隐患整改工作

【参考答案】B

【解题分析】

《机关、团体、企业、事业单位消防安全管理规定》（公安部令第 61 号）

第七条　单位可以根据需要确定本单位的消防安全管理人。消防安全管理人对单位的消防安全责任人负责，实施和组织落实下列消防安全管理工作：

（一）**拟订年度消防工作计划，组织实施日常消防安全管理工作**；

（二）组织制订消防安全制度和保障消防安全的操作规程并检查督促其落实；

（三）拟订消防安全工作的资金投入和组织保障方案；

（四）**组织实施防火检查和火灾隐患整改工作**；

（五）组织实施对本单位消防设施、灭火器材和消防安全标志的维护保养，确保其完好有效，确保疏散通道和安全出口畅通；

（六）组织管理专职消防队和义务消防队；

（七）在员工中组织开展消防知识、技能的宣传教育和培训，组织灭火和应急疏散预案的实施和演练；

（八）单位消防安全责任人委托的其他消防安全管理工作。

消防安全管理人应当定期向消防安全责任人报告消防安全情况，及时报告涉及消防安全的重大问题。未确定消防安全管理人的单位，前款规定的消防安全管理工作由单位消防安全责任人负责实施。

根据第（一）款，选项 A 和选项 C 正确；根据第（二）款，选项 B 错误；根据第（四）款，选项 D 正确，答案选 B。

【题69】某高层公共建筑消防给水系统的系统工作压力为 1.25MPa，选用的立式消防水泵参数为流量 40L/s，扬程 100m，对该系统进行验收前检测，下列检测结果中，不符合现行国家标准要求的是（　　）。

A. 停泵时，压力表显示水锤消除设施后的压力为 1.3MPa

B. 流量计显示出水流量为 60L/s 时，压力表显示为 0.6MPa

C. 手动直接启泵，消防水泵在 36s 时投入正常运行

D. 吸水管上的控制阀锁定在常开位置，并有明显标记

【参考答案】B

【解题分析】

《消防给水及消火栓系统技术规范》GB 50974—2014

5.1.6 消防水泵的选择和应用应符合下列规定：

1 消防水泵的性能应满足消防给水系统所需流量和压力的要求；

2 消防水泵所配驱动器的功率应满足所选水泵流量扬程性能曲线上任何一点运行所需功率的要求；

3 当采用电动机驱动的消防水泵时，应选择电动机干式安装的消防水泵；

4 流量扬程性能曲线应为无驼峰、无拐点的光滑曲线，零流量时的压力不应大于设计工作压力的140%，且宜大于设计工作压力的120%；

5 当出流量为设计流量的150%时，其出口压力不应低于设计工作压力的65%；

6 泵轴的密封方式和材料应满足消防水泵在低流量时运转的要求；

7 消防给水同一泵组的消防水泵型号宜一致，且工作泵不宜超过3台；

8 多台消防水泵并联时，应校核流量叠加对消防水泵出口压力的影响。

13.1.4 消防水泵调试应符合下列要求：

1 以自动直接启动或手动直接启动消防水泵时，消防水泵应在55s内投入正常运行，且应无不良噪声和振动；

2 以备用电源切换方式或备用泵切换启动消防水泵时，消防水泵应分别在1min或2min内投入正常运行；

3 消防水泵安装后应进行现场性能测试，其性能应与生产厂商提供的数据相符，并应满足消防给水设计流量和压力的要求；

4 消防水泵零流量时的压力不应超过设计工作压力的140%；当出流量为设计工作流量的150%时，其出口压力不应低于设计工作压力的65%。

根据第13.1.4条第1款，以自动直接启动或手动直接启动消防水泵时，消防水泵应

在55s内投入正常运行,且应无不良噪声和振动,选项C正确。

根据第5.1.6条第5款,第13.1.4条第4款,消防水泵零流量时的压力不应超过设计工作压力的140%,扬程100m即1MPa,即不超过1MPa×140%=1.4MPa,选项A正确。当出流量为设计工作流量的150%时,其出口压力不应低于设计工作压力的65%。1MPa×65%=0.65MPa,选项B错误。

13.2.6 消防水泵验收应符合下列要求:

1 消防水泵运转应平稳,应无不良噪声的振动;

2 工作泵、备用泵、吸水管、出水管及出水管上的泄压阀、水锤消除设施、止回阀、信号阀等的规格、型号、数量,应符合设计要求;**吸水管、出水管上的控制阀应锁定在常开位置,并应有明显标记;**

根据上述要求,吸水管上的控制阀应锁定在常开位置,并有明显标记,选项D正确。(答案选B)

【题70】某多层在建工程单体占地面积为4000m²,对该工程消防车道进行防火检查。下列检查结果中,不符合现行国家标准《建设工程施工现场消防安全技术规范》GB 50720要求的是(   )。

A. 设置的临时消防车道与在建工程的距离为10m

B. 在消防车道尽端设置了12m×12m的回车场

C. 在建筑的长边设置了宽度为6m的临时消防救援场地

D. 在临时消防车道的左侧设置了消防车行进路线指示标识

【参考答案】D

【解题分析】

《建设工程施工现场消防安全技术规范》GB 50720—2011

3.3.1 施工现场内应设置临时消防车道,临时消防车道与在建工程、临时用房、可燃材料堆场及其加工场的距离不宜小于5m,且不宜大于40m;施工现场周边道路满足消防车通行及灭火救援要求时,施工现场内可不设置临时消防车道。

根据上述要求,临时消防车道与在建工程、临时用房、可燃材料堆场及其加工场的距离不宜小于5m,不宜大于40m。选项A设置为10m,正确。

3.3.2 临时消防车道的设置应符合下列规定:

1 临时消防车道宜为环形,设置环形车道确有困难时,**应在消防车道尽端设置尺寸不小于12m×12m的回车场。**

2 临时消防车道的净宽度和净空高度均不应小于4m。

3 **临时消防车道的右侧应设置消防车行进路线指示标识。**

4 临时消防车道路基、路面及其下部设施应能承受消防车通行压力及工作荷载。

根据第1款,消防车道近端设置尺寸不小于12m×12m的回车场地,选项B正确。根据第3款,临时消防车道的右侧应设置消防车行进路线指示标识,选项D错误。

3.3.4 临时消防救援场地的设置应符合下列规定:

1 临时消防救援场地应在在建工程装饰装修阶段设置。

2 临时消防救援场地应设置在成组布置的临时用房场地的长边一侧及在建工程的长边一侧。

3 临时救援场地宽度应满足消防车正常操作要求,且不应小于6m,与在建工程外脚手架的净距不宜小于2m,且不宜超过6m。

根据上述要求,临时救援场地宽度不应小于6m,选项C正确。

【题71】对某28层酒店的消防控制室的室内装修工程进行防火检查。下列检查结果中,不符合现行国家标准要求的是(   )。

  A.顶棚采用硅酸钙板　　　　　　B.墙面采用矿棉板
  C.地面采用水泥刨花板　　　　　D.窗帘采用未经阻燃处理的难燃织物

【参考答案】B
【解题分析】
《建筑内部装修设计防火规范》GB 50222—2017
4.0.10 消防控制室等重要房间,其顶棚和墙面应采用A级装修材料,地面及其他装修应采用不低于B_1级的装修材料。

根据上述要求,消防控制室顶棚、墙面、地面装修等级分别不低于A、A、B_1级。

附录B　常用建筑内部装修材料燃烧性能等级划分举例

材料类别	级别	材料举例
各部位材料	A	花岗石、大理石、水磨石、水泥制品、混凝土制品、石膏板、石灰制品、黏土制品、玻璃、瓷砖、马赛克、钢铁、铝、铜合金、天然石材、金属复合板、纤维石膏板、玻镁板、硅酸钙板等
顶棚材料	B_1	纸面石膏板、纤维石膏板、水泥刨花板、矿棉板、玻璃棉装饰吸声板、珍珠岩装饰吸声板、难燃胶合板、难燃中密度纤维板、岩棉装饰板、难燃木材、铝箔复合材料、难燃酚醛胶合板、铝箔玻璃钢复合材料、复合铝箔玻璃棉板等
墙面材料	B_1	纸面石膏板、纤维石膏板、水泥刨花板、矿棉板、玻璃棉板、珍珠岩板、难燃胶合板、难燃中密度纤维板、防火塑料装饰板、难燃双面刨花板、多彩涂料、难燃墙纸、难燃墙布、难燃仿花岗岩装饰板、氯氧镁水泥装配式墙板、难燃玻璃钢平板、难燃PVC塑料护墙板、阻燃模压木质复合板材、彩色难燃人造板、难燃玻璃钢、复合铝箔玻璃棉板等
	B_2	各类天然木材、木制人造板、竹材、纸制装饰板、装饰微薄木贴面板、印刷木纹人造板、塑料贴面装饰板、聚酯装饰板、复塑装饰板、塑料板、胶合板、塑料墙纸、无纺贴墙布、墙布、复合壁纸、天然材料壁纸、人造革、实木饰面装饰板、胶合竹夹板等
地面材料	B_1	硬PVC塑料地板、水泥刨花板、水泥木丝板、氯丁橡胶地板、难燃羊毛地毯等
	B_2	半硬质PVC塑料地板、PVC卷材地板等
装饰织物	B_1	经阻燃处理的各类难燃织物等
	B_2	纯毛装饰布、经阻燃处理的其他织物等

顶棚材料采用的硅酸钙板A级,选项A正确;墙面选用的矿棉板为B_1级,不符合A级的要求,选项B错误。地面采用水泥刨花板B_1级,选项C正确。窗帘采用"未经阻燃处理的难燃织物"为B_1级。选项D正确。

答案选B。

【题72】对某植物油加工厂房的浸出车间进行防火检查,下列对通风系统检查的结果中,不符合现行国家标准要求的是(   )。

  A.送风机采用普通型的通风设备,布置在单独分隔的通风机房内,送风干管上设置了防止回流设施

B. 排风管道穿过防火墙时两侧均设置防火阀

C. 排风系统采用了导除静电的接地装置

D. 排风机采用防爆型设备

【参考答案】B

【解题分析】

《建筑设计防火规范》GB 50016—2014（2018 年版）

根据第 3.3.1 条条文说明，植物油加工厂的浸出车间为甲类车间。

9.3.2 厂房内有爆炸危险场所的排风管道，严禁穿过防火墙和有爆炸危险的房间隔墙。

9.3.4 空气中含有易燃、易爆危险物质的房间，其送、排风系统应采用防爆型的通风设备。当送风机布置在单独分隔的通风机房内且送风干管上设置防止回流设施时，可采用普通型的通风设备。

根据 9.3.4 条，当送风机布置在单独分隔的通风机房内且送风干管上设置防止回流设施时，可采用普通型的通风设备，选项 A 正确；其送、排风系统应采用防爆型的通风设备，选项 D 正确。

根据 9.3.2 条，排风管严禁穿过防火墙和有爆炸危险的房间隔墙，选项 B 错误。

9.3.9 排除有燃烧或爆炸危险气体、蒸气和粉尘的排风系统，应符合下列规定：

1 排风系统应设置导除静电的接地装置；

2 排风设备不应布置在地下或半地下建筑（室）内；

3 排风管应采用金属管道，并应直接通向室外安全地点，不应暗设。

根据 9.3.9 条第 1 款，排风系统应设置导除静电的接地装置，选项 C 正确。

答案选 B。

【题 73】某高层建筑内的柴油发电机房设置了水喷雾灭火系统，水雾喷火的有效喷射程为 2.5m，雾化角为 90°，喷头与被保护对象的距离为 1.0m。某消防技术服务机构对该系统进行检测，根据现行国家标准《水喷雾灭火系统技术规范》GB 50219，下列检测结果中，符合规范要求的是（　　）。

A. 水雾喷头的平面布置方式为矩形，喷头间距为 1.5m

B. 顶部喷头的安装坐标偏差值为 50mm

C. 侧向喷头与被保护对象的安装距离偏差值为 100mm

D. 管道支架与水雾喷头之间的距离为 0.4m

【参考答案】D

【解题分析】

《水喷雾灭火系统技术规范》GB 50219—2014

3.2.4 水雾喷头的平面布置方式可为矩形或菱形。当按矩形布置时，水雾喷头之间的距离不应大于 1.4 倍水雾喷头的水雾锥底圆半径。

水雾锥底圆半径计算：

$$R = B\tan\frac{\theta}{2} \qquad (3.2.4)$$

式中：R——水雾锥底圆半径（m）；

B——水雾喷头的喷口与保护对象之间的距离（m）；

θ——水雾喷头的雾化角（°）。

$R=1.0\times\tan(90/2)=1.0$m。选项 A 中喷头间距为 1.5m$>1.4R$，错误。

8.3.18 喷头的安装应符合下列规定：

1 喷头的规格、型号应符合设计要求，并应在系统试压、冲洗、吹扫合格后进行安装。

检查数量：全数检查。

检查方法：直观检查和检查系统试压、冲洗记录。

2 喷头应安装牢固、规整，安装时不得拆卸或损坏喷头上的附件。

检查数量：全数检查。

检查方法：直观检查。

3 顶部设置的喷头应安装在被保护物的上部，室外安装坐标偏差不应大于 20mm，室内安装坐标偏差不应大于 10mm；标高的允许偏差，室外安装为±20mm，室内安装为±10mm。

检查数量：按安装总数的 10%抽查，且不得少于 4 只，即支管两侧的分支管的始端及末端各 1 只。

检查方法：尺量检查。

4 侧向安装的喷头应安装在被保护物体的侧面并应对准被保护物体，其距离偏差不应大于 20mrn。

检查数量：按安装总数的 10%抽查，且不得少于 4 只。

检查方法：尺量检查。

5 喷头与吊顶、门、窗、洞口或障碍物的距离应符合设计要求。

检查数量：全数检查。

检查方法：尺量检查。

选项 B 顶部喷头的安装坐标偏差值为 50mm，大于第 3 款的要求，错误。选项 C 侧向喷头与被保护对象的安装距离偏差值为 100mm，大于第 4 款的要求，错误。

8.3.14 管道的安装应符合下列规定：

……

5 管道支、吊架与水雾喷头之间的距离不应小于 0.3m，与末端水雾喷头之间的距离不宜大于 0.5m。

选项 D 管道支架与水雾喷头之间的距离为 0.4m，满足上述要求，正确。

答案选 D。

【题74】高某持有国家一级注册消防工程师资格证书，注册于某二级资质的消防安全评估机构，按照《注册消防工程师管理规定》（公安部第 143 号令），高某不应（　　）。

A.使用注册消防工程师称谓　　B.开展消防安全评估

C.参加继续教育　　D.以个人名义承接执业业务

【参考答案】D

【解题分析】

《注册消防工程师管理规定》（公安部第 143 号令）

第二十七条 一级注册消防工程师的执业范围包括：

(一)消防技术咨询与消防安全评估;

(二)消防安全管理与消防技术培训;

(三)消防设施维护保养检测(含灭火器维修);

(四)消防安全监测与检查;

(五)火灾事故技术分析;

(六)公安部或者省级公安机关规定的其他消防安全技术工作。

第三十一条 注册消防工程师享有下列权利:

(一)使用注册消防工程师称谓;

(二)保管和使用注册证和执业印章;

(三)在规定的范围内开展执业活动;

(四)对违反相关法律、法规和国家标准、行业标准的行为提出劝告,拒绝签署违反国家标准、行业标准的消防安全技术文件;

(五)参加继续教育;

(六)依法维护本人的合法执业权利。

根据第三十一条,注册消防工程师可以使用注册消防工程师称谓和参加继续教育。选项A和选项C正确。

根据第二十七条规定,可以开展消防安全评估;选项B正确。

第三十三条 注册消防工程师不得有下列行为:

(一)同时在两个以上消防技术服务机构,或者消防安全重点单位执业;

(二)以个人名义承接执业业务、开展执业活动;

根据第三十三条,不得以个人名义承接执业业务,选项D错误。答案选D。

【题75】对某建筑高度为110m的写字楼设置的机械加压送风系统进行检查时,下列系统送风口风压测试的做法,符合现行国家标准《建筑防排烟系统技术标准》GB 51251要求的是( )。

A.选择第十五层避难层的机械加压送风系统,测试风口的风压值

B.选择送风系统首端对应的3个连续楼层的楼梯间及前室,测试风口的风压值

C.选择送风系统末端对应的1个楼层的楼梯间及前室,测试风口的风压值

D.选择送风系统中段对应的2个连续楼层的楼梯间及前室,测试风口的风压值

【参考答案】A

【解题分析】

《建筑防烟排烟系统技术标准》GB 51251—2017

7.2.6 机械加压送风系统风速及余压的调试方法及要求应符合下列规定:

1 应选取送风系统末端所对应的送风最不利的三个连续楼层模拟起火层及其上下层,封闭避难层(间)仅需选取本层,调试送风系统使上述楼层的楼梯间、前室及封闭避难层(间)的风压值及疏散门的门洞断面风速值与设计值的偏差不大于10%;

2 对楼梯间和前室的调试应单独分别进行,且互不影响;

3 调试楼梯间和前室疏散门的门洞断面风速时,设计疏散门开启的楼层数量应符合本标准第3.4.6条的规定。

调试数量:全数调试。

根据上述要求，送风系统末端所对应的送风最不利的三个连续楼层，避难层仅选取本层，因此选项 A 正确。答案选 A。

【题76】根据现行国家技术标准《消防控制室通用技术要求》GB 25506，消防控制室设专人值班时，关于消防设施设置状态的说法，符合标准要求的是（　　）。

  A. 正常工作状态下，应将自动喷水灭火系统、防烟排烟系统和联动控制的用于防火分隔的防火卷帘设置在自动控制状态

  B. 正常工作状态下，可将防烟排烟系统设置在手动控制状态，发生火灾时立即将手动控制状态转换为自动控制状态

  C. 正常工作状态下，可将联动控制的用于防火分隔的防火卷帘设置在手动控制状态，发生火灾时立即将手动控制状态转换为自动控制状态

  D. 正常工作状态下，可将联动控制的用于防火分隔的防火门设置在手动控制状态，发生火灾时立即将手动控制状态转换为自动控制状态

【参考答案】A
【解题分析】

《消防控制室通用技术要求》GB 25506—2010

4.2.1　消防控制室管理应符合下列要求：

1）应实行每日24h专人值班制度，每班不应少于2人，值班人员应持有消防控制室操作职业资格证书；

2）消防设施日常维护管理应符合GB 25201的要求；

3）**应确保火灾自动报警系统、灭火系统和其他联动控制设备处于正常工作状态，不得将应处于自动状态的设在手动状态；**

4）应确保高位消防水箱、消防水池、气压水罐等消防储水设施水量充足，确保消防泵出水管阀门、自动喷水灭火系统管道上的阀门常开；确保消防水泵、防排烟风机、防火卷帘等消防用电设备的配电柜启动开关处于自动位置（通电状态）。

根据第3）款可知，应确保火灾自动报警系统、灭火系统和其他联动控制设备处于正常工作状态，不得将应处于自动状态的设在手动状态，选项 A 正确。答案选 A。

【题77】某总建筑面积为33000m² 的地下商场，分隔为两个建筑面积不大于20000m² 的区域，区域之间采用防火隔间进行连通。对防火隔间的下列检查结果中，符合现行国家标准要求的是（　　）。

  A. 防火隔间的围护构件采用耐火极限为2.00h的防火隔墙

  B. 防火隔间呈长方形布置，长边为3m，短边为2m

  C. 通向防火隔间的门作为疏散门

  D. 防火隔间门的耐火极限为1.50h

【参考答案】D
【解题分析】

《建筑设计防火规范》GB 50016—2014（2018年版）

5.3.5　总建筑面积大于20000m² 的地下或半地下商店，应采用无门、窗、洞口的防火墙、耐火极限不低于2.00h的楼板分隔为多个建筑面积不大于20000m² 的区域。相邻区域确需局部连通时，应采用下沉式广场等室外开敞空间、防火隔间、避难走道、防烟楼梯

间等方式进行连通,并应符合下列规定:

1 下沉式广场等室外开敞空间应能防止相邻区域的火灾蔓延和便于安全疏散,并应符合本规范第 6.4.12 条的规定;

2 **防火隔间的墙应为耐火极限不低于 3.00h 的防火隔墙,并应符合本规范第 6.4.13 条的规定;**

3 避难走道应符合本规范第 6.4.14 条的规定;

4 防烟楼梯间的门应采用甲级防火门。

根据第 2 款要求,防火隔间的墙应为耐火极限不低于 3.0h 的防火隔墙,选项 A 错误。

6.4.13 防火隔间的设置应符合下列规定:

1 防火隔间的建筑面积不应小于 $6.0m^2$;

2 防火隔间的门应采用甲级防火门;

3 不同防火分区通向防火隔间的门不应计入安全出口,门的最小间距不应小于 4m;

4 防火隔间内部装修材料的燃烧性能应为 A 级;

5 不应用于除人员通行外的其他用途。

不同防火分区通向防火隔间的门不应计入安全出口,门的最小间距不应小于 4m。防火隔间只是用于不同防火分区之间分隔措施,选项 C 错误。选项 B 不符合门最小间距要求,错误。防火隔间的门应采用甲级防火门,选项 D 防火隔间的门的耐火极限不低于 1.5h,正确。答案选 D。

【题78】某商场建筑面积为 $20000m^2$,地上营业厅设有吊顶,安装湿式自动喷水灭火系统,地下场所安装预作用自动喷水灭火系统,根据现行国家标准《自动喷水灭火系统设计规范》GB 50084,关于该商场自动喷水灭火系统构成的说法,错误的是(　　)。

A.地上自动喷水灭火系统有湿式报警阀组、水流指示器、下垂型洒水喷头等组成

B.有吊顶部位预作用自动喷水灭火系统由预作用报警阀组、水流指示器、干式下垂型洒水喷头等组成

C.无吊顶部位预作用自动喷水灭火系统由预作用报警阀组、充气装置、水流指示器、直立型洒水喷头等组成

D.地上自动喷水灭火系统有湿式报警阀组、水流指示器、隐蔽式洒水喷头等组成

【参考答案】D

【解题分析】

《自动喷水灭火系统设计规范》GB 50084—2017

附录 A　设置场所火灾危险等级分类

| 中危险级 | Ⅰ级 | 1)高层民用建筑:旅馆、办公楼、综合楼、邮政楼、金融电信楼、指挥调度楼、广播电视楼(塔)等;
2)公共建筑(含单多高层):医院、疗养院;图书馆(书库除外)、档案馆、展览馆(厅);影剧院、音乐厅和礼堂(舞台除外)及其他娱乐场所;火车站、机场及码头的建筑;总建筑面积小于 $5000m^2$ 的商场、总建筑面积小于 $1000m^2$ 的地下商场等;
3)文化遗产建筑:木结构古建筑、国家文物保护单位等;
4)工业建筑:食品、家用电器、玻璃制品等工厂的备料与生产车间等;冷藏库、钢屋架等建筑构件 |

续表

中危险级	Ⅱ级	1)民用建筑:书库、舞台(葡萄架除外)、汽车停车场(库)、总建筑面积5000m²及以上的商场、总建筑面积1000m²及以上的地下商场、净空高度不超过8m、物品高度不超过3.5m的超级市场等 2)工业建筑:棉毛麻丝及化纤的纺织、织物及制品、木材木器及胶合板、谷物加工、烟草及制品、饮用酒(啤酒除外)、皮革及制品、造纸及纸制品、制药等工厂的备料与生产车间等

该商场建筑面积为20000m²,大于上表规定的5000m²,属于中危Ⅱ级。

6.1.3 湿式系统的洒水喷头选型应符合下列规定:

1 不做吊顶的场所,**当配水支管布置在梁下时,应采用直立型洒水喷头;**

2 吊顶下布置的洒水喷头,应采用下垂型洒水喷头或吊顶型洒水喷头;

3 顶板为水平面的轻危险级、中危险级Ⅰ级住宅建筑、宿舍、旅馆建筑客房、医疗建筑病房和办公室,可采用边墙型洒水喷头;

4 易受碰撞的部位,应采用带保护罩的洒水喷头或吊顶型洒水喷头;

5 顶板为水平面,且无梁、通风管道等障碍物影响喷头洒水的场所,可采用扩大覆盖面积洒水喷头;

6 住宅建筑和宿舍、公寓等非住宅类居住建筑宜采用家用喷头;

7 **不宜选用隐蔽式洒水喷头;确需采用时,应仅适用于轻危险级和中危险级Ⅰ级场所。**

根据第7款,隐蔽式洒水喷头仅适用于轻危险级和中危险级Ⅰ级场所,该商场为中危Ⅱ级,不符合要求。答案选D。

【题79】某企业厂区内1个容积为2000m²的可燃液体储罐,按现行国家标准《建筑设施防火规范》GB 50016的要求设置了泡沫灭火系统,(　　)不是该泡沫灭火系统的构成组件。

A. 泡沫产生器　　　　　　　　B. 消防水带

C. 泡沫比例混合器　　　　　　D. 泡沫泵

【参考答案】B

【解题分析】

《泡沫灭火系统设计规范》GB 50151—2010

3.1.1 泡沫液、泡沫消防水泵、泡沫混合液泵、**泡沫液泵、泡沫比例混合器**(装置)、压力容器、**泡沫产生装置**、火灾探测与启动控制装置、控制阀门及管道等,必须采用经国家产品质量监督检验机构检验合格的产品,且必须符合系统设计要求。

根据上述要求可知,泡沫产生器、泡沫比例混合器和泡沫泵为泡沫系统构成组件,故答案选B。

【题80】根据现行国家标准《气体灭火系统施工及验收规范》GB 50263,某消防技术服务机构对高压二氧化碳灭火系统所制定的下列维修方案中,不符合规范要求的内容是(　　)。

A. 每季度对灭火剂输送管道和支、吊架的固定有无松动进行一次检查

B. 每季度对防护区的开口是否符合设计要求进行一次检查

C. 每季度对灭火剂钢瓶间内阀驱动装置的铭牌和标志牌是否清晰进行一次检查

D. 每季度对各储存容器内灭火剂的重量进行一次检查

【参考答案】C

【解题分析】

《气体灭火系统施工及验收规范》GB 50263

8.0.5 每日应对低压二氧化碳储存装置的运行情况、储存装置间的设备状态进行检查并记录。

8.0.6 每月检查应符合下列要求：

1 低压二氧化碳灭火系统储存装置的液位计检查，灭火剂损失10%时应及时补充。

2 高压二氧化碳灭火系统、七氟丙烷管网灭火系统及IG541灭火系统等系统的检查内容及要求应符合下列规定：

1）灭火剂储存容器及容器阀、单向阀、连接管、集流管、安全泄放装置、选择阀、**阀驱动装置**、喷嘴、信号反馈装置、检漏装置、减压装置等全部系统组件应无碰撞变形及其他机械性损伤，表面应无锈蚀，保护涂层应完好，铭牌和标志牌应清晰，手动操作装置的防护罩、铅封和安全标志应完整。

2）灭火剂和驱动气体储存容器内的压力，不得小于设计储存压力的90%。

3 预制灭火系统的设备状态和运行状况应正常。

8.0.7 每季度应对气体灭火系统进行1次全面检查，并应符合下列规定：

1 可燃物的种类、分布情况，**防护区的开口情况，应符合设计规定**。

2 **储存装置间的设备、灭火剂输送管道和支、吊架的固定，应无松动**。

3 连接管应无变形、裂纹及老化。必要时，送法定质量检验机构进行检测或更换。

4 各喷嘴孔口应无堵塞。

5 对高压二氧化碳储存容器逐个进行称重检查，**灭火剂净重不得小于设计储存量**的90%。

6 灭火剂输送管道有损伤与堵塞现象时，应按本规范第E.1节的规定进行严密性试验和吹扫。

8.0.8 每年应按本规范第E.2节的规定，对每个防护区进行1次模拟启动试验，并应按本规范第7.4.2条规定进行1次模拟喷气试验。

根据上述要求，选项A、选项B和选项D为季检项目，选项C是月检项目。

答案选C。

二、**多项选择题**（共20每题2分。每题的备选项中，有2个或2个以上符合题意，至少有1个错项。错选，本题不得分；少选，所选的每个选项得0.5分）

【题81】某二级耐火等级的服装加工厂房，地上5层，建筑高度为30m，每层建筑面积为6000m²。该厂房首层、二层的人数均为600人，三至五层的人数均为300人。对该厂房的下列防火检查结果中，不符合现行国家标准要求的有（　　）。

A. 疏散楼梯采用封闭楼梯间
B. 第四层最大的疏散距离为60m

C.楼梯间的门采用常开乙级防火门　　　　D.办公室与车间连通的门采用乙级防火门
E.首层外门的总净宽度为3.6m

【参考答案】BE
【解题分析】
《建筑设计防火规范》GB 50016—2014（2018年版）

3.7.6　高层厂房和甲、乙、丙类多层厂房的疏散楼梯应采用封闭楼梯间或室外楼梯。建筑高度大于32m且任一层人数超过10人的厂房，应采用防烟楼梯间或室外楼梯。

选项A设置为封闭楼梯间，符合要求。

3.7.4　厂房内任一点至最近安全出口的直线距离不应大于表3.7.4的规定。

厂房内任一点至最近安全出口的直线距离（m）　　　　表3.7.4

生产的火灾危险性类别	耐火等级	单层厂房	多层厂房	高层厂房	地下或半地下厂房（包括地下或半地下室）
甲	一、二级	30	25	—	—
乙	一、二级	75	50	30	—
丙	一、二级	80	60	40	30
	三级	60	40	—	—
丁	一、二级	不限	不限	50	45
	三级	60	50	—	—
	四级	50	—	—	—
戊	一、二级	不限	不限	75	60
	三级	100	75	—	—
	四级	60	—	—	—

服装加工厂为丙类厂房，根据上述要求，耐火等级为二级的丙类高层厂房内任一点至最近安全出口的直线距离不应大于40m，选项B最大疏散距离为60m，错误。

6.5.1　防火门的设置应符合下列规定：

1　设置在建筑内经常有人通行处的防火门宜采用常开防火门。常开防火门应能在火灾时自行关闭，并应具有信号反馈的功能。

2　除允许设置常开防火门的位置外，其他位置的防火门均应采用常闭防火门。常闭防火门应在其明显位置设置"保持防火门关闭"等提示标识。

楼梯间的门为经常有人通行，故选项C正确。

3.3.5　员工宿舍严禁设置在厂房内。

办公室、休息室等不应设置在甲、乙类厂房内，确需贴邻本厂房时，其耐火等级不应低于二级，并应采用耐火极限不低于3.00h的防爆墙与厂房分隔和设置独立的安全出口。

办公室、休息室设置在丙类厂房内时，应采用耐火极限不低于2.50h的防火隔墙和1.00h的楼板与其他部位分隔，并应至少设置1个独立的安全出口。**如隔墙上需开设相互连通的门时，应采用乙级防火门。**

根据上述要求，办公室和厂房连通的门采用乙级防火门。选项D正确。

3.7.5　厂房内疏散楼梯、走道、门的各自总净宽度，应根据疏散人数按每100人的最小疏散净宽度不小于表 3.7.5 的规定计算确定。但疏散楼梯的最小净宽度不宜小于 1.10m，疏散走道的最小净宽度不宜小于 1.40m，门的最小净宽度不宜小于 0.90m。当每层疏散人数不相等时，疏散楼梯的总净宽度应分层计算，下层楼梯总净宽度应按该层及以上疏散人数最多一层的疏散人数计算。

厂房内疏散楼梯、走道和门的每 100 人最小疏散净宽度（m/百人） 表 3.7.5

厂房层数（层）	1～2	3	≥4
最小疏散净宽度(m/百人)	0.60	0.80	1.00

首层外门的总净宽度应按该层及以上疏散人数最多一层的疏散人数计算，且该门的最小净宽度不应小于 1.20m。

本题中加工厂房地上 5 层，根据上述要求，百人宽度为 1m，首层和二层人数为 600人，疏散宽度＝600×1/100＝6m，选项 E 为 3.6m，错误。

答案选 BE。

【题 82】某 6 层商场，建筑高度为 30m，东西长 200m，南北宽 80，每层划分为 4 个防火分区，对该商场的下列防火检查结果中，不符合现行国家标准要求的有（　　）。

　　A. 供消防救援人员进入的窗口净高度为 1.0m
　　B. 在第六层南面外墙垫层设置室外电子显示屏
　　C. 供消防救援人员进入的窗口净宽度为 0.5m
　　D. 供消防救援人员进入的窗口在室内对应部位设置可破拆的广告灯箱
　　E. 供消防救援人员进入的窗口下沿距室内地面 1.0m

【参考答案】BCD

【解题分析】

《建筑设计防火规范》GB 50016—2014（2018 年版）

7.2.5 供消防救援人员进入的窗口的净高度和净宽度均不应小于 1.0m，下沿距室内地面不宜大于 1.2m，间距不宜大于 20m 且每个防火分区不应少于 2 个，设置位置应与消防车登高操作场地相对应。窗口的玻璃应易于破碎，并应设置可在室外易于识别的明显标志。

根据上述要求，选项 A 和选项 E 正确，选项 C 错误。

户外广告牌的设置不应遮挡建筑的外窗，不应影响外部灭火救援行动，故选项 B、D 错误。

【题 83】某大剧院设有自动喷水灭火系统和火灾自动报警系统，根据《人员密集场所消防安全评估导则》GA/T 1369，对于该剧院进行消防安全评估，下列检查结果中可直接判定评估结论等级为差的有（　　）。

　　A. 未确定消防安全评估管理人
　　B. 在地下一层的一个储物间存放了演出用的大量服装和布景道具
　　C. 有 2 具应急照明灯损坏
　　D. 地下二层的楼梯间前室堆放了大量杂物
　　E. 自动喷水灭火系统的消防水泵损坏

【参考答案】ADE

【解题分析】

《人员密集场所消防安全评估导则》GA/T 1369—2016

4.4 评估判定

4.4.1 检查项分为 3 类，分别是直接判定项（A 项）、关键项（B 项）与一般项（C 项）。

4.4.2 消防安全评估中可直接判定评估结论等级（见第 6 章）**为差的检查项为直接判定项（A 项），包括以下内容：**

1) 建筑物和公众聚集场所未依法办理消防行政许可或备案手续的；
2) **未依法确定消防安全管理人、自动消防系统操作人员的；**
3) **疏散通道、安全出口数量不足或者严重堵塞，已不具备安全疏散条件的；**
4) 未按规定设置自动消防系统的；
5) **建筑消防设施严重损坏，不再具备防火灭火功能的；**
6) 人员密集场所违反消防安全规定，使用、储存易燃易爆危险品的；
7) 公众聚集场所违反消防技术标准，采用易燃、可燃材料装修，可能导致重大人员伤亡的；
8) 经公安机关消防机构责令改正后，同一违法行为反复出现的；
9) 未依法建立专（兼）职消防队的；
10) 一年内发生一次较大以上（含）火灾或两次以上（含）一般火灾的。

根据上述要求，选项 A、选项 D 和选项 E 可直接判定为结论等级为差的检查项。

答案选 ADE。

【题 84】某 20 层大厦每层为一个防火分区，防烟楼梯间及前室安装了机械加压送风系统。下列对该系统进行联动调试的方法和测试结果中，符合现行国家标准《建筑防烟排烟系统技术标准》GB 51251 要求的有（　　）。

A. 手动开启第六层楼梯间前室内的常闭送风口，相应的加压送风机联动启动
B. 使第九层的两只独立的感烟探测器报警，相应的送风口和加压送风机联动启动
C. 风机联动启动后，在顶层楼梯间送风口处测得的风速为 5m/s
D. 按下第十层楼梯间前室门口的一只手动报警按钮，相应的加压送风机联动启动
E. 风机联动启动后，测得第三层楼梯间前室与走道之间的压差值为 40Pa

【参考答案】ABC

【解题分析】

《建筑防烟排烟系统技术标准》GB 51251

7.3.1 机械加压送风系统的联动调试方法及要求应符合下列规定：

1 **当任何一个常闭送风口开启时，相应的送风机均应能联动启动；**

2 与火灾自动报警系统联动调试时，当火灾自动报警探测器发出火警信号后，应在 15s 内启动与设计要求一致的送风口、送风机，且其联动启动方式应符合现行国家标准《火灾自动报警系统设计规范》GB 50116 的规定，其状态信号应反馈到消防控制室。

根据第 1 款可知，当任何一个常闭送风口开启时，相应的送风机均应能联动启动，选项 A 正确。

3.3.6 加压送风口的设置应符合下列规定：

1 除直灌式加压送风方式外，楼梯间宜每隔2~3层设一个常开式百叶送风口；
2 前室应每层设一个常闭式加压送风口，并应设手动开启装置；
3 **送风口的风速不宜大于7m/s；**
4 送风口不宜设置在被门挡住的部位。

选项C风机联动启动后，在顶层楼梯间送风口处测得的风速为5m/s，小于送风口风速不宜大于7m/s的要求，正确。

3.4.4 机械加压送风量应满足走廊至前室至楼梯间的压力呈递增分布，余压值应符合下列规定：

1 **前室、封闭避难层（间）与走道之间的压差应为25Pa~30Pa；**
2 楼梯间与走道之间的压差应为40Pa~50Pa；
3 当系统余压值超过最大允许压力差时应采取泄压措施。

根据上述要求，前室与走道之间的压差应为25Pa~30Pa，楼梯间与走道之间的压差应为40Pa~50Pa，选项E错误。

《火灾自动报警系统设计规范》GB 50116—2013

4.5.1 防烟系统的联动控制方式应符合下列规定：

1 应由加压送风口所在防火分区内的两只独立的火灾探测器或一只火灾探测器与一只手动火灾报警按钮的报警信号，作为送风口开启和加压送风机启动的联动触发信号，并应由消防联动控制器联动控制相关层前室等需要加压送风场所的加压送风口开启和加压送风机启动。

选项B正确，选项D错误。

可知答案选ABC。

【题85】某商业综合体建筑高度为31.6m，总建筑面积为35000m²，设置临时高压消防给水系统。根据现行国家标准《消防给水及消火栓系统技术规范》GB 50974对消火栓系统进行验收，下列验收检测结果中，不符合规范要求的有（　　）。

A. 消防主泵切换到备用泵的时间为60s
B. 联动控制器处于手动状态时，高位消防水箱的消火栓出水干管的流量开关动作，消防水泵启动
C. 消防水泵启动后不能自动停止运行
D. 消防水泵吸水管上的控制阀采用暗杆闸阀，无开启刻度和标志
E. 高位消防水箱有效容积为36m³，设置有水位报警装置

【参考答案】DE

【解题分析】

《消防给水及消火栓系统技术规范》GB 50974—2014

13.1.4 消防水泵调试应符合下列要求：

1 以自动直接启动或手动直接启动消防水泵时，消防水泵应在55s内投入正常运行，且应无不良噪声和振动；
2 **以备用电源切换方式或备用泵切换启动消防水泵时，消防水泵应分别在1min或2min内投入正常运行；**
3 消防水泵安装后应进行现场性能测试，其性能应与生产厂商提供的数据相符，并

应满足消防给水设计流量和压力的要求;

4 消防水泵零流量时的压力不应超过设计工作压力的140%;当出流量为设计工作流量的150%时,其出口压力不应低于设计工作压力的65%。

选项A消防主泵切换到备用泵的时间为60s,满足第2款要求,正确。

11.0.2 消防水泵不应设置自动停泵的控制功能,停泵应由具有管理权限的工作人员根据火灾扑救情况确定。(故选项C正确)

5.1.13 离心式消防水泵吸水管、出水管和阀门等,应符合下列规定:

1 一组消防水泵,吸水管不应少于两条,当其中一条损坏或检修时,其余吸水管应仍能通过全部消防给水设计流量;

2 消防水泵吸水管布置应避免形成气囊;

3 一组消防水泵应设不少于两条的输水干管与消防给水环状管网连接,当其中一条输水管检修时,其余输水管应仍能供应全部消防给水设计流量;

4 消防水泵吸水口的淹没深度应满足消防水泵在最低水位运行安全的要求,吸水管喇叭口在消防水池最低有效水位下的淹没深度应根据吸水管喇叭口的水流速度和水力条件确定,但不应小于600mm,当采用旋流防止器时,淹没深度不应小于200mm;

5 **消防水泵的吸水管上应设置明杆闸阀或带自锁装置的蝶阀,但当设置暗杆阀门时应设有开启刻度和标志**;当管径超过DN300时,宜设置电动阀门;

6 消防水泵的出水管上应设止回阀、明杆闸阀;当采用蝶阀时,应带有自锁装置;当管径大于DN300时,宜设置电动阀门。

根据上述第5款,消防水泵吸水管设置暗杆阀门时应设置开启刻度和标志,选项D错误。

5.2.1 临时高压消防给水系统的高位消防水箱的有效容积应满足初期火灾消防用水量的要求,并应符合下列规定:

1 一类高层公共建筑,不应小于36m³,但当建筑高度大于100m时,不应小于50m³,当建筑高度大于150m时,不应小于100m³;

2 多层公共建筑、二类高层公共建筑和一类高层住宅,不应小于18m³,当一类高层住宅建筑高度超过100m时,不应小于36m³;

3 二类高层住宅,不应小于12m³;

4 建筑高度大于21m的多层住宅,不应小于6m³;

5 工业建筑室内消防给水设计流量当小于或等于25L/s时,不应小于12m³,大于25L/s时不应小于18m³;

6 **总建筑面积大于10000m²且小于30000m²的商店建筑,不应小于36m³,总建筑面积大于30000m²的商店,不应小于50m³,当与本条第1款规定不一致时应取其较大值。**

根据上述第6款,总建筑面积大于30000m²的商店,高位消防水箱容积不应小于50m³。选项E错误。

《火灾自动报警系统设计规范》GB 50116—2013

4.3.1 联动控制方式,应由消火栓系统出水干管上设置的低压压力开关、**高位消防水箱出水管上设置的流量开关或报警阀压力开关等信号作为触发信号,直接控制启动消火**

栓泵，联动控制不应受消防联动控制器处于自动或手动状态影响。当设置消火栓按钮时，消火栓按钮的动作信号应作为报警信号及启动消火栓泵的联动触发信号，由消防联动控制器联动控制消火栓泵的启动。

根据上述规定可知，选项 B 正确。

答案选 DE。

【题 86】对人员密集场所进行防火检查，根据现行国家标准《重大火灾隐患判定方法》GB 35181，下列检查时发现的隐患中，可以作为重大火灾隐患综合判定要素的有（ ）。

 A. 防烟楼梯间的防火门损坏率为设置总数的 15%

 B. 消防控制室值班操作人员未取得相应资格证

 C. 防烟、排烟设施不能正常运行

 D. 歌舞厅墙面采用聚氨酯材料装修

 E. 楼梯间设置栅栏

【参考答案】BCDE

【解题分析】

《重大火灾隐患判定方法》GB 35181—2017

7.3.7 设有人员密集场所的高层建筑的封闭楼梯间或防烟楼梯间的门的损坏率超过其设置总数的 20%，其他建筑的封闭楼梯间或防烟楼梯间的门的损坏率大于其设置总数的 50%。

选项 A 防烟楼梯间的防火门损坏率为设置总数的 15%，不能作为重大火灾隐患综合判定要素。

7.8.2 消防控制室操作人员未按 GB 25506 的规定持证上岗。

选项 B 为可以作为重大火灾隐患综合判定要素。

7.5 人员密集场所、高层建筑和地下建筑未按国家工程建设消防技术标准的规定设置防烟、排烟设施，或已设置但不能正常使用或运行。

选项 C 为可以作为重大火灾隐患综合判定要素。

7.3.8 人员密集场所内疏散走道、疏散楼梯间、前室的室内装修材料的燃烧性能不符合 GB 50222 的规定。

选项 D 为可以作为重大火灾隐患综合判定要素。

7.3.9 人员密集场所的疏散走道、楼梯间、疏散门或安全出口设置栅栏、卷帘门。选项 E 为可以作为重大火灾隐患综合判定要素。

答案选 BCDE。

【题 87】某大型地下商场内装修工程进行工程验收，该商场设有自动喷水灭火系统和火灾自动报警系统。下列验收检查结果中，符合现行国家标准要求的有（ ）。

 A. 疏散楼梯间前室墙面设置灯箱广告

 B. 疏散走道的地面采用仿古瓷砖

 C. 营业厅地面采用水泥木丝板

 D. 疏散楼梯间的地面采用水磨石

 E. 消防水泵房、空调机房地面采用水泥地面

【参考答案】BDE

【解题分析】

《建筑内部装修设计防火规范》GB 50222—2017

4.0.3 疏散走道和安全出口的顶棚、墙面不应采用影响人员安全疏散的镜面反光材料。

选项A前室墙面设置灯箱广告,错误。

4.0.4 地上建筑的水平疏散走道和安全出口的门厅,其顶棚应采用A级装修材料,其他部位应采用不低于B1级的装修材料;地下民用建筑的疏散走道和安全出口的门厅,其顶棚、墙面和地面均应采用A级装修材料。

选项B疏散走道地面采用仿古瓷砖,瓷砖为A级材料,正确。

5.3.1 地下民用建筑内部各部位装修材料的燃烧性能等级,不应低于本规范表5.3.1的规定。

地下民用建筑内部各部位装修材料的燃烧性能等级　　表5.3.1

序号	建筑物及场所	装修材料燃烧性能等级						
		顶棚	墙面	地面	隔断	固定家具	装饰织物	其他装修装饰材料
1	观众厅、会议厅、多功能厅、等候厅等,商店的营业厅	A	A	A	B_1	B_1	B_1	B_2

5.3.2 除本规范第4章规定的场所和本规范表5.3.1中序号为6~8规定的部位外,单独建造的地下民用建筑的地上部分,其门厅、休息室、办公室等内部装修材料的燃烧性能等级可在本规范表5.3.1的基础上降低一级。

商店营业厅地下时地面应为A级,且设自喷不能降级。选项C营业厅地面采用水泥木丝板,水泥木丝板属于B_1,错误。

4.0.5 疏散楼梯间和前室的顶棚、墙面和地面均应采用A级装修材料。

选项D疏散楼梯间的地面采用水磨石,水磨石为A级,正确。

4.0.9 消防水泵房、机械加压送风排烟机房、固定灭火系统钢瓶间、配电室、变压器室、发电机房、储油间、通风和空调机房等,其内部所有装修均应采用A级装修材料。

选项E消防水泵房、空调机房地面采用水泥地面,水泥地面为A级,正确。

【题88】对某高层公共建筑的消防设施联动控制功能进行调试。下列调试结果中,符合现行国家标准《火灾自动报警系统设计规范》GB 50116要求的有（　　）。

A. 消防联动控制器设于手动状态,高位消防水箱出水管上的流量开关动作后,消防泵未启动

B. 消防联动控制器设于自动状态,同一防火分区内两只独立的感烟探测器报警后,用作防火分隔的水幕系统的水幕阀组启动

C. 消防联动控制器设于自动状态,同一防火分区内两只独立的感温探测器报警后用于防火卷帘保护的水幕系统的水幕阀组启动

D. 消防联动控制器设于手动状态,湿式报警阀压力开关动作后,喷淋泵启动

E. 消防联动控制器设于自动状态,同一防火分区内两只独立的感烟探测器报警后,全楼疏散通道的消防应急照明和疏散指示系统启动

【参考答案】DE
【解题分析】
《火灾自动报警系统设计规范》GB 50116—2013

4.2.4 自动控制的水幕系统的联动控制设计，应符合下列规定：

1 联动控制方式，当自动控制的水幕系统用于防火卷帘的保护时，应由防火卷帘下落到楼板面的动作信号与本报警区域内任一火灾探测器或手动火灾报警按钮的报警信号作为水幕阀组启动的联动触发信号，并应由消防联动控制器联动控制水幕系统相关控制阀组的启动；仅当水幕系统作为防火分隔时，应由该报警区域内两只独立的感温火灾探测器的火灾报警信号作为水幕阀组启动的联动触发信号，并应由消防联动控制器联动控制水幕系统相关控制阀组的启动。

2 手动控制方式，应将水幕系统相关控制阀组和消防泵控制箱（柜）的启动、停止按钮用专用线路直接连接至设置在消防控制室内的消防联动控制器的手动控制盘，并应直接手动控制消防泵的启动、停止及水幕系统相关控制阀组的开启。

3 压力开关、水幕系统相关控制阀组和消防泵的启动、停止的动作信号，应反馈至消防联动控制器。

根据第1款要求，选项B、选项C错误。

4.9.2 当确认火灾后，由发生火灾的报警区域开始，顺序启动全楼疏散通道的消防应急照明和疏散指示系统，系统全部投入应急状态的启动时间不应大于5s。

选项E正确。

《消防给水及消火栓系统技术规范》GB 50974—2014

11.0.4 消防水泵应由消防水泵出水干管上设置的压力开关、高位消防水箱出水管上的流量开关，或报警阀压力开关等开关信号应能直接自动启动消防水泵。消防水泵房内的压力开关宜引入消防水泵控制柜内。

根据该条要求，选项A错误，选项D正确。

答案选DE。

【题89】某地下档案库房，设置了全淹没二氧化碳灭火系统，对该气体灭火系统的防护区进行防火检查，下列检查结果中，不符合现行国家标准要求的有（　　）。

A. 防护区入口附近未设置气体灭火控制盘
B. 防护区的入口处明显位置未配置专用的空气呼吸器或氧气呼吸器
C. 防护区内未设置机械排风装置
D. 系统管道未设置防静电接地
E. 防护区出入口未设手动、自动转换装置

【参考答案】BCE
【解题分析】
《二氧化碳灭火系统设计规范》GB 50193—93（2010版）

7.0.4 当系统管道设置在可燃气体、蒸气或有爆炸危险粉尘的场所时，应设防静电接地。

地下档案库房，不属于上述场所，可不设置防静电接地装置，选项D正确。

7.0.5 地下防护区和无窗或固定窗扇的地上防护区，应设机械排风装置。

7.0.7 设置灭火系统的防护区的入口处明显位置应配备专用的空气呼吸器或氧气呼吸器。

根据第 7.0.5 条，选项 C 错误。根据第 7.0.7 条，选项 B 错误。

6.0.3A 对于采用全淹没灭火系统保护的防护区，应在其出入口处设置手动、自动转换控制装置；有人工作时，应置于手动控制状态。

上述规定要求防护区入口附近设置手动、自动转换控制装置，而未要求设置气体灭火控制盘，故选项 A 正确，选项 E 错误。

答案选 BCE。

【题 90】某消防技术服务机构对某会展中心的自动消防设施进行维护保养，下列做法和结果中，不符合现行国家标准要求的有（　　）。

A. 对 1 只感烟探测器喷烟直至报警，探测器所在区域显示器在 5s 后发出报警信号
B. 断开消防控制室图形显示装置与其连接的各消防设备的连线，图形显示装置在 1min 时发出的故障信号
C. 在同一防火分区内，1 只手动报警按钮和 1 只感烟探测器同时发出火灾报警信号。该防火分区内用于防火分隔的防火卷帘直接下降至地面。
D. 检查发现火灾显示盘损坏，维护人员直接将其拆下，并立即更换新的产品。
E. 在消防控制室手动选择 2 个广播分区启动应急广播，该区域正在播音的背景音乐广播停止，消防应急广播启动

【参考答案】ACD
【解题分析】
《火灾探测报警产品的维修保养与报废》GB 29837—2013
5.10 区域显示器（火灾显示盘）按 GB 17429 规定检查其下列功能并记录：
1) 使该区域内的一只火灾探测器发出火灾报警信号，检查区域显示器（火灾显示盘）**能否在 3s 内正常接收和显示**；
2) 检查消音、复位功能；
3) 检查操作级别；
4) 对于非火灾报警控制器供电的区域显示器（火灾显示盘），还应检查主、备电源的自动转换功能和故障报警功能。

选项 A 探测器所在区域显示器在 5s 后发出报警信号，不符合要求，错误。

《消防控制室通用技术要求》GB 25506—2010
5.1 消防控制室图形显示装置
消防控制室图形显示装置应符合下列要求：
1) 应能显示 4.1 规定的资料内容及附录 B 规定的其他相关信息；
2) 应能用同一界面显示建（构）筑物周边消防车道、消防登高车操作场地、消防水源位置，以及相邻建筑的防火间距、建筑面积、建筑高度、使用性质等情况；
3) 应能显示消防系统及设备的名称、位置和 5.2~5.7 节规定的动态信息；
4) 当有火灾报警信号、监管报警信号、反馈信号、屏蔽信号、故障信号输入时，应有相应状态的专用总指示，在总平面布局图中应显示输入信号所在的建（构）筑物的位置，在建筑平面图上应显示输入信号所在的位置和名称，并记录时间、信号类别和部位等信息；

5）应在10s内显示输入的火灾报警信号和反馈信号的状态信息，100s内显示其他输入信号的状态信息；

6）应采用中文标注和中文界面，界面对角线长度不应小于430mm；

7）应能显示可燃气体探测报警系统、电气火灾监控系统的报警信息、故障信息和相关联动反馈信息。

根据上述第5）款要求，选项B图形显示装置在1min时发出的故障信号，正确。

《火灾自动报警系统设计规范》GB 50116—2013

4.6.3 疏散通道上设置的防火卷帘的联动控制设计，应符合下列规定：

1 联动控制方式，防火分区内任两只独立的感烟火灾探测器或任一只专门用于联动防火卷帘的感烟火灾探测器的报警信号应联动控制防火卷帘下降至距楼板面1.8m处；任一只专门用于联动防火卷帘的感温火灾探测器的报警信号应联动控制防火卷帘下降到楼板面；在卷帘的任一侧距卷帘纵深0.5m～5m内应设置不少于2只专门用于联动防火卷帘的感温火灾探测器。

……

4.6.4 非疏散通道上设置的防火卷帘的联动控制设计，应符合下列规定：

1 联动控制方式，应由防火卷帘所在防火分区内任两只独立的火灾探测器的报警信号，作为防火卷帘下降的联动触发信号，并应联动控制防火卷帘直接下降到楼板面。

……

4.6.5 防火卷帘下降至距楼板面1.8m处、下降到楼板面的动作信号和防火卷帘控制器直接连接的感烟、感温火灾探测器的报警信号，应反馈至消防联动控制器。

选项C中，不管该防火卷帘是位于疏散通道上还是非疏散通道上，其控制方式都不对。（故选项C错误）

4.8.12 消防应急广播与普通广播或背景音乐广播合用时，应具有强制切入消防应急广播的功能。（选项E正确）

选项D检查发现火灾显示盘损坏，维护人员直接将其拆下，并立即更换新的产品，错误，应该先断电。

答案选ACD。

【题91】根据现行国家标准《自动喷水灭火系统设计规范》GB 50084，关于自动喷水灭火系统洒水喷头的选型，正确的有（　　）。

A. 图书馆书库采用边墙型洒水喷头

B. 总建筑面积为5000m² 的商场营业厅采用隐蔽式喷头

C. 办公室吊顶下安装下垂型喷头

D. 无吊顶的汽车库选用直立型快速响应喷头

E. 印刷厂纸质品仓库采用早期抑制快速响应喷头

【参考答案】CDE

【解题分析】

《自动喷水灭火系统设计规范》GB 50084—2017

设置场所火灾危险等级分类　　　　　　　　　　　附录A

中危险级	Ⅰ级	1) 高层民用建筑：旅馆、办公楼、综合楼、邮政楼、金融电信楼、指挥调度楼、广播电视楼（塔）等； 2) 公共建筑（含单多高层）：医院、疗养院；图书馆（书库除外）、档案馆、展览馆（厅）；影剧院、音乐厅和礼堂（舞台除外）及其他娱乐场所；火车站、机场及码头的建筑；总建筑面积小于5000m²的商场、总建筑面积小于1000m²的地下商场等； 3) 文化遗产建筑：木结构古建筑、国家文物保护单位等； 4) 工业建筑：食品、家用电器、玻璃制品等工厂的备料与生产车间等；冷藏库、钢屋架等建筑构件
	Ⅱ级	1) 民用建筑：书库、舞台（葡萄架除外）、汽车停车场（库）、总建筑面积5000m²及以上的商场、总建筑面积1000m²及以上的地下商场、净空高度不超过8m、物品高度不超过3.5m的超级市场等； 2) 工业建筑：棉毛麻丝及化纤的纺织、织物及制品、木材木器及胶合板、谷物加工、烟草及制品、饮用酒（啤酒除外）、皮草及制品、造纸及纸制品、制药等工厂的备料与生产车间等

6.1.3 湿式系统的洒水喷头选型应符合下列规定：

1 **不做吊顶的场所，当配水支管布置在梁下时，应采用直立型洒水喷头；**

2 吊顶下布置的洒水喷头，应采用下垂型洒水喷头或吊顶型洒水喷头；

3 **顶板为水平面的轻危险级、中危险级Ⅰ级住宅建筑、宿舍、旅馆建筑客房、医疗建筑病房和办公室，可采用边墙型洒水喷头；**

4 易受碰撞的部位，应采用带保护罩的洒水喷头或吊顶型洒水喷头；

5 顶板为水平面，且无梁、通风管道等障碍物影响喷头洒水的场所，可采用扩大覆盖面积洒水喷头；

6 住宅建筑和宿舍、公寓等非住宅类居住建筑宜采用家用喷头；

7 **不宜选用隐蔽式洒水喷头；确需采用时，应仅适用于轻危险级和中危险级Ⅰ级场所。**

根据第3款选项A图书馆书库的火灾危险等级为中危险级Ⅱ级，不能采用边墙型洒水喷头，故选项A错误，选项C正确。

根据第7款，隐蔽式洒水喷头仅适用于轻危险级和中危险级Ⅰ级场所，选项B总建筑面积为5000m²的商场为中危Ⅱ级，不符合要求，错误。

根据第1款，选项D无吊顶的汽车库选用直立型快速响应喷头，正确。

6.1.1 设置闭式系统的场所，洒水喷头类型和场所的最大净空高度应符合表6.1.1的规定；仅用于保护室内钢屋架等建筑构件的洒水喷头和设置货架内置洒水喷头的场所，可不受此表规定的限制。

仓库	标准覆盖面积洒水喷头	特殊响应喷头 标准响应喷头	$K \geqslant 80$	$h \leqslant 9$
	仓库型特殊应用喷头			$h \leqslant 12$
	早期抑制快速响应喷头			$h \leqslant 13.5$

根据上述要求，仓库可以采用早期抑制快速响应喷头。选项 E 印刷厂纸质品仓库采用早期抑制快速响应喷头，正确。

答案选 CDE。

【题 92】根据现行国家标准《自动喷水灭火系统施工及验收规范》GB 50261，自动喷水灭火系统调试前的必备条件有（　　）。

A. 消防水池、消防水箱储存了设计要求的水量
B. 系统供电正常
C. 湿式系统管网已经放空
D. 与系统联动的火灾自动报警系统处于调试阶段
E. 消防气压给水设备的水位、气压符合设计要求

【参考答案】ABE
【解题分析】

《自动喷水灭火系统施工及验收规范》GB 50261—2017

7.1.2　系统调试应具备下列条件：

1　消防水池、消防水箱已储存设计要求的水量。
2　系统供电正常。
3　消防气压给水设备的水位、气压符合设计要求。
4　湿式喷水灭火系统管网内已充满水；干式、预作用喷水灭火系统管网内的气压符合设计要求；阀门均无泄漏。
5　与系统配套的火灾自动报警系统处于工作状态。

根据第 1) 款，选项 A 正确；根据第 2) 款，选项 B 正确；根据第 3) 款，选项 E 正确；根据第 4) 款，选项 C 错误；根据第 5) 款，选项 D 错误。

答案选 ABE。

【题 93】对某车用乙醇生产厂房进行防火检查，下列防火检查结果中，符合现行国家标准《建筑设计防火规范》GB 50016 要求的有（　　）。

A. 该厂房与二级耐火等级的单层氨压缩机房的间距为 12m
B. 该厂房与饲料加工厂房贴邻，相邻较高一面外墙为防火墙
C. 该厂房与厂区内建筑高度 26m 的办公楼间距为 30m
D. 该厂房与建筑高度 27m 的造纸车间间距为 13m
E. 该厂房与厂外铁路中心线的间距为 20m

【参考答案】AD
【解题分析】

《建筑设计防火规范》GB 50016—2014（2018 年版）

根据 3.1 节条文举例可知，乙醇生产厂房为甲类厂房。

3.4.1　除本规范另有规定外，厂房之间及与乙、丙、丁、戊类仓库、民用建筑等的防火间距不应小于表 3.4.1 的规定，与甲类仓库的防火间距应符合本规范第 3.5.1 条的规定。

厂房之间及与乙、丙、丁、戊类仓库、民用建筑等的防火间距（m） 表 3.4.1

名称			甲类厂房 单、多层	乙类厂房（仓库）			丙、丁、戊类厂房（仓库）			民用建筑				
				单、多层		高层	单、多层			高层	裙房、单、多层			高层
			一、二级	一、二级	三级	一、二级	一、二级	三级	四级	一、二级	一、二级	三级	四级	一类	二类
甲类厂房	单、多层	一、二级	12	12	14	13	12	14	16	13					
乙类厂房	单、多层	一、二级	12	10	12	13	10	12	14	13	25			50	
		三级	14	12	14	15	12	14	16	15					
	高层		13	13	15	13	13	15	17	13					
丙类厂房	单、多层	一、二级	12	10	12	13	10	12	14	13	10	12	14	20	15
		三级	14	12	14	15	12	14	16	15	12	14	16	25	20
		四级	16	14	16	17	14	16	18	17	14	16	18		
	高层	一、二级	13	13	15	13	13	15	17	13	13	15	17	20	15
丁、戊类厂房	单、多层	一、二级	12	10	12	13	10	12	14	13	10	12	14	15	13
		三级	14	12	14	15	12	14	16	15	12	14	16	18	15
		四级	16	14	16	17	14	16	18	17	14	16	18		
	高层	一、二级	13	13	15	13	13	15	17	13	13	15	17	15	13
室外变、配电站	变压器总油量（t）	≥5,≤10	25	25	25	25	12	15	20	12	15	20	25	20	
		>10,≤50					15	20	25	15	20	25	30	25	
		>50					20	25	30	20	25	30	35	30	

注：两座厂房相邻较高一面外墙为防火墙，或相邻两座高度相同的一、二级耐火等级建筑中相邻任一侧外墙为防火墙且屋顶的耐火极限不低于1.00h时，其防火间距不限，但甲类厂房之间不应小于4m。

选项A氨压缩机房为乙类，防火间距为12m，满足3.4.1条的规定，正确。

乙醇生产厂房属于甲类，根据"注2"可知，选项B错误。

选项C办公楼建筑高度为26m，为高层建筑，甲类厂房与高层建筑之间防火间距应不小于50m，错误。

选项D建筑高度为27m的造纸车间为高层丙类厂房，甲类厂房与高层厂房之间间距不应小于13m，正确。

3.4.3 散发可燃气体、可燃蒸气的甲类厂房与铁路、道路等的防火间距不应小于表3.4.3的规定，但甲类厂房所属厂内铁路装卸线当有安全措施时，防火间距不受表3.4.3规定的限制。

散发可燃气体、可燃蒸气的甲类厂房与铁路、道路等的防火间距（m） 表 3.4.3

名称	厂外铁路线中心线	厂内铁路线中心线	厂外道路路边	厂内道路路边	
				主要	次要
甲类厂房	30	20	15	10	5

根据上述要求,甲类厂房与厂外铁路中心线的距离不小于30m。选项E错误。

答案选ABD。

【题94】某二级耐火等级建筑,地上12层,地下2层,建筑总高度为37m,一至二层为商业服务网点,三至十二层为住宅。对该建筑的下列防火检查结果中,符合现行国家标准《建筑设计防火规范》GB 50016要求的有(　　　)。

　　A. 商业服务网点采用敞开楼梯间
　　B. 商业服务网点内疏散楼梯净宽为1.1m
　　C. 该楼梯间内的地下部分与地上部分在首层采用耐火极限为1.00h的隔墙分隔
　　D. 商业服务网点内的最大疏散距离为22m
　　E. 住宅的疏散楼梯采用封闭楼梯间

【参考答案】ABD

【解题分析】

《建筑设计防火规范》GB 50016—2014(2018年版)

5.4.11 设置商业服务网点的住宅建筑,其居住部分与商业服务网点之间应采用耐火极限不低于2.00h且无门、窗、洞口的防火隔墙和1.50h的不燃性楼板完全分隔,住宅部分和商业服务网点部分的安全出口和疏散楼梯应分别独立设置。

商业服务网点中每个分隔单元之间应采用耐火极限不低于2.00h且无门、窗、洞口的防火隔墙相互分隔,当每个分隔单元任一层建筑面积大于200m²时,该层应设置2个安全出口或疏散门。每个分隔单元内的任一点至最近直通室外的出口的直线距离不应大于本规范第5.5.17条表5.5.17中有关多层其他建筑位于袋形走道两侧或尽端的疏散门至最近安全出口的最大直线距离。

注:室内楼梯的距离可按其水平投影长度的1.50倍计算。

直通疏散走道的房间疏散门至最近安全出口的直线距离 (m)　　　　表5.5.17

名称		位于两个安全出口之间的疏散门			位于袋形走道两侧或尽端的疏散门		
		一、二级	三级	四级	一、二级	三级	四级
托儿所、幼儿园老年人照料设施		25	20	15	20	15	10
歌舞娱乐放映游艺场所		25	20	15	9	—	—
医疗建筑	单、多层	35	30	25	20	15	10
	高层 病房部分	24	—	—	12	—	—
	高层 其他部分	30	—	—	15	—	—
教学建筑	单、多层	35	30	25	22	20	10
	高层	30	—	—	15	—	—
高层旅馆、展览建筑		30	—	—	15	—	—
其他建筑	单、多层	40	35	25	22	20	15
	高层	40	—	—	20	—	—

根据上述规定,商业服务网点采用敞开楼梯间符合要求,当采用敞开楼梯间时,室内楼梯的距离可按其水平投影长度的1.50倍计算,最大疏散距离不应大于22m,选项A正

确，选项 D 正确。

根据《建筑设计防火规范》第 5.4.11 条图示 2：

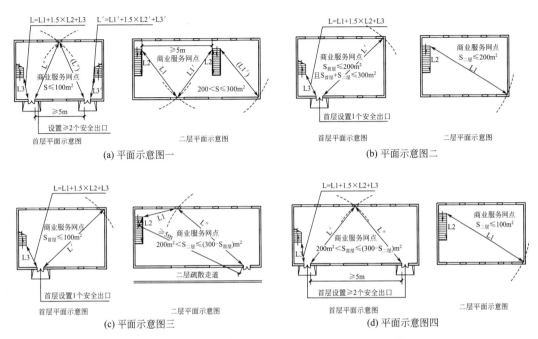

图示 2　商业服务网点布置在首层及二层的安全疏散

图中注释 4：商业服务网点内疏散楼梯的净宽度不应小于 1.1m。故选项 B 正确。

6.4.4　除通向避难层错位的疏散楼梯外，建筑内的疏散楼梯间在各层的平面位置不应改变。

除住宅建筑套内的自用楼梯外，地下或半地下建筑（室）的疏散楼梯间，应符合下列规定：

1　室内地面与室外出入口地坪高差大于 10m 或 3 层及以上的地下、半地下建筑（室），其疏散楼梯应采用防烟楼梯间；其他地下或半地下建筑（室），其疏散楼梯应采用封闭楼梯间；

2　应在首层采用耐火极限不低于 2.00h 的防火隔墙与其他部位分隔并应直通室外，确需在隔墙上开门时，应采用乙级防火门；

3　建筑的地下或半地下部分与地上部分不应共用楼梯间，确需共用楼梯间时，应在首层采用耐火极限不低于 2.00h 的防火隔墙和乙级防火门将地下或半地下部分与地上部分的连通部位完全分隔，并应设置明显的标志。

根据第 3 款，在首层应采用耐火极限不低于 2.0h 的防火隔墙和乙级防火门分隔，选项 C 错误。

5.5.27　住宅建筑的疏散楼梯设置应符合下列规定：

1　建筑高度不大于 21m 的住宅建筑可采用敞开楼梯间；与电梯井相邻布置的疏散楼梯应采用封闭楼梯间，当户门采用乙级防火门时，仍可采用敞开楼梯间；

2　建筑高度大于 21m、不大于 33m 的住宅建筑应采用封闭楼梯间；当户门采用乙级

防火门时,可采用敞开楼梯间;

3 建筑高度大于33m的住宅建筑应采用防烟楼梯间。户门不宜直接开向前室,确有困难时,每层开向同一前室的户门不应大于3樘且应采用乙级防火门。

根据上述要求,建筑高度大于33m的住宅建筑应采用防烟楼梯间,选项E错误。

答案选ABD。

【题95】某化工厂,年生产合成氨50万吨,尿素80万吨,甲醇5万吨,根据《中华人民共和国消防法》,该化工厂履行消防安全职责的下列做法中正确的有( )。

A. 将尿素仓库确定为消防安全重点部位
B. 未在露天生产装置区设置消防安全标志
C. 制定灭火和应急疏散预案,每年进行一次演练,时间选在"119消防日"
D. 消防安全管理人,每月组织防火检查,及时消除火灾隐患
E. 生产部门每日进行防火巡查,并填写巡查记录

【参考答案】ADE
【解题分析】
《中华人民共和国消防法》(2019)

第十六条 机关、团体、企业、事业等单位应当履行下列消防安全职责:

(一)落实消防安全责任制,制定本单位的消防安全制度、消防安全操作规程,制定灭火和应急疏散预案;

(二)按照国家标准、行业标准配置消防设施、器材,设置消防安全标志,并定期组织检验、维修,确保完好有效;

(三)对建筑消防设施每年至少进行一次全面检测,确保完好有效,检测记录应当完整准确,存档备查;

(四)保障疏散通道、安全出口、消防车通道畅通,保证防火防烟分区、防火间距符合消防技术标准。

(五)组织防火检查,及时消除火灾隐患;

(六)组织进行有针对性的消防演练;

(七)法律、法规规定的其他消防安全职责。

单位的主要负责人是本单位的消防安全责任人。

根据上述第(五)款,选项D正确。

第十七条 县级以上地方人民政府消防救援机构应当将发生火灾可能性较大以及发生火灾可能造成重大的人身伤亡或者财产损失的单位,确定为本行政区域内的消防安全重点单位,并由应急管理部门报本级人民政府备案。

消防安全重点单位除应当履行本法第十六条规定的职责外,还应当履行下列消防安全职责:

(一)确定消防安全管理人,组织实施本单位的消防安全管理工作;

(二)建立消防档案,**确定消防安全重点部位,设置防火标志**,实行严格管理;

(三)**实行每日防火巡查,并建立巡查记录;**

(四)对职工进行岗前消防安全培训,定期组织消防安全培训和消防演练。

根据上述要求,选项A正确,选项B错误,选项E正确。

《机关、团体、企业、事业单位消防安全管理规定》(公安部61号令)

第四十条 消防安全重点单位应当按照灭火和应急疏散预案,至少每半年进行一次演练,并结合实际,不断完善预案。其他单位应当结合本单位实际,参照制定相应的应急方案,至少每年组织一次演练。

消防演练时,应当设置明显标识并事先告知演练范围内的人员。

根据上述要求,消防重点单位应每半年进行一次灭火和应急疏散预案演练,选项C错误。

答案选ADE。

【题96】对某活性炭制造厂房进行防火防爆检查,下列检查结果中,符合现行国家标准要求的有（   ）。

A. 厂房采用水泥地面
B. 地沟中积聚的粉尘未清理
C. 在厂房内设置的排污地沟,盖板严密
D. 采暖设施采用肋片式散热器
E. 墙面采取了防静电措施

【参考答案】CE

【解题分析】

《建筑设计防火规范》GB 50016—2014（2018年版）

3.6.6 散发较空气重的可燃气体、可燃蒸气的甲类厂房和有粉尘、纤维爆炸危险的乙类厂房,应符合下列规定:

1 应采用不发火花的地面。采用绝缘材料作整体面层时,应采取防静电措施;

2 散发可燃粉尘、纤维的厂房,其内表面应平整、光滑,并易于清扫;

3 厂房内不宜设置地沟,确需设置时,其盖板应严密,地沟应采取防止可燃气体、可燃蒸气和粉尘、纤维在地沟积聚的有效措施,且应在与相邻厂房连通处采用防火材料密封。

根据3.1节条文说明举例可知,活性炭制造厂房为乙类厂房,根据上述第1）款可知,选项A错误,选项E正确。地沟应采取防止气体、粉尘等在地沟积聚的有效措施,选项B错误。厂房内不宜设置地沟,必须设置时,其盖板应严密,选项C正确。

《民用爆炸物品工程设计安全标准》GB 50089—2018

11.2.2 散发有燃烧爆炸危险性粉尘或气体的危险性建筑物供暖系统的设计,应符合下列规定:

1 散热器应采用光面管或其他易于擦洗的散热器,不应采用带肋片的散热器。

根据上述要求,选项D错误。

答案选CE。

【题97】某建材商场,地下3层,地上5层,建筑高度为30m,地上每层建筑面积为8000m²,划分为2个防火分区。对该商场的下列防火检查结果中,不符合现行国家标准要求的有（   ）。

A. 空调通风管道穿越楼梯间,采用金属风管
B. 第四层营业厅的最大疏散距离为35m
C. 因搬运大件货物需要,有1部疏散楼梯入口处采用防火卷帘分隔

D. 水暖管道井的检修门开向楼梯间，采用甲级防火门

E. 地上第三层人员密度为 0.13 人/m²，该疏散楼梯的总净宽度为 11m

【参考答案】CD

【解题分析】

《建筑设计防火规范》GB 50016—2014（2018年版）

5.5.12 一类高层公共建筑和建筑高度大于32m的二类高层公共建筑，其疏散楼梯应采用防烟楼梯间。

裙房和建筑高度不大于32m的二类高层公共建筑，其疏散楼梯应采用封闭楼梯间。

注：当裙房与高层建筑主体之间设置防火墙时，裙房的疏散楼梯可按本规范有关单、多层建筑的要求确定。

6.4.1 疏散楼梯间应符合下列规定：

1 楼梯间应能天然采光和自然通风，并宜靠外墙设置。靠外墙设置时，楼梯间、前室及合用前室外墙上的窗口与两侧门、窗、洞口最近边缘的水平距离不应小于1.0m；

2 楼梯间内不应设置烧水间、可燃材料储藏室、垃圾道；

3 楼梯间内不应有影响疏散的凸出物或其他障碍物；

4 封闭楼梯间、防烟楼梯间及其前室，不应设置卷帘；

5 楼梯间内不应设置甲、乙、丙类液体管道；

6 封闭楼梯间、防烟楼梯间及其前室内禁止穿过或设置可燃气体管道。敞开楼梯间内不应设置可燃气体管道，当住宅建筑的敞开楼梯间内确需设置可燃气体管道和可燃气体计量表时，应采用金属管和设置切断气源的阀门。

该建材商场建筑高度大于24m，地上每层8000m²，属于一类高层，疏散楼梯应采用防烟楼梯间。根据6.4.1条第6）款，防烟楼梯间及其前室内禁止穿过或设置可燃气体管道。选项A空调通风管道穿越楼梯间，采用金属风管，正确。选项C因搬运大件货物需要，有1部疏散楼梯入口处采用防火卷帘分隔，不符合第4）款要求，错误。

5.5.17 公共建筑的安全疏散距离应符合下列规定：

……

4 一、二级耐火等级建筑内疏散门或安全出口不少于2个的观众厅、展览厅、多功能厅、餐厅、营业厅等，其室内任一点至最近疏散门或安全出口的直线距离不应大于30m；当疏散门不能直通室外地面或疏散楼梯间时，应采用长度不大于10m的疏散走道通至最近的安全出口。当该场所设置自动喷水灭火系统时，室内任一点至最近安全出口的安全疏散距离可分别增加25%。

根据上述要求，一二级耐火等级商业营业厅最不利点至安全出口的直线距离不应大于30m，设置自动喷水灭火系统时，疏散距离增加25%，即30×（1+25%）=37.5m，选项B正确。

6.4.3 防烟楼梯间除应符合本规范第6.4.1条的规定外，尚应符合下列规定：

1 应设置防烟设施；

2 前室可与消防电梯间前室合用；

3 前室的使用面积：公共建筑、高层厂房（仓库），不应小于6.0m²；住宅建筑，不应小于4.5m²。

与消防电梯间前室合用时，合用前室的使用面积：公共建筑、高层厂房（仓库），不应小于10.0m²；住宅建筑，不应小于6.0m²；

4 疏散走道通向前室以及前室通向楼梯间的门应采用乙级防火门；

5 除住宅建筑的楼梯间前室外，防烟楼梯间和前室内的墙上不应开设除疏散门和送风口外的其他门、窗、洞口；

6 楼梯间的首层可将走道和门厅等包括在楼梯间前室内形成扩大的前室，但应采用乙级防火门等与其他走道和房间分隔。

根据第5款，选项D水暖管道井的检修门开向楼梯间，采用甲级防火门，错误。

5.5.21 除剧场、电影院、礼堂、体育馆外的其他公共建筑，其房间疏散门、安全出口、疏散走道和疏散楼梯的各自总净宽度，应符合下列规定：

1 每层的房间疏散门、安全出口、疏散走道和疏散楼梯的各自总净宽度，应根据疏散人数按每100人的最小疏散净宽度不小于表5.5.21-1的规定计算确定。当每层疏散人数不等时，疏散楼梯的总净宽度可分层计算，地上建筑内下层楼梯的总净宽度应按该层及以上疏散人数最多一层的人数计算；地下建筑内上层楼梯的总净宽度应按该层及以下疏散人数最多一层的人数计算。

每层的房间疏散门、安全出口、疏散走道和疏散楼梯的每100人最小疏散净宽度（m/百人）

表 5.5.21-1

建筑层数		建筑的耐火等级		
		一、二级	三级	四级
地上楼层	1~2层	0.65	0.75	1.00
	3层	0.75	1.00	—
	≥4层	1.00	1.25	—
地下楼层	与地面出入口地面的高差 $\Delta H \leq 10m$	0.75	—	—
	与地面出入口地面的高差 $\Delta H > 10m$	1.00	—	—

根据上述要求，商场建筑层数为5层，每百人最小疏散净宽度为1m/百人。每层商场面积为8000m²，则地上三层疏散人数=0.13×8000=1040，该层疏散楼梯总净宽度最小为1040×1/100=10.4m，小于11m，选项E正确。

答案选CD。

【题98】某大型展览中心，总建筑面积为100000m²，对防火门检查的下列结果中，不符合现行国家标准要求的有（　　）。

A. 油浸变压器室与其他部位连通的门为乙级防火门
B. 电缆井井壁上的检查门为丙级防火门
C. 通风机房的门为乙级防火门
D. 消防控制室的门为乙级防火门
E. 气体灭火系统储瓶间的门为乙级防火门

【参考答案】AC
【解题分析】
《建筑设计防火规范》GB 50016—2014（2018年版）

5.4.12 燃油或燃气锅炉、油浸变压器、充有可燃油的高压电容器和多油开关等，宜设置在建筑外的专用房间内；确需贴邻民用建筑布置时，应采用防火墙与所贴邻的建筑分隔，且不应贴邻人员密集场所，该专用房间的耐火等级不应低于二级；确需布置在民用建筑内时，不应布置在人员密集场所的上一层、下一层或贴邻，并应符合下列规定：

1 燃油或燃气锅炉房、变压器室应设置在首层或地下一层的靠外墙部位，但常（负）压燃油或燃气锅炉可设置在地下二层或屋顶上。设置在屋顶上的常（负）压燃气锅炉，距离通向屋面的安全出口不应小于6m。

采用相对密度（与空气密度的比值）不小于0.75的可燃气体为燃料的锅炉，不得设置在地下或半地下。

2 锅炉房、变压器室的疏散门均应直通室外或安全出口。

3 锅炉房、变压器室等与其他部位之间应采用耐火极限不低于2.00h的防火隔墙和1.50h的不燃性楼板分隔。在隔墙和楼板上不应开设洞口，确需在隔墙上设置门、窗时，应采用甲级防火门、窗。

根据第3款，油浸变压器室与其他部位之间的隔墙上不应开设洞口，确需设置时，应设置甲级防火门窗，选项A设置为乙级防火门，错误。

6.2.9 建筑内的电梯井等竖井应符合下列规定：

1 电梯井应独立设置，井内严禁敷设可燃气体和甲、乙、丙类液体管道，不应敷设与电梯无关的电缆、电线等。电梯井的井壁除设置电梯门、安全逃生门和通气孔洞外，不应设置其他开口。

2 电缆井、管道井、排烟道、排气道、垃圾道等竖向井道，应分别独立设置。井壁的耐火极限不应低于1.00h，井壁上的检查门应采用丙级防火门。

根据第2款，电缆井井壁上的检查门应采用丙级防火门，选项B正确。

6.2.7 附设在建筑内的消防控制室、灭火设备室、消防水泵房和通风空气调节机房、变配电室等，应采用耐火极限不低于2.00h的防火隔墙和1.50h的楼板与其他部位分隔。

设置在丁、戊类厂房内的通风机房，应采用耐火极限不低于1.00h的防火隔墙和0.50h的楼板与其他部位分隔。

通风、空气调节机房和变配电室开向建筑内的门应采用甲级防火门，消防控制室和其他设备房开向建筑内的门应采用乙级防火门。

根据上述要求，消防控制室开向建筑内的门为乙级防火门，通风机房开向建筑内的门应为甲级防火门，选项C错误，选项D和选项E正确。

答案选AC。

【题99】对某樟脑油提炼车间配置的灭火器进行检查，下列检查结果中，不符合现行国家标准要求的有（　　）。

A. 用挂钩将灭火器悬挂在墙上，挂钩最大承载力为45kg

B. 灭火器套用防护外罩

C. 灭火器铭牌朝向墙面

D. 灭火器顶部离地面距离为1.60m

E. 配置的灭火器类型为磷酸铵盐干粉灭火器和碳酸氢钠干粉灭火器

【参考答案】CDE

【解题分析】

根据《建筑设计防火规范》GB 50016 第 3.1 节条文说明举例，樟脑油车间为乙类厂房。根据《建筑灭火器配置设计规范》GB 50140—2005 附录 C，樟脑提炼车间的火灾危险等级为严重危险等级。

《建筑灭火器配置验收及检查规范》GB 50444—2008

3.2.4 挂钩、托架安装后应能承受一定的静载荷，不应出现松动、脱落、断裂和明显变形。

检查数量：随机抽查 20%，但不少于 3 个；总数少于 3 个时，全数检查。

检查方法：以 5 倍的手提式灭火器的载荷悬挂于挂钩、托架上，作用 5min，观察是否出现松动、脱落、断裂和明显变形等现象；当 5 倍的手提式灭火器质量小于 45kg 时，应按 45kg 进行检查。

选项 A 挂钩最大承载力为 45kg，正确。

3.4.4 当灭火器设置在潮湿性或腐蚀性的场所时，应采取防湿或防腐蚀措施。

检查数量：全数检查。

检查方法：观察检查。

选项 B 灭火器套防护外罩，正确。

3.1.3 灭火器的安装设置应便于取用，且不得影响安全疏散。

3.1.4 灭火器的安装设置应稳固，灭火器的铭牌应朝外，灭火器的器头宜向上。

根据上述要求，灭火器的铭牌应朝外，选项 C 灭火器铭牌朝向墙面，错误。

《建筑灭火器配置设计规范》GB 50140—2005

5.1.3 灭火器的摆放应稳固，其铭牌应朝外。手提式灭火器宜设置在灭火器箱内或挂钩、托架上，**其顶部离地面高度不应大于 1.50m**；底部离地面高度不宜小于 0.08m。灭火器箱不得上锁。

根据上述要求，手提式灭火器宜设置在灭火器箱内或挂钩、托架上，其顶部离地面高度不应大于 1.50m，选项 D 灭火器顶部离地面距离为 1.60m，错误。

4.1.3 在同一灭火器配置场所，当选用两种或两种以上类型灭火器时，应采用灭火剂相容的灭火器。

选项 E 配置的灭火器类型为磷酸铵盐干粉灭火器和碳酸氢钠干粉灭火器，错误。

答案选 CDE。

【题 100】某消防救援机构对某高层办公楼火灾自动报警系统进行消防监督检查，下列检查结果中符合现行国家标准要求的有（　　）。

A.消防控制室图形显示装置能显示系统消防用电设备的供电电源和备用电源

B.消防控制室图形显示装置能显示该办公楼的消防安全管理信息

C.消防控制室内的消防联动控制器能远程控制常开防火门关闭

D.消防控制室内的消防联动控制器能远程控制防火卷帘的升降

E.消防控制室内的消防联动控制器能远程控制所有电梯停于首层或电梯转换层

【参考答案】ABE

【解题分析】

《火灾自动报警系统设计规范》GB 50116—2013

3.4.2 消防控制室内设置的消防设备应包括火灾报警控制器、消防联动控制器、消防控制室图形显示装置、消防专用电话总机、消防应急广播控制装置、消防应急照明和疏散指示系统控制装置、消防电源监控器等设备或具有相应功能的组合设备。**消防控制室内设置的消防控制室图形显示装置应能显示本规范附录 A 规定的建筑物内设置的全部消防系统及相关设备的动态信息和本规范附录 B 规定的消防安全管理信息**，并应为远程监控系统预留接口，同时应具有向远程监控系统传输本规范附录 A 和附录 B 规定的有关信息的功能。

续表 A

消防联动控制系统	防火门及卷帘系统	防火卷帘控制器、防火门监控器的工作状态和故障状态；卷帘门的工作状态，具有反馈信号的各类防火门、疏散门的工作状态和故障状态等动态信息
	消防电梯	消防电梯的停用和故障状态
	消防应急广播	消防应急广播的启动、停止和故障状态
	消防应急照明和疏散指示系统	消防应急照明和疏散指示系统的故障状态和应急工作状态信息
	消防电源	系统内各消防用电设备的供电电源和备用电源工作状态和欠压报警信息

根据上述要求，选项 A 和选项 B 正确。

4.6.1 防火门系统的联动控制设计，应符合下列规定：

1 应由常开防火门所在防火分区内的两只独立的火灾探测器或一只火灾探测器与一只手动火灾报警按钮的报警信号，作为常开防火门关闭的联动触发信号，联动触发信号应由火灾报警控制器或消防联动控制器发出，**并应由消防联动控制器或防火门监控器联动控制防火门关闭**。

2 疏散通道上各防火门的开启、关闭及故障状态信号应反馈至防火门监控器。

根据上述要求，消防联动控制器能够控制防火门关闭，选项 C 正确。

4.6.2 防火卷帘的升降应由防火卷帘控制器控制。

根据上述要求，防火卷帘由防火卷帘控制器控制，而非消防联动控制器控制，选项 D 错误。

4.7.1 消防联动控制器应具有发出联动控制信号强制所有电梯停于首层或电梯转换层的功能。

根据上述要求，消防控制室内的消防联动控制器能远程控制所有电梯停于首层或电梯转换层，选项 E 正确。

答案选 ABE。

2018 年
一级注册消防工程师《消防安全技术综合能力》
真题解析

一、单项选择题（共80题，每题1分。每题的备选项中，只有1个最符合题意）

【题1】 某住宅小区物业管理公司，在10号住宅楼一层设置了瓶装液化石油气经营店。根据《中华人民共和国消防法》，应责令该经营店停业，并对其处（　　）罚款。

A. 三千元以上三万元以下　　　　B. 五千元以下五万元以下
C. 三万元以上十万元以下　　　　D. 警告或者五百元以下

【参考答案】 B

【解题分析】

《中华人民共和国消防法》

第六十一条　生产、储存、经营易燃易爆危险品的场所与居住场所设置在同一建筑物内，或者未与居住场所保持安全距离的，责令停产停业，并处五千元以上五万元以下罚款。生产、储存、经营其他物品的场所与居住场所设置在同一建筑物内，不符合消防技术标准的，依照前款规定处罚。

【题2】 某商业广场首层为超市，设置了12个安全出口。超市经营单位为了防盗，封闭了10个安全出口，根据《中华人民共和国消防法》，消防部门在责令超市经营单位改正的同时，应当并处（　　）。

A. 五千元以上五万元以下罚款　　B. 责任人五日以下拘留
C. 一千元以上五千元以下罚款　　D. 警告或者五百元以下罚款

【参考答案】 A

【解题分析】

《中华人民共和国消防法》

第六十条　单位违反本法规定，有下列行为之一的，责令改正，处五千元以上五万元以下罚款：

（一）消防设施、器材或者消防安全标志的配置、设置不符合国家标准、行业标准，或者未保持完好有效的；

（二）损坏、挪用或者擅自拆除、停用消防设施、器材的；

（三）占用、堵塞、封闭疏散通道、安全出口或者有其他妨碍安全疏散行为的；

（四）埋压、圈占、遮挡消火栓或者占用防火间距的；

（五）占用、堵塞、封闭消防车通道，妨碍消防车通行的；

（六）人员密集场所在门窗上设置影响逃生和灭火救援的障碍物的；

（七）对火灾隐患经公安机关消防机构通知后不及时采取措施消除的。

【题3】 某服装生产企业在厂房内设置了15人住宿的员工宿舍，总经理陈某拒绝执行消防部门责令搬迁员工宿舍的通知，某天深夜，该厂房发生火灾，造成员工宿舍内2名员工死亡，根据《中华人民共和国刑法》，陈某犯消防责任事故罪，后果严重，应处以（　　）。

A. 三年以下有期徒刑或拘役　　　B. 七年以上十年以下有期徒刑
C. 五年以上七年以下有期徒刑　　D. 三年以上五年以下有期徒刑

【参考答案】A
【解题分析】
《中华人民共和国刑法》
第一百三十九条第一款 违反消防管理法规，经消防监督机构通知采取改正措施而拒绝执行，造成严重后果，处3年以下有期徒刑或者拘役；后果特别严重的，处3年以上7年以下有期徒刑。

【题4】某消防技术服务机构，超越资质许可范围开展消防安全评估业务，消防部门依法责令其改正，并处一万五千元罚款，该机构到期未缴纳罚款，根据《中华人民共和国行政处罚法》，消防部门可以采取（　　）的措施。
　　A. 限制法定代表人的人身自由　　　　B. 吊销安全评估资质
　　C. 申请人民法院强制执行　　　　　　D. 强制执行

【参考答案】C
【解题分析】
《中华人民共和国行政处罚法》
第五十一条 当事人逾期不履行行政处罚决定的，作出行政处罚决定的行政机关可以采取下列措施：
（一）到期不缴纳罚款的，每日按罚款数额的百分之三加处罚款；
（二）根据法律规定，将查封、扣押的财物拍卖或者将冻结的存款划拨抵缴罚款；
（三）申请人民法院强制执行。

【题5】高某取得了国家级注册消防工程师资格，受聘于某消防技术服务机构并依法注册，高某在每个注册有效期应当至少参与完成（　　）消防技术服务项目。
　　A. 10个　　　B. 7个　　　C. 5个　　　D. 3个

【参考答案】D
【解题分析】
《注册消防工程师管理规定》（公安部第143号令）
第二十九条 受聘于消防技术服务机构的注册消防工程师，每个注册有效期应当至少参与完成3个消防技术服务项目；受聘于消防安全重点单位的注册消防工程师，一个年度内应当至少签署1个消防安全技术文件。

【题6】某单位新建员工集体宿舍，室内地面标高±0.000m，室外地面标高－0.0450m，地上7层，局部8层，至七层为标准层，每层建筑面积1200m²，七层屋面标高±21.000m。八层为设备用房，建筑面积290m²，八层屋面标高±25.000m。根据现行国家标准《建筑设计防火规范》GB 50016，该建筑类别为（　　）。
　　A. 二类高层住宅建筑　　　　B. 二类高层公共建筑
　　C. 多层住宅建筑　　　　　　D. 多层公共建筑

【参考答案】D
【解题分析】
《建筑设计防火规范》GB 50016—2014（2018年版）
A.0.1 建筑高度的计算应符合下列规定：
1 建筑屋面为坡屋面时，建筑高度应为建筑室外设计地面至其檐口与屋脊的平均高度；

2 建筑屋面为平屋面（包括有女儿墙的平屋面）时，建筑高度应为建筑室外设计地面至其屋面面层的高度；

3 同一座建筑有多种形式的屋面时，建筑高度应按上述方法分别计算后，取其中最大值；

4 对于台阶式地坪，当位于不同高程地坪上的同一建筑之间有防火墙分隔，各自有符合规范规定的安全出口，且可沿建筑的两个长边设置贯通式或尽头式消防车道时，可分别计算各自的建筑高度。否则，应按其中建筑高度最大者确定该建筑的建筑高度；

5 局部突出屋顶的瞭望塔、冷却塔、水箱间、微波天线间或设施、电梯机房、排风和排烟机房以及楼梯出口小间等辅助用房占屋面面积不大于1/4者，可不计入建筑高度。

本题中，集体宿舍为公共建筑，八层为局部突出的设备用房，占屋面面积＜1/4，不计入建筑高度，故建筑高度＝21－（－0.450）＝21.45m＜24m，该建筑是多层公共建筑。

【题7】某酒店，建筑高度130m，地上38层，地下3层，消防泵房设置在地下1层，自动喷水灭火系统高区稳压泵设置在屋顶消防水箱间内。对该建筑的湿式自动喷水灭火系统进行检测。检测结果中，符合现行国家标准要求的是（　　）。

A.安装在客房内管径为50mm的配水支管采用氯化聚氯乙烯管

B.高区喷淋系统报警阀组设置在1层，系统配水管道的工作压力为1.35MPa

C.高区喷淋系统末端试水装置处的压力为0.12MPa

D.末端试水装置的出水排入排水立管，排水立管管径为65mm

【参考答案】B

【解题分析】

《自动喷水灭火系统设计规范》GB 50084—2017

8.0.1 配水管道的工作压力不应大于1.20MPa，并不应设置其他用水设施。

8.0.2 配水管道可采用内外壁热镀锌钢管、涂覆钢管、铜管、不锈钢管和氯化聚氯乙烯（PVC-C）管。当报警阀入口前管道采用不防腐的钢管时，应在报警阀前设置过滤器。

8.0.3 自动喷水灭火系统采用氯化聚氯乙烯（PVC-C）管材及管件时，设置场所的火灾危险等级应为轻危险级或中危险级Ⅰ级，系统应为湿式系统，并采用快速响应洒水喷头，且氯化聚氯乙烯（PVC-C）管材及管件应符合下列要求：

1 应符合现行国家标准《自动喷水灭火系统　第19部分　塑料管道及管件》GB/T 5135.19的规定；

2 应用于公称直径不超过DN80的配水管及配水支管，且不应穿越防火分区；

3 当设置在有吊顶场所时，吊顶内应无其他可燃物，吊顶材料应为不燃或难燃装修材料；

4 当设置在无吊顶场所时，该场所应为轻危险级场所，顶板应为水平、光滑顶板，且喷头溅水盘与顶板的距离不应大于100mm。

6.5.2 末端试水装置应由试水阀、压力表以及试水接头组成。试水接头出水口的流量系数，应等同于同楼层或防火分区内的最小流量系数洒水喷头。末端试水装置的出水，应采取孔口出流的方式排入排水管道，排水立管宜设伸顶通气管，且管径不应小于 75mm。

根据上述规定，选项 A，小于等于 DN80mm 的配水管及配水支管可采用 PVC-C 管，正确；

选项 B，自动喷水灭火系统配水管的工作压力应小于等于 1.2MPa，错误；

选项 C，该建筑高区喷淋系统有稳压泵，末端试水装置处准工作状态下静水压应大于 0.15MPa，错误；

选项 D，末端试水装置处的排水立管不应小于 DN75mm，错误。

【题8】某消防工程施工单位对已安装的消防水泵进行调试，水泵的额定流量为 30L/s，扬程为 100m，系统设计工作压力为 1.0MPa。下列调试结果中，符合现行国家标准《消防给水及消火栓系统技术规范》GB 50974 的是（　　）。

A. 自动直接启动消防水泵时，消防水泵在 60s 时投入正常运行

B. 消防水泵零流量时，水泵出水口压力表的显示压力为 1.30MPa

C. 以备用电源的切换方式启动自动水泵时，消防水泵在 2min 时投入正常运行

D. 消防水泵出口流量为 45L/s 时，出口处压力表显示为 0.55MPa

【参考答案】B

【解题分析】

《消防给水及消火栓系统技术规范》GB 50974—2014

13.1.4　消防水泵调试应符合下列要求：

1　以自动直接启动或手动直接启动消防水泵时，消防水泵应在 55s 内投入正常运行，且应无不良噪声和振动；

2　以备用电源切换方式或备用泵切换启动消防水泵时，消防水泵应分别在 1min 或 2min 内投入正常运行；

3　消防水泵安装后应进行现场性能测试，其性能应与生产厂商提供的数据相符，并应满足消防给水设计流量和压力的要求；

4　消防水泵零流量时的压力不应超过设计工作压力的 140％；当出流量为设计工作流量的 150％时，其出口压力不应低于设计工作压力的 65％。

检查数量：全数检查。

检查方法：用秒表检查。

根据上述第1）款要求，可知选项 A 错误；根据第2）款，选项 C 错误；根据第4）款，1.0MPa×140％＝1.4MPa，故选项 B 正确；1.0MPa×65％＝0.65MPa，故选项 D 错误。

【题9】某旅馆，地下1层，地上4层，每层高 4m，设置常高压消防给水系统，高位消防水池设于 100m 外的山坡上，与建筑屋面高差 60m，根据现行国家标准《消防给水及消火栓系统技术规范》GB 50974，该旅馆消防给水系统的调试方案可不包括的内容是（　　）。

A. 水源测试　　　　　　　　　　B. 消火栓调试

C. 给水设施调试　　　　　　　　D. 消防水泵调试

【参考答案】D

【解题分析】

《消防给水及消火栓系统技术规范》GB 50974—2014

2.1.2 高压消防给水系统

能始终保持满足水灭火设施所需的工作压力和流量,火灾时无须消防水泵直接加压的供水系统。

常高压消防给水系统不需要水泵,因此也就不存在消防水泵的调试。故选项 D 正确。

【题 10】某商业综合体建筑中庭高度为 15m,设置湿式自动喷水灭火系统。根据现行国家标准《自动喷水灭火系统施工及验收规范》GB 50261,属于该中庭使用的喷头的进场检验内容是( )。

A. 标准覆盖面积洒水喷头的外观
B. 非仓库型特殊应用喷头的规格型号
C. 扩大覆盖面积洒水喷头的响应时间指数
D. 非仓库型特殊应用喷头的工作压力

【参考答案】B
【解题分析】

《自动喷水灭火系统设计规范》GB 50084—2017

6.1.1 设置闭式系统的场所,洒水喷头类型和场所的最大净空高度应符合表 6.1.1 的规定;仅用于保护室内钢屋架等建筑构件的洒水喷头和设置货架内置洒水喷头的场所,可不受此表规定的限制。

洒水喷头类型和场所净空高度 表 6.1.1

设置场所		喷头类型			场所净空高度 h(m)
		一只喷头的保护面积	响应时间性能	流量系数 K	
民用建筑	普通场所	标准覆盖面积洒水喷头	快速响应喷头 特殊应用喷头 标准响应喷头	$K \geq 80$	$h \leq 8$
		扩大覆盖面积洒水喷头	快速响应喷头	$K \geq 80$	
	高大空间场所	标准覆盖面积洒水喷头	快速响应喷头	$K \geq 115$	$8 < h \leq 12$
		非仓库型特殊应用喷头			
		非仓库型特殊应用喷头			$12 < h \leq 18$
厂房		标准覆盖面积洒水喷头	特殊响应喷头 标准响应喷头	$K \geq 80$	$h \leq 8$
		扩大覆盖面积洒水喷头		$K \geq 80$	
		标准覆盖面积洒水喷头	特殊响应喷头 标准响应喷头	$K \geq 115$	$8 < h \leq 12$
		非仓库型特殊应用喷头			
仓库		标准覆盖面积洒水喷头	特殊响应喷头 标准响应喷头	$K \geq 80$	$h \leq 9$
		仓库型特殊应用喷头			$h \leq 12$
		早期抑制快速响应喷头			$h \leq 13.5$

本建筑中庭高度15m，应采用非仓库型特殊应用喷头，故选项B正确。

【题11】某消防工程施工单位对室内消火栓进行进场检验，根据现行国家标准《消防给水及消火栓系统技术规范》GB 50974，下列消火栓固定接口密封性能试验抽样数量的说法，正确的是（　　）。

  A. 宜从每批中抽查0.5%，但不应少于5个，当仅有1个不合格时，应再抽查1%但不应少于10个

  B. 宜从每批中抽查1%，但不应少于3个，当仅有1个不合格时应再抽查2%但不应少于5个

  C. 宜从每批中抽查0.5%，但不应少于3个，当仅有1个不合格时，应再抽查1%但不应少于5个

  D. 宜从每批中抽查1%，但不应少于5个，当仅有1个不合格时，应再抽查2%但不应少于10个

【参考答案】D

【解题分析】

《消防给水及消火栓系统技术规范》GB 50974—2014

12.2.3 消火栓的现场检验应符合下列要求：

……

14 消火栓固定接口应进行密封性能试验，应以无渗漏、无损伤为合格。**试验数量宜从每批中抽查1%，但不应少于5个**，应缓慢而均匀地升压1.6MPa，应保压2min。当两个及两个以上不合格时，不应使用该批消火栓。**当仅有1个不合格时，应再抽查2%，但不应少于10个**，并应重新进行密封性能试验；当仍有不合格时，亦不应使用该批消火栓。（故选项D正确）

【题12】根据现行国家标准《自动喷水灭火系统设计规范》GB 50084，属于自动喷水灭火系统防护冷却系统组件的是（　　）。

  A. 开式洒水喷头　　　　　　　　B. 水幕喷头

  C. 雨淋报警阀组　　　　　　　　D. 闭式洒水喷头

【参考答案】D

【解题分析】

《自动喷水灭火系统设计规范》GB 50084—2017

2.1.12 防护冷却系统

由闭式洒水喷头、湿式报警阀组等组成，发生火灾时用于冷却防火卷帘、防火玻璃墙等防火分隔设施的闭式系统。（故选项D正确）

【题13】对某大型商业综合体的火灾自动报警系统的安装质量进行检查，下列检查结果中不符合现行国家标准《火灾自动报警系统施工验收规范》GB 50166的是（　　）。

  A. 在高度为12m的共享空间设置的红外光束感烟火灾探测器的光速轴线至顶棚的垂直距离为1.5m

  B. 在商场顶棚安装的点型感烟探测器距多孔送风顶棚孔口的水平距离为0.6m

  C. 在厨房内安装可燃气体探测器位于天然管道及用气部位的上部顶棚外

  D. 在宽度为24m的餐饮区走道顶棚上安装的点型感烟探测器间距为12.5m

【参考答案】A

【解题分析】

《火灾自动报警系统施工及验收规范》GB 50166—2007

3.4.2 线型红外光束感烟火灾探测器的安装,应符合下列要求:

1 当探测区域的高度不大于20m时,光束轴线至顶棚的垂直距离宜为0.3~1.0m。当探测区域的高度大于20m时,光束轴线距探测区域的地(楼)面高度不宜超过20m。

2 发射器和接收器之间的探测区域长度不宜超过100m。

3 相邻两组探测器光束轴线的水平距离不应大于14m。探测器光束轴线至侧墙水平距离不应大于7m,且不应小于0.5m。

4 发射器和接收器之间的光路上应无遮挡物或干扰源。

5 发射器和接收器应安装牢固,并不应产生位移。(故选项A错误)

3.4.1 点型感烟、感温火灾探测器的安装,应符合下列要求:

1 探测器至墙壁、梁边的水平距离,不应小于0.5m。

2 探测器周围水平距离0.5m内,不应有遮挡物。

3 探测器至空调送风口最近边的水平距离,不应小于1.5m;至多孔送风顶棚孔口的水平距离,不应小于0.5m。

4 在宽度小于3m的内走道顶棚上安装探测器时,宜居中安装。点型感温火灾探测器的安装间距,不应超过10m;点型感烟火灾探测器的安装间距,不应超过15m。探测器至端墙的距离,不应大于安装间距的一半。

5 探测器宜水平安装,当确需倾斜安装时,倾斜角不应大于45°。(故选项B、D正确)

3.4.5 可燃气体探测器的安装应符合下列要求:

安装位置应根据探测气体密度确定。若其密度小于空气密度,探测器应位于可能出现泄漏点的上方或探测气体的最高可能聚集点上方;若其密度大于或等于空气密度,探测器应位于可能出现泄漏点的下方。(故选项C正确)

【题14】对某高层公共建筑消防给水系统进行维护检测,消防水泵出水干管上的压力开关动作后,消防水泵未启动。下列故障原因分析中,可排除的是(   )。

A.消防联动控制器处于手动启泵状态

B.压力开光与水泵之间线路故障

C.消防水泵控制柜处于手动启泵状态

D.消防水泵控制柜内继电器损坏

【参考答案】A

【解题分析】

消火栓系统消防水泵启动情况分析见下表:

启泵方式	联动控制器状态	水泵控制柜状态
水泵控制柜按钮启动	无关	手动挡
压力开关、流量开关直接连锁启动	无关	自动挡
消火栓按钮+探测器或手动联动启动	自动允许状态	自动挡

续表

启泵方式	联动控制器状态	水泵控制柜状态
通过总线制控制盘远程手动启动	手动允许状态	自动挡
通过多线制控制盘（即直接启泵盘）远程手动启动	无关	无关
机械应急启动	无关	无关

所以，消防联动控制器手动状态，不会影响压力开关连锁启泵，答案选 A。

【题15】某计算机房设置组合分配式七氟丙烷气体灭火系统，最大防护区的灭火剂存储容器数量为 6 个，规格为 120L。对该防护区进行系统模拟喷气试验。关于该防护区模拟试验的说法，正确的是（   ）。

A. 试验时，应采用其充装的灭火剂进行模拟喷气试验
B. 试验时，模拟喷气用灭火剂存储容器的数量最少为 2 个
C. 试验时，可选用规格为 150L 的灭火剂有储容器进行模拟喷气试验
D. 试验时，喷气试验宜采用手动启动方式

【参考答案】B
【解题分析】

《气体灭火系统施工及验收规范》GB 50263—2007

E.3.1 模拟喷气试验的条件应符合下列规定：

1 IG 541 混合气体灭火系统及高压二氧化碳灭火系统应采用其充装的灭火剂进行模拟喷气试验。试验采用的储存容器数应为选定试验的防护区或保护对象设计用量所需容器总数的 5%，且不得少于 1 个。

2 低压二氧化碳灭火系统应采用二氧化碳灭火剂进行模拟喷气试验。

试验应选定输送管道最长的防护区或保护对象进行，喷放量不应小于设计用量的 10%。

3 卤代烷灭火系统模拟喷气试验不应采用卤代烷灭火剂，宜采用氮气，也可采用压缩空气。氮气或压缩空气储存容器与被试验的防护区或保护对象用的灭火剂储存容器的结构、型号、规格应相同，连接与控制方式应一致，氮气或压缩空气的充装压力按设计要求执行。氮气或压缩空气储存容器数不应少于灭火剂储存容器数的 20%，且不得少于 1 个。

4 模拟喷气试验宜采用自动启动方式。（故选项 A、C 错误，选项 B 正确）

模拟喷气试验宜采用自动启动方式，故选项 D 错误。

【题16】对某三层影院进行防火检查，安全疏散设施的下列检查结果中，不符合现行标准要求的是（   ）。

A. 建筑室外疏散通道的净宽度为 3.5m
B. 首层疏散门净宽度 1.30m
C. 首层疏散门外 1.50m 处设置踏步
D. 楼梯间在首层通过 15m 的疏散走道通至室外

【参考答案】B
【解题分析】

《建筑设计防火规范》GB 50016—2014（2018 年版）

5.5.19 人员密集的公共场所、观众厅的疏散门不应设置门槛,其净宽度不应小于1.40m,且紧靠门口内外各1.40m范围内不应设置踏步。(故选项B不符合规定)

【题17】某在建工程的施工单位对施工人员开展消防安全教育培训,根据《社会消防安全教育培训规定》(公安部令第109号),该施工单位开展消防安全教育培训的方法和内容不包括(   )。

A. 工程施工前对施工人员进行消防安全教育
B. 在工地醒目位置、住宿场所设置消防安全宣传栏和警示标识
C. 对施工人员进行消防产品经常检验方法培训
D. 对明火作业人员进行经常性的消防安全教育

【参考答案】C
【解题分析】
《社会消防安全教育培训规定》(公安部令第109号)
第二十四条 在建工程的施工单位应当开展下列消防安全教育工作:
(一) 建设工程施工前应当对施工人员进行消防安全教育;(故选项A正确)
(二) 在建设工地醒目位置、施工人员集中住宿场所设置消防安全宣传栏,悬挂消防安全挂图和消防安全警示标识;(故选项B正确)
(三) 对明火作业人员进行经常性的消防安全教育;(故选项D正确)
(四) 组织灭火和应急疏散演练。
在建工程的建设单位应当配合施工单位做好上述消防安全教育工作。

【题18】某建筑面积为44000m^2的地下商场,采用防火分隔措施将商场分隔为多个建筑面积不大于20000m^2的区域。该商场对区域之间局部需要联通的部位采取的防火分隔措施中,符合现行国家标准《建筑设计防火规范》GB 50016的是(   )。

A. 采用耐火极限为3.00h的防火墙分隔,墙上设置了甲级防火门
B. 采用防火隔间分隔,楼梯间门为甲级防火门
C. 采用防火隔间分隔,墙体采用耐火极限为2.00h的防火隔墙
D. 采用避难走道分隔,避难走道防火隔墙的耐火极限为2.00h

【参考答案】B
【解题分析】
《建筑设计防火规范》GB 50016—2014(2018年版)
5.3.5 总建筑面积大于20000m^2的地下或半地下商店,应采用无门、窗、洞口的防火墙、耐火极限不低于2.00h的楼板分隔为多个建筑面积不大于20000m^2的区域。相邻区域确需局部连通时,应采用下沉式广场等室外开敞空间、防火隔间、避难走道、防烟楼梯间等方式进行连通(故选项A错误),并应符合下列规定:
1 下沉式广场等室外开敞空间应能防止相邻区域的火灾蔓延和便于安全疏散,并应符合本规范第6.4.12条的规定;
2 防火隔间的墙应为耐火极限不低于3.00h的防火隔墙,并应符合本规范第6.4.13条的规定;(故选项C错误)
3 避难走道应符合本规范第6.4.14条的规定;
4 防烟楼梯间的门应采用甲级防火门。(故选项B正确)

6.4.14 避难走道的设置应符合下列规定：

1）避难走道防火隔墙的耐火极限不应低于3.00h，楼板的耐火极限不应低于1.50h。（故选项D错误）

【题19】对某建筑高度为78m的住宅建筑的外墙保温与装饰工程进行防火检查，该工程的下列做法中，不符合现行国家标准要求的是（　　）。

　　A. 外墙外保温系统与装饰层之间的空腔采用防火封堵材料在每层楼板处封堵
　　B. 外墙外保温系统与基层墙体之间的空腔采用防火封堵材料在每层楼板处封堵
　　C. 外墙外保温系统采用玻璃棉作保温材料
　　D. 外墙的装饰材料选用燃烧性能为B_1级的轻质复合墙板

【参考答案】D

【解题分析】

《建筑设计防火规范》GB 50016—2014（2018年版）

6.7.9　建筑外墙外保温系统与基层墙体、装饰层之间的空腔，应在每层楼板处采用防火封堵材料封堵。（故选项A、B符合规范要求）

6.7.5　与基层墙体、装饰层之间无空腔的建筑外墙外保温系统，其保温材料应符合下列规定：

1　住宅建筑：

1）建筑高度大于100m时，保温材料的燃烧性能应为A级；

2）建筑高度大于27m，但不大于100m时，保温材料的燃烧性能不应低于B_1级；（故选项C符合规范要求）

3）建筑高度不大于27m时，保温材料的燃烧性能不应低于B_2级。

6.7.12　建筑外墙的装饰层应采用燃烧性能为A级的材料，但建筑高度不大于50m时，可采用B_1级材料。（故选项D不符合规范要求）

【题20】消防技术服务机构对某单位设置的预制干粉灭火装置进行验收前检测。根据现行国家标准《干粉灭火系统设计规范》GB 50374，下列检测结果中，不符合规范要求的是（　　）。

　　A. 1个防护区内设置了5套预制干粉灭火装置
　　B. 干粉储存容器的存储压力为2.5MPa
　　C. 预制干粉灭火装置的灭火剂储存量为120kg
　　D. 预制干粉灭火装置的管道长度为15m

【参考答案】A

【解题分析】

《干粉灭火系统设计规范》GB 50347—2004

3.4.1　预制灭火装置应符合下列规定：

1　灭火剂储存量不得大于150kg；（选项C符合规范要求）

2　管道长度不得大于20m；（选项D符合规范要求）。

3　工作压力不得大于2.5MPa。（选项B符合规范要求）

3.4.2　一个防护区或保护对象宜用一套预制灭火装置保护。

3.4.3　一个防护区或保护对象所用预制灭火装置最多不得超过4套，并应同时启动，

其动作响应时间差不得大于2s。(故选项A不符合规范要求)

【题21】消防技术服务机构对某建筑设置的机械防烟系统进行维护保养，其中符合现行国家标准《建筑防烟排烟系统技术标准》GB 51251 的是（　　）

A．每年对全部送风口进行一次自动启动试验

B．每年对机械防烟系统进行一次联动试验

C．每半年对全部正压送风机进行一次功能检测自动试验

D．每半年对正压送风机的供电线路进行一次检查

【参考答案】B

【解题分析】

《建筑防烟排烟系统技术标准》GB 51251—2017

9.0.3　每季度应对防烟、排烟风机、活动挡烟垂壁、自动排烟窗进行一次功能检测启动试验及供电线路检查，检查方法应符合本标准第7.2.3条～第7.2.5条的规定。（选项C、D不符合规范要求）

9.0.4　每半年应对全部排烟防火阀、送风阀或送风口、排烟阀或排烟口进行自动和手动启动试验一次，检查方法应符合本标准第7.2.1条、第7.2.2条的规定。（选项A不符合规范要求）。

9.0.5　每年应对全部防烟、排烟系统进行一次联动试验和性能检测，其联动功能和性能参数应符合原设计要求，检查方法应符合本标准第7.3节和第8.2.5条～第8.2.7条的规定。（故选项B符合规范要求）

【题22】某6层建筑，建筑高度23m，每层建筑面积1100m²，一、二层为商业店面，三层至五层为老年人照料设施，其中三层设有与疏散楼梯间直接连接的开敞式外廊，六层为办公区，对该建筑的避难间进行防火检查，下列检查结果中，不符合现行国家标准要求的是（　　）。

A．避难间仅设于四、五层每座疏散楼梯间的相邻部位

B．避难间可供避难的净面积为12m²

C．避难间内共设有消防应急广播、灭火器2种消防设施和器材

D．避难间采用耐火极限2h的防火隔墙和甲级防火门与其他部位分隔

【参考答案】C

【解题分析】

《建筑设计防火规范》GB 50016—2014（2018年版）

5.5.24A　3层及3层以上总建筑面积大于3000m²（包括设置在其他建筑内三层及以上楼层）的老年人照料设施，应在二层及以上各层老年人照料设施部分的**每座疏散楼梯间的相邻部位设置1间避难间**；当老年人照料设施设置与疏散楼梯或安全出口直接连通的开敞式外廊、与疏散走道直接连通且符合人员避难要求的室外平台等时，**可不设置避难间**。避难间内可供避难的净面积**不应小于12m²**，避难间可利用疏散楼梯间的前室或消防电梯的前室，其他要求应符合本规范第5.5.24条的规定。（故选项A、B符合规范要求）

供失能老年人使用且层数大于2层的老年人照料设施，应按核定使用人数配备简易防毒面具。

5.5.24　高层病房楼应在二层及以上的病房楼层和洁净手术部设置避难间。避难间应

符合下列规定：

1 避难间服务的护理单元不应超过2个，其净面积应按每个护理单元不小于25.0m² 确定。

2 避难间兼作其他用途时，应保证人员的避难安全，且不得减少可供避难的净面积。

3 应靠近楼梯间，并应采用耐火极限**不低于2.00h的防火隔墙和甲级防火门**与其他部位分隔。（故选项D满足规范要求）

4 应设置消防专线电话和消防应急广播。（故选项C不符合规范要求）

5 避难间的入口处应设置明显的指示标志。

6 应设置直接对外的可开启窗口或独立的机械防烟设施，外窗应采用乙级防火窗。

【题23】对大型地下商业建筑进行防火检查，根据现行国家标准《建筑设计防火规范》GB 50016，（ ）不属于下沉式广场检查的内容。

A. 下沉式广场的自动扶梯的宽度

B. 下沉式广场的实际用途

C. 下沉式广场防风雨棚的开口面积

D. 下沉式广场直通地面疏散楼梯的数量和宽度

【参考答案】A

【解题分析】

《建筑设计防火规范》GB 50016—2014（2018年版）

5.5.4 自动扶梯和电梯不应计作安全疏散设施。

自动扶梯不属于疏散设施，故不属于检查内容。

【题24】某鳗鱼饲料加工厂，其饲料加工车间，地上6层，建筑高度36m，每层建筑面积2000m²，同时工作人数8人；饲料仓库，地上3层，建筑高度20m，每层建筑面积300m²，同时工作3人。对该厂的安全疏散设施进行防火检查，下列检查结果中，不符合现行国家标准要求的是（ ）。

A. 饲料仓库室外疏散楼梯周围1.50m处的外墙面上设置一个通风高窗

B. 饲料加工车间疏散楼梯采用封闭楼梯间

C. 饲料仓库仅设置一部室外疏散楼梯

D. 饲料加工车间疏散楼梯净宽度为1.10m

【参考答案】A

【解题分析】

《建筑设计防火规范》GB 50016—2014（2018年版）

6.4.5 室外疏散楼梯应符合下列规定：

1 栏杆扶手的高度不应小于1.10m，楼梯的净宽度不应小于0.90m。

2 倾斜角度不应大于45°。

3 梯段和平台均应采用不燃材料制作。平台的耐火极限不应低于1.00h，梯段的耐火极限不应低于0.25h。

4 通向室外楼梯的门应采用乙级防火门，并应向外开启。

5 除疏散门外，楼梯周围2m内的墙面上不应设置门、窗、洞口。疏散门不应正对梯段。（故选项A不符合规范要求）

【题25】某消防工程施工单位对一批手提式二氧化碳灭火器进行现场检查,根据现行国家标准《建筑灭火器配置验收及检查规范》GB 50444,(   )不属于该批灭火器的进场检查项目。

    A. 市场准入证明　　　　　　　　B. 压力表指针位置
    C. 筒体机械损伤　　　　　　　　D. 永久性钢印标识

【参考答案】D

【解题分析】

《建筑灭火器配置验收及检查规范》GB 50444—2008

2.2.1 灭火器的进场检查应符合下列要求:

1 灭火器应符合市场准入的规定,并应有出厂合格证和相关证书;(选项A属于检查内容)

2 灭火器的铭牌、生产日期和维修日期等标志应齐全;(选项D不属于检查内容)

3 灭火器的类型、规格、灭火级别和数量应符合配置设计要求;

4 灭火器筒体应无明显缺陷和机械损伤;(选项C属于检查内容)

5 灭火器的保险装置应完好;

6 灭火器压力指示器的指针应在绿区范围内;(选项B属于检查内容)

7 推车式灭火器的行驶机构应完好。

【题26】某大型城市综合体设有三个消防控制室。对消防控制室的下列检查结果中,不符合现行国家标准《消防控制室通用技术要求》GB 25506 的是(   )。

    A. 确定了主消防控制室和分消防控制室
    B. 分消防控制室之间的消防设备可以互相控制并传输、显示状态信息
    C. 主消防控制室可对系统内共用的消防设进行控制,并显示其状态信息
    D. 主消防控制室可对分消防控制室内的消防设备及其控制的消防系统和设备进行控制

【参考答案】B

【解题分析】

《消防控制室通用技术要求》GB 25506—2010

3.4 具有两个或两个以上消防控制室时,应确定主消防控制室和分消防控制室。主消防控制室的消防设备应对系统内共用的消防设备进行控制,并显示其状态信息;主消防控制室内的消防设备应能显示各分消防控制室内消防设备的状态信息,并可对分消防控制室内的消防设备及其控制的消防系统和设备进行控制;各分消防控制室之间的消防设备之间可以互相传输、显示状态信息,但不应互相控制。(故选项B不符合规范要求)

【题27】某建筑高度为26m 的办公楼,设有集中空气调节系统和自动喷水灭火系统,其室内装修的下列做法中,不符合现行国家标准要求的是(   )。

    A. 会客厅采用经阻燃处理的布艺做灯饰
    B. 将开关和接线盒安装在难燃胶合板上
    C. 会议室顶棚采用岩棉装饰板吊顶
    D. 走道采用金属龙骨纸面石膏板

【参考答案】 C

【解题分析】

根据题干，此建筑为二类高层公共建筑，根据《建筑内部装修设计防火规范》GB 50222—2017 的规定：

3.0.2 条文说明

按现行国家标准《建筑材料及制品燃烧性能分级》GB 8624，将内部装修材料的燃烧性能分为四级，以利于装修材料的检测和本规范的实施。

为方便设计单位借鉴采纳，本规范对常用建筑内部装修材料燃烧性能等级划分进行了举例。表1中列举的材料大致分为两类，一类是天然材料，一类是人造材料或制品。天然材料的燃烧性能等级划分是建立在大量试验数据积累的基础上形成的结果；人造材料或制品是在常规生产工艺和常规原材料配比下生产出的产品，其燃烧性能的等级划分同样是在大量试验数据积累的基础上形成的，划分结果具有普遍性。

常用建筑内部装修材料燃烧性能等级划分举例　　　　表1

材料类别	级别	材料举例
各部位材料	A	花岗石、大理石、水磨石、水泥制品、混凝土制品、石膏板、石灰制品、黏土制品、玻璃、瓷砖、马赛克、钢铁、铝、铜合金、天然石材、金属复合板、纤维石膏板、玻镁板、硅酸钙板等
顶棚材料	B_1	纸面石膏板、纤维石膏板、水泥刨花板、矿棉板、玻璃棉装饰吸声板、珍珠岩装饰吸声板、难燃胶合板、难燃中密度纤维板、岩棉装饰板、难燃木材、铝箔复合材料、难燃酚醛胶合板、铝箔玻璃钢复合材料、复合铝箔玻璃棉板等

5.2.1 高层民用建筑内部各部位装修材料的燃烧性能等级，不应低于本规范表5.2.1的规定。

表5.2.1（续）

序号	建筑物及场所	建筑规模、性质	装修材料燃烧性能等级									
			顶棚	墙面	地面	隔断	固定家具	装饰织物				其他装修装饰材料
								窗帘	帷幕	床罩	家具包布	
14	办公场所	一类建筑	A	B_1	B_1	B_1	B_2	B_1	B_1	—	B_1	B_1
		二类建筑	A	B_1	B_1	B_1	B_2	B_2	B_2	—	B_2	B_2
15	电信楼、财贸金融楼、邮政楼、广播电视楼、电力调度楼、防灾指挥调度楼	一类建筑	A	A	B_1	B_1	B_1	B_1	B_1	—	B_1	B_1
		二类建筑	A	B_1	B_1	B_1	B_2	B_1	B_2	—	B_2	B_2
16	其他公共场所	—	A	B_1	B_1	B_1	B_2	B_2	B_2	—	B_2	B_2
17	住宅	—	A	B_1	B_2	B_2	B_2	—	B_1	B_2	B_1	B_1

5.2.3 除本规范第 4 章规定的场所和本规范表 5.2.1 中序号为 10～12 规定的部位外，以及大于 400m² 的观众厅、会议厅和 100m 以上的高层民用建筑外，当设有火灾自动报警装置和自动灭火系统时，除顶棚外，其内部装修材料的燃烧性能等级可在本规范表 5.2.1 规定的基础上降低一级。

根据上述规定，办公建筑顶棚的燃烧性能等级仍为 A 级。（选项 C 岩棉装饰板燃烧性能为 B_1 级，不符合规范要求）

【题 28】某 5 层购物中心，建筑面积 8000m²，根据《机关、团体、企业、事业单位消防安全管理规定》（公安部令第 61 号），该购物中心在营业期间的防火巡查应当至少（　　）。

A. 每日一次　　　　　　　　B. 每 8 小时一次
C. 每 4 小时一次　　　　　　D. 每 2 小时一次

【参考答案】D
【解题分析】

《机关、团体、企业、事业单位消防安全管理规定》（公安部令第 61 号）"第四章 防火检查"

第二十五条　消防安全重点单位应当进行每日防火巡查，并确定巡查的人员、内容、部位和频次。其他单位可以根据需要组织防火巡查。巡查的内容应当包括：

……

公众聚集场所在营业期间的防火巡查应当至少每 2 小时一次；营业结束时应当对营业现场进行检查，消除遗留火种。医院、养老院、寄宿制的学校、托儿所、幼儿园应当加强夜间防火巡查，其他消防安全重点单位可以结合实际组织夜间防火巡查。

【题 29】消防工程施工单位对某体育场安装的火灾自动报警系统进行检测。下列调试方法中，不符合现行国家标准《火灾自动报警系统施工及验收规范》GB 50166 的是（　　）。

A. 使任一总线回路上多只火灾探测器时处于火灾报警状态，检查控制器的火警优先功能
B. 断开火灾报警控制器与任一探测之间连线，检查控制器的故障报警功能
C. 向任一感烟探测器发烟，检查点型感烟探测器的报警功能，火灾报警控制器的火灾报警功能
D. 使总线隔离器保护范围内的任一点短路，检查总线隔离器的隔离保护功能

【参考答案】A
【解题分析】

《火灾自动报警系统施工及验收规范》GB 50166—2007

4.3　火灾报警控制器调试

4.3.1　调试前应切断火灾报警控制器的所有外部控制连线，并将任一个总线回路的火灾探测器以及该总线回路上的手动火灾报警按钮等部件连接后，方可接通电源。（选项 B 符合规范要求）

4.3.2　按现行国家标准《火灾报警控制器》GB 4717 的有关要求对控制器进行下列功能检查并记录：

……

6）使总线隔离器保护范围内的任一点短路，检查总线隔离器的隔离保护功能。（选项D符合规范要求）

7）使任一总线回路上不少于10只的火灾探测器同时处于火灾报警状态，检查控制器的负载功能。（选项A不符合规范要求）

4.4.1 采用专用的检测仪器或模拟火灾的方法，逐个检查每只火灾探测器的报警功能，探测器应能发出火灾报警信号。（选项C符合规范要求）

【题30】根据现行国家标准《自动喷水灭火系统施工及验收规范》GB 50261对自动喷水灭火系统报警阀进行调试，下列结果中，不符合现行国家标准要求的（　　）。

A. 湿式报警阀进口水压为0.15MPa、放水流量为1.1L/s时，报警阀组及时启动

B. 雨淋报警阀动作后压力开关在25s时发出动作信号

C. 湿式报警阀启动后，不带延迟器的水力警铃在14s时发出报警铃声

D. 湿式报警阀启动后，带延迟器的水力警铃在85s时发出报警铃声

【参考答案】B

【解题分析】

《自动喷水灭火系统施工及验收规范》GB 50261—2017

7.2.5 报警阀调试应符合下列要求：

1 湿式报警阀调试时，在末端装置处放水，当湿式报警阀进口水压大于0.14MPa、放水流量大于1L/s时，报警阀应及时启动（选项A符合规范要求）；带延迟器的水力警铃应在5s～90s内发出报警铃声（选项D符合规范要求），不带延迟器的水力警铃应在15s内发出报警铃声（选项C符合规范要求）；压力开关应及时动作，启动消防泵并反馈信号。

检查数量：全数检查。

检查方法：使用压力表、流量计、秒表和观察检查。

2 干式报警阀调试时，开启系统试验阀，报警阀的启动时间、启动点压力、水流到试验装置出口所需时间，均应符合设计要求。

检查数量：全数检查。

检查方法：使用压力表、流量计、秒表、声强计和观察检查。

3 雨淋阀调试宜利用检测、试验管道进行。自动和手动方式启动的雨淋阀，应在15s之内启动（选项B不符合规范要求）；公称直径大于200mm的雨淋阀调试时，应在60s之内启动。雨淋阀调试时，当报警水压为0.05MPa时，水力警铃应发出报警铃声。

检查数量：全数检查。

检查方法：使用压力表、流量计、秒表、声强计和观察检查。

故答案为B。

【题31】对某印刷厂的印刷成品仓库进行电气防火检查，下列检查结果中，不符合现行国家标准《建筑设计防火规范》GB 50016的是（　　）。

A. 仓库安装了40W白炽灯照明

B. 对照明灯具的发热部件采取了隔热措施

C. 在仓库外部设有1个照明配电箱

D. 在仓库内部设有2个照明开关

【参考答案】D

【解题分析】

《建筑设计防火规范》GB 50016—2014（2018年版）

10.2.5 可燃材料仓库内宜使用低温照明灯具，并应对灯具的发热部件采取隔热等防火措施，不应使用卤钨灯等高温照明灯具。

配电箱及开关应设置在仓库外，故选项D不符合规范要求。

【题32】对某建筑进行防火检查，其防烟分区的活动挡烟垂壁的下列检查结果中，不符合现行国家标准要求的是（　　）。

A. 采用厚度为1.00mm的金属板材作挡烟垂壁

B. 挡烟垂壁的单节宽度为2m

C. 挡烟垂壁的实际挡烟高度为600mm

D. 挡烟垂壁附近的感温火灾探测器的报警信号作为挡烟垂壁的联动出发信号

【参考答案】D

【解题分析】

《火灾自动报警系统设计规范》GB 50116—2013

4.5.1 防烟系统的联动控制方式应符合下列规定：

……

2 应由同一防烟分区内且位于电动挡烟垂壁附近的两只独立的感烟火灾探测器的报警信号，作为电动挡烟垂壁降落的联动触发信号，并应由消防联动控制器联动控制电动挡烟垂壁的降落。（故选项D不符合规范要求）

【题33】单层建筑采用经阻燃处理的木柱承重，承重墙体采用砖墙。根据现行国家标准《建筑设计防火规范》GB 50016，该建筑的耐火等级为（　　）。

A. 一级　　　B. 二级　　　C. 四级　　　D. 三级

【参考答案】C

【解题分析】

《建筑设计防火规范》GB 50016—2014（2018年版）

5.1.2 民用建筑的耐火等级可分为一、二、三、四级。除本规范另有规定外，不同耐火等级建筑相应构件的燃烧性能和耐火极限不应低于表5.1.2的规定。

不同耐火等级建筑相应构件的燃烧性能和耐火极限（h）　　表5.1.2

构件名称		耐火等级			
		一级	二级	三级	四级
墙	防火墙	不燃性 3.00	不燃性 3.00	不燃性 3.00	不燃性 3.00
	承重墙	不燃性 3.00	不燃性 2.50	不燃性 2.00	难燃性 0.50
	非承重外墙	不燃性 1.00	不燃性 1.00	不燃性 0.50	可燃性

构件名称		耐火等级			
		一级	二级	三级	四级
墙	楼梯间和前室的墙电梯井的墙 住宅建筑单元之间的墙和分户墙	不燃性 2.00	不燃性 2.00	不燃性 1.50	难燃性 0.50
	疏散走道两侧的隔墙	不燃性 1.00	不燃性 1.00	不燃性 0.50	难燃性 0.25
	房间隔墙	不燃性 0.75	不燃性 0.50	难燃性 0.50	难燃性 0.25
柱		不燃性 3.00	不燃性 2.50	不燃性 2.00	难燃性 0.50
梁		不燃性 2.00	不燃性 1.50	不燃性 1.00	难燃性 0.50
楼板		不燃性 1.50	不燃性 1.00	不燃性 0.50	可燃性
屋顶承重构件		不燃性 1.50	不燃性 1.00	可燃性 0.50	可燃性
疏散楼梯		不燃性 1.50	不燃性 1.00	不燃性 0.50	可燃性
吊顶（包括吊顶搁栅）		不燃性 0.25	难燃性 0.25	难燃性 0.15	可燃性

注：1 除本规范另有规定外，以木柱承重且墙体采用不燃材料的建筑，其耐火等级应按四级确定。（故本建筑的耐火等级为四级，选 C）

2 住宅建筑构件的耐火极限和燃烧性能可按现行国家标准《住宅建筑规范》GB 50368 的规定执行。

【题34】某消防技术服务机构对某石油化工企业安装的低倍数泡沫灭火系统进行了技术检测。下列检测结果中，不符合现行国家标准《泡沫灭火系统施工及验收规范》GB 50281 的是（　　）。

A. 整体平衡式比例混合装置竖直安装在压力水的水平管道上
B. 安装在防火堤内的水平管道坡向防火堤，坡度为 3‰
C. 液下喷射的高背压泡沫产生器水平安装在防火堤外的泡沫混合液管道上
D. 在防火堤外连接泡沫产生装置的泡沫混合液管道上水平安装了压力表接口

【参考答案】D
【解题分析】
《泡沫灭火系统设计规范》GB 50151—2010
4.2.7 防火堤内泡沫混合液或泡沫管道的设置，应符合下列规定：
1 地上泡沫混合液或泡沫水平管道应敷设在管墩或管架上，与罐壁上的泡沫混合液立管之间宜用金属软管连接；

2 埋地泡沫混合液管道或泡沫管道距离地面的深度应大于0.3m，与罐壁上的泡沫混合液立管之间应用金属软管或金属转向接头连接；

3 泡沫混合液或泡沫管道应有3‰的放空坡度。（选项B符合规范要求）

《泡沫灭火系统施工及验收规范》GB 50281—2006

5.4.4 平衡式比例混合装置的安装应符合下列规定：

1 整体平衡式比例混合装置应竖直安装在压力水的水平管道上（选项A符合规范要求）；并应在水和泡沫液进口的水平管道上分别安装压力表，且与平衡式比例混合装置进口处的距离不宜大于0.3m。

5.6.1 低倍数泡沫产生器的安装应符合下列规定：

……

3 液下及半液下喷射的高背压泡沫产生器应水平安装在防火堤外的泡沫混合液管道上。（选项C符合规范要求）

4 在高背压泡沫产生器进口侧设置的压力表接口应竖直安装（选项D不符合规范要求）；其出口侧设置的压力表、背压调节阀和泡沫取样口的安装尺寸应符合设计要求，环境温度为0℃及以下的地区，背压调节阀和泡沫取样口上的控制阀应选用钢质阀门。

【题35】某幼儿园共配置了20具4kg磷酸铵盐干粉灭火器，委托某消防技术服务机构进行检查维护，经检查有8具灭火器需送修。该幼儿园无备用灭火器，根据现行国家标准《建筑灭火器配置验收及检查规范》GB 50444，幼儿园一次送修的灭火器数量最多为（　　）。

A. 3具　B. 4具　C. 5具　D. 7具

【参考答案】C

【解题分析】

《建筑灭火器配置验收及检查规范》GB 50444—2008

5.1.2 每次送修的灭火器数量不得超过计算单元配置灭火器总数量的1/4。超出时，应选择相同类型和操作方法的灭火器替代，替代灭火器的灭火级别不应小于原配置灭火器的灭火级别。

该幼儿园配置了20具灭火器，最多送修数量为5具。（故选项C正确）

【题36】某7层病房大楼，建筑高度27m，每层划分2个防火分区，走道两侧双面布房，每层设计容纳人数为110人。下列对该病房大楼安全疏散设施的防火检查结果中，不符合现行国家标准要求的是（　　）。

A. 疏散走道与合用前室之间设置耐火极限3.00h且具有停滞功能的防火卷帘

B. 楼层水平疏散走道的净宽度为1.60m

C. 疏散楼梯及首层疏散门的净宽度均为1.30m

D. 疏散走道在防火分区处设置具有自行关闭和信号反馈功能的常开甲级防火门

【参考答案】A

【解题分析】

《建筑设计防火规范》GB 50016—2014（2018年版）

6.4.3 防烟楼梯间除应符合本规范第6.4.1条的规定外，尚应符合下列规定：

……

5）除住宅建筑的楼梯间前室外，防烟楼梯间和前室内的墙上不应开设除疏散门和送风口外的其他门、窗、洞口。（故选项 A 不符合规范要求）

【题37】水喷雾灭火系统投入运行后应进行维护管理，根据现行国家标准《水喷雾灭火系统技术规范》GB 50219，维护管理人员应掌握的知识与性能，不包括（　　）。

　　A. 熟悉水喷雾灭火系统的操作维护规程
　　B. 熟悉水喷雾灭火系统各组件的结构
　　C. 熟悉水喷雾灭火系统的性能
　　D. 熟悉水喷雾灭火系统的原理

【参考答案】B
【解题分析】
　　《水喷雾灭火系统技术规范》GB 50219—2014
　　10.0.2　维护管理人员应经过消防专业培训，应熟悉水喷雾灭火系统的原理、性能和操作与维护规程。

【题38】对某建筑进行防火检查，变形缝的下列检查结果中，不符合现行国家标准要求的是（　　）。

　　A. 变形缝的填充材料采用防火枕
　　B. 空调系统的风管穿越防火分隔处的变形缝时，变形缝两侧风管设置公称动作温度为 70℃ 的防火阀
　　C. 在可燃气体管道穿越变形缝处加设了阻燃 PVC 套管
　　D. 变形缝的构造基层采用镀锌钢板

【参考答案】C
【解题分析】
　　《建筑设计防火规范》GB 50016—2014（2018年版）
　　6.3.4　变形缝内的填充材料和变形缝的构造基层应采用不燃材料。
　　电线、电缆、可燃气体和甲、乙、丙类液体的管道不宜穿过建筑内的变形缝，确需穿过时，应在穿过处加设不燃材料制作的套管或采取其他防变形措施，并应采用防火封堵材料封堵。
　　选项 C 中，阻燃 PVC 套管燃烧性能属于难燃材料。

【题39】单位管理人员对低压二氧化碳灭火系统进行巡查，根据现行国家标准《建筑消防设施的维护管理》GB 25201，不属于该系统巡查内容的是（　　）。

　　A. 气体灭火控制的工作状态
　　B. 低压二氧化碳系统安全阀的外观
　　C. 低压二氧化碳储存装置内灭火剂的液位
　　D. 低压二氧化碳系统制冷装置的运行状况

【参考答案】C
【解题分析】
　　《建筑消防设施的维护管理》GB 25201—2010
　　6.2.9　气体灭火系统的巡查内容见表 C.1 中"气体灭火系统"部分。

单项选择题

表 C.1（续）

序号：

巡查项目	巡查内容	巡查情况					
		部位	数量	正常	故障及处理		
					故障描述	当场处理情况	报修情况
泡沫灭火系统	泡沫喷头外观及距周边障碍物或保护对象距离						
	泡沫消火栓、泡沫炮、泡沫产生器、泡沫比例混合器外观						
	泡沫液贮罐外观及罐间环境，泡沫液有效期及储存量						
	控制阀门外观、标识，管道外观、标识						
	火灾探测传动控制、现场手动控制装置外观、运行状况						
	泡沫泵及控制柜外观及运行状况						
	冷却水系统的巡查内容可参考6.2.7						
气体灭火系统	气体灭火控制器外观、工作状态						
	储瓶间环境，气体瓶组或储罐外观，检漏装置外观、运行状况						
	容器阀、选择阀、驱动装置等组件外观						
	紧急启/停按钮外观，喷嘴外观、防护区状况						
	预制灭火装置外观、设置位置、控制装置外观及运行状况						
	放气指示灯及警报器外观						
	低压二氧化碳系统制冷装置、控制装置、安全阀等组件外观、运行状况						
防烟、排烟系统	送风阀外观						
	送风机及控制柜外观及工作状态						
	挡烟垂壁及其控制装置外观及工作状况，排烟阀及其控制装置外观						
	电动排烟窗、自然排烟设施外观						
	排烟机及控制柜外观及工作状况						
	送风、排烟机房环境						

选项C灭火剂的液位不属于"气体灭火系统的巡查内容"，故选C。

【题40】对某石化企业的原油储罐区安装的低倍数泡沫自动灭火系统进行喷泡沫试验。下列喷泡沫试验的方法和结果中，符合现行国家标准《泡沫灭火系统施工及验收规范》GB 50281的是（　　）。

A. 以自动控制方式进行1次喷泡沫试验，喷射泡沫的时间为2min

B. 以手动控制方式进行 1 次喷泡沫试验，喷射泡沫的时间为 1min

C. 以手动控制方式进行 1 次喷泡沫试验，喷射泡沫的时间为 30s

D. 以自动控制方式进行 2 次喷泡沫试验，喷射泡沫的时间为 30s

【参考答案】A

【解题分析】

《泡沫灭火系统施工及验收规范》GB 50281—2006

6.2.6 泡沫灭火系统的调试应符合下列规定：

……

2 低、中倍数泡沫灭火系统按本条第 1 款的规定喷水试验完毕，将水放空后，进行喷泡沫试验；当为自动灭火系统时，应以自动控制的方式进行；喷射泡沫的时间不应小于 1min；实测泡沫混合液的混合比及泡沫混合液的发泡倍数及到达最不利点防护区或储罐的时间和湿式联用系统自喷水至喷泡沫的转换时间应符合设计要求。（故选项 A 符合规范要求）

【题 41】某厂区室外消防给水管网管材采用钢丝网骨架塑料管，系统设计工作压力 0.5MPa，管道水压强度试验的试验压力最小应为（　　）MPa。

A. 0.5　B. 0.75　C. 1.0　D. 0.8

【参考答案】D

【解题分析】

《消防给水及消火栓系统技术规范》GB 50974—2014

12.4.2 压力管道水压强度试验的试验压力应符合表 12.4.2 的规定。

检查数量：全数检查。

检查方法：直观检查。

压力管道水压强度试验的试验压力　　　　　　　　　　表 12.4.2

管材类型	系统工作压力 P（MPa）	试验压力（MPa）
钢管	≤1.0	1.5P，且不应小于 1.4
	>1.0	$P+0.4$
球墨铸铁管	≤0.5	2P
	>0.5	$P+0.5$
钢丝网骨架塑料管	P	1.5P，且不应小于 0.8

本题中，系统设计工作压力为 0.5MPa，$1.5P=0.75$MPa，故试验压力最小应为 0.8MPa。

【题 42】某消防工程施工单位在室内消防给水系统施工前，对采用的消防软管卷盘进行进场检验，下列检查要求和结果符合现行国家标准《消防给水及消火栓系统技术规范》GB 50974 的是（　　）。

A. 消防软管公称内径为 16mm，长度为 30m

B. 应对消防软管卷盘的密封性能进行测试，每批次抽查 2 个，以 50 个为 1 批次

C. 应对消防软管卷盘外观进行全数检查

D. 应对消防软管卷盘进行一般检查，检查数量从每批次中抽查 50%

【参考答案】C
【解题分析】
《消防给水及消火栓系统技术规范》GB 50974—2014

12.2.2 消防水泵和稳压泵的检验应符合下列要求：
……

18 消防软管卷盘和轻便水龙应符合现行国家标准《消防软管卷盘》GB 15090 和现行行业标准《轻便消防水龙》GA 180 的性能和质量要求。

外观和一般检查数量：全数检查。（选项 C 符合规范要求）

检查方法：直观和尺量检查。

性能检查数量：抽查符合本条第 14）款的规定。

检查方法：直观检查及在专用试验装置上测试，主要测试设备有试压泵、压力表、秒表。

【题43】消防部门对某大厦的消防电源及其配电进行验收，下列验收检查结果中，不符合现行国家准《建筑设计防火规范》GB 50016 的是（　　）。

A. 大厦的消防配电干线采用阻燃电缆直接明敷于动力配电线井内，并分别布置在电缆井的两侧
B. 大厦的消防用电设备采用专用的供电回路，并在地下一层设置柴油发电机作为备用消防电源
C. 大厦的消防配电干线按防火分区划分，配电支线未穿越防火分区
D. 消防控制室、消防水泵房、防烟和排烟风机房的消防用电设备供电，在其配电线路的最末一级配电箱处设置了自动切换装置

【参考答案】A
【解题分析】
《建筑设计防火规范》GB 50016—2014（2018年版）

10.1.10 消防配电线路应满足火灾时连续供电的需要，其敷设应符合下列规定：

1 明敷时（包括敷设在吊顶内），应穿金属导管或采用封闭式金属槽盒保护，金属导管或封闭式金属槽盒应采取防火保护措施；当采用阻燃或耐火电缆并敷设在电缆井、沟内时，可不穿金属导管或采用封闭式金属槽盒保护；当采用矿物绝缘类不燃性电缆时，可直接明敷；

2 暗敷时，应穿管并应敷设在不燃性结构内且保护层厚度不应小于30mm；

3 消防配电线路宜与其他配电线路分开敷设在不同的电缆井、沟内；确有困难需敷设在同一电缆井、沟内时，应分别布置在电缆井、沟的两侧，且消防配电线路应采用矿物绝缘类不燃性电缆。（选项 A 采用阻燃电缆，不符合规范要求）

【题44】根据《爆炸危险环境电力装置设计规范》GB 50058，某面粉加工厂选择面粉碾磨车间的电气设备时，不需要考虑的因素是（　　）。

A. 爆炸危险区域的分区
B. 可燃性物质和可燃性粉尘的分级
C. 可燃性物质和可燃性粉尘的物质总量
D. 可燃性粉尘云，可燃性粉尘层的最低引燃温度

【参考答案】C

【解题分析】

《爆炸危险环境电力装置设计规范》GB 50058—2014

5.2.1 在爆炸性环境内,电气设备应根据下列因素进行选择:

1 爆炸危险区域的分区;

2 可燃性物质和可燃性粉尘的分级;

3 可燃性物质的引燃温度;

4 可燃性粉尘云、可燃性粉尘层的最低引燃温度。

【题45】某消防技术服务机构对某单位安装的自动喷水灭火系统进行检测,检测结果如下:①开启末端试水装置,以 1.1L/s 的流量放水,带延迟功能的水流指示器 15s 时动作;②末端试水装置安装高度为1.5m;③最不利点末端放水试验时,自放水开始至水系启动时间为3min;④报警阀距地面的高度为1.2m。上述检测结果中,符合现行国家标准要求的共有( )。

A. B.2个 C. 4个 D. 3个

【参考答案】C

【解题分析】

《自动喷水灭火系统施工及验收规范》GB 50261—2017

7.2.5 报警阀调试应符合下列要求:

1 湿式报警阀调试时,在末端装置处放水,当湿式报警阀进口水压大于0.14MPa、放水流量大于1L/s时,报警阀应及时启动;带延迟器的水力警铃应在5s～90s内发出报警铃声(①符合规范要求),不带延迟器的水力警铃应在15s内发出报警铃声;压力开关应及时动作,启动消防泵并反馈信号。

报警阀阀体底边距地面高度为1.2m(④符合规范要求);末端试水装置距离地面高度宜为1.5m(②符合规范要求);开启末端试水装置5min内,消防水泵应自动启动(③符合规范要求)。

共4个符合规范要求,故答案为C。

【题46】根据现行国家标准《建筑灭火器配置设计规范》GB 50140,某酒店配置灭火器的做法中,不符合要求的是( )。

A. 酒店多功能厅配置了水型灭火器

B. 酒店的厨房间配置了泡沫灭火器

C. 酒店的布草间配置了二氧化碳灭火器

D. 酒店的客房区走道上配置了磷酸铵盐干粉灭火器

【参考答案】C

【解题分析】

《建筑灭火器配置设计规范》GB 50140—2005

3.1.2 灭火器配置场所的火灾种类可划分为以下五类:

1 A类火灾:固体物质火灾。

2 B类火灾:液体火灾或可熔化固体物质火灾。

3 C类火灾:气体火灾。

4 D类火灾：金属火灾。
5 E类火灾（带电火灾）：物体带电燃烧的火灾。
4.2.1 A类火灾场所应选择水型灭火器、磷酸铵盐干粉灭火器、泡沫灭火器或卤代烷灭火器。

酒店的布草间属于A类火灾场所，因此不适用二氧化碳灭火器。

【题47】某二类高层建筑设有独立的机械排烟系统，该机械排烟系统的组件可不包括（   ）。

A. 在280℃的环境条件下能够连续工作30min的排烟风机
B. 动作温度为70℃的防火阀
C. 采取了隔热防火措施的镀锌钢板风道
D. 可手动和电动启动的常闭排烟口

【参考答案】B
【解题分析】

4.4.6 排烟风机应满足280℃时连续工作30min的要求，排烟风机应与风机入口处的排烟防火阀连锁，当该阀关闭时，排烟风机应能停止运转。

机械排烟系统中安装280℃动作的排烟防火阀，不安装70℃动作的防火阀，故选项B不是机械排烟系统的组件。

【题48】某酒店设置有水喷雾灭火系统，检查中发现雨淋报警阀组自动滴水阀漏水。下列原因分析中，与该漏水现象无关的是（   ）。

A. 系统侧管道中余水未排净　　　　B. 雨淋报警阀密封橡胶件老化
C. 雨淋报警阀组快速复位阀关闭　　D. 雨淋报警阀阀瓣密封处有杂物

【参考答案】C
【解题分析】

教材《消防安全技术综合能力》第3篇第4章第4节
（三）雨淋报警阀组常见故障分析、处理：
1. 自动滴水阀漏水
（1）故障原因分析：
1）安装调试或平时定期试验、实施灭火后，没有将系统侧管道内的余水排尽。
2）雨淋报警阀隔膜球面中线密封处因施工遗留的杂物、不干净消防用水中的杂质等导致球面密封面不能完全密封。

可见，选项A、B、D有关，选项C无关。故本题答案选C。

【题49】某28层大厦，建筑面积5000m²，分别由百货公司、宴会酒楼、温泉酒店使用，三家单位均符合消防安全重点单位界定标准，应当由（   ）向当地消防部门申报消防安全重点单位备案。

A. 各单位分别　　　　　　　　　　B. 大厦物业管理单位
C. 三家单位联合　　　　　　　　　D. 大厦消防设施维保单位

【参考答案】A
【解题分析】

同一建筑物中各自独立的产权单位或者使用单位，符合重点单位界定标准的，应当各自独立申报备案。

【题50】 消防技术服务机构对某石化企业安装的低倍数泡沫灭火系统进行日常检查与维护。维保人员开展的下列检查与维护工作中，不符合现行国家标准《泡沫灭火系统施工及验收规范》GB 50281 的是（　　）。

　　A. 每周以手动或自动控制方式对消防泵和备用泵进行一次启动试验
　　B. 每月对低倍数泡沫产生器、泡沫比例混合装置、泡沫喷头等外观是否完好无损进行检查
　　C. 每年对除储罐上泡沫混合液立管外的全部管道进行冲洗，清除锈渣
　　D. 每两年对系统进行喷泡沫试验

【参考答案】 C
【解题分析】

《泡沫灭火系统施工及验收规范》GB 50281—2006

　　8.2.1　每周应对消防泵和备用动力进行一次启动试验，并应按本规范表 D.0.1 记录。（选项 A 符合规范要求）

　　8.2.2　每月应对系统进行检查，并应按本规范表 D.0.2 记录，检查内容及要求应符合下列规定：

　　1　对低、中、高倍数泡沫发生器，泡沫喷头，固定式泡沫炮，泡沫比例混合器（装置），泡沫液储罐进行外观检查，应完好无损。（选项 B 符合规范要求）

　　8.2.3　每半年除储罐上泡沫混合液立管和液下喷射防火堤内泡沫管道及高倍数泡沫产生器进口端控制阀后的管道外，其余管道应全部冲洗，清除锈渣，并应按规范表 D.0.2 记录。（选项 C 不符合规范要求）

　　8.2.4　每两年应对系统进行检查和试验，并应按本规范表 D.0.2 记录；检查和试验的内容及要求应符合下列规定：

　　1　对于低倍数泡沫灭火系统中的液上、液下及半液下喷射、泡沫喷淋、固定式泡沫炮和中倍数泡沫灭火系统进行喷泡沫试验，并对系统所有的组件、设施、管道及管件进行全面检查。（选项 D 符合规范要求）

　　2　对于高倍数泡沫灭火系统，可在防护区内进行喷泡沫试验，并对系统所有组件、设施、管道及附件进行全面检查。

　　3　系统检查和试验完毕，应对泡沫液泵或泡沫混合液泵、泡沫液管道、泡沫混合液管道、泡沫管道、泡沫比例混合器（装置）、泡沫消火栓、管道过滤器或喷过泡沫的泡沫产生装置等用清水冲洗后放空，复原系统。

【题51】 某消防工程施工单位对设计工作压力为 0.8MPa 的消火栓系统进行严密性试验，下列做法中，正确的是（　　）。

　　A. 试验压力 0.96MPa，稳压 12h　　　　B. 实验压力 1.0MPa，稳压 10h
　　C. 实验压力 0.8MPa，稳压 24h　　　　D. 实验压力 1.2MPa，稳压 8h

【参考答案】 C
【解题分析】

《消防给水及消火栓系统技术规范》GB 50974—2014

　　12.4.4　水压严密性试验应在水压强度试验和管网冲洗合格后进行。试验压力应为系

统工作压力，稳压24h，应无泄漏。

【题52】根据现行国家标准《建筑消防设施的维护管理》GB 25201，属于自动喷水灭火系统巡查内容的是（　　）。

　　A.水流指示器的外观
　　B.报警阀组的强度
　　C.喷头外观及距周边障碍物或保护对象的距离
　　D.压力开关是否动作

【参考答案】C
【解题分析】
《建筑消防设施的维护管理》GB 25201—2010
6.2.7　自动喷水灭火系统的巡查内容见表C.1中"自动喷水灭火系统"部分。

表C.1（续）

序号：

巡查项目	巡查内容	巡查情况					
		部位	数量	正常	故障及处理		
					故障描述	当场处理情况	报修情况
自动喷水灭火系统	喷头外观及距周边障碍物或保护对象的距离						
	报警阀组外观、试验阀门状况、排水设施状况、压力显示值						
	充气设备及控制装置、排气设备及控制装置、火灾探测传动及现场手动控制装置外观及运行状况						
	楼层或区域末端试验阀门处压力值及现场环境，系统末端试验装置外观及现场环境						

根据上述规定，可知选项C正确。

【题53】某在建30层写字楼。建筑高度98m，建筑面积150000m²，周边没有城市供水设施。根据现行国家标准《建设工程施工现场消防安全技术规范》GB 50720，该在建工程临时室外消防用水量应按（　　）计算。

　　A.火灾延续时间1.0h，消火栓用水量10L/s
　　B.火灾延续时间0.5h，消火栓用水量15L/s
　　C.火灾延续时间1.5h，消火栓用水量20L/s
　　D.火灾延续时间2.0h，消火栓用水量20L/s

【参考答案】D
【解题分析】
《建设工程施工现场消防安全技术规范》GB 50720—2011
5.3.6　在建工程的临时室外消防用水量不应小于表5.3.6的规定。

在建工程的临时室外消防用水量　　　　　表 5.3.6

在建工程（单体）体积	火灾延续时间 (h)	消火栓用水量 (L/s)	每支水枪最小流量 (L/s)
10000m³＜体积≤30000m³	1	15	5
体积＞30000m³	2	20	5

本工程建筑体积大于 30000m³，应按照火灾延续时间 2h、消火栓用水量 20L/s 计算。故答案选 D。

【题 54】某一级加油站与 LPG 加气合建站，站房建筑面积为 150m²，该站平面布置不符合现行国家标准《汽车加油加气站设计与施工规范》GB 50156 的是（　　）。

　　A. 站房布置在加油加气作业区内
　　B. 加油加气作业区外设有经营性餐饮、汽车服务等设施
　　C. 电动汽车充电设施布置在加油加气作业区内
　　D. 站区设置了高度 2.2m 的不燃烧实体围墙

【参考答案】C

【解题分析】

《汽车加油加气站设计与施工规范》GB 50156—2012（2014 年版）

5.0.9　站房可布置在加油加气作业区内，但应符合本规范第 12.2.10 条的规定。（选项 A 符合规范要求）

5.0.10　加油加气站内设置的经营性餐饮、汽车服务等非站房所属建筑物或设施，不应布置在加油加气作业区内，其与站内可燃液体或可燃气体设备的防火间距，应符合本规范第 4.0.4 条～第 4.0.9 条有关三类保护物的规定。经营性餐饮、汽车服务等设施内设置明火设备时，则应视为"明火地点"或"散发火花地点"。其中，对加油站内设置的燃煤设备不得按设置有油气回收系统折减距离。（选项 B 符合规范要求）

5.0.7　电动汽车充电设施应布置在辅助服务区内。（选项 C 不符合规范要求）

5.0.12　加油加气站的工艺设备与站外建（构）筑物之间，宜设置高度不低于 2.2m 的不燃烧体实体围墙。当加油加气站的工艺设备与站外建（构）筑物之间的距离大于表 4.0.4～表 4.0.9 中安全间距的 1.5 倍，且大于 25m 时，可设置非实体围墙。面向车辆入口和出口道路的一侧可设非实体围墙或不设围墙。（选项 D 符合规范要求）

【题 55】外保温系统与基层墙体、装饰层之间无空腔时，建筑外墙外保温系统的下列做法中，不符合现行国家标准要求的是（　　）。

　　A. 建筑高度为 48m 的办公建筑采用 B_1 级外保温材料
　　B. 建筑高度为 23.9m 的办公建筑采用 B_2 级外保温材料
　　C. 建筑层数为 3 层的老年人照料设施采用 B 级外保温材料
　　D. 建筑高度为 26m 的住宅建筑采用 B_2 级外保温材料

【参考答案】C

【解题分析】

《建筑设计防火规范》GB 50016—2014（2018 版）

6.7.4A　除本规范 6.7.3 条规定的情况外，下列老年人照料设施的内、外墙体和屋面

保温材料应采用燃烧性能为 A 级的保温材料：

1　独立建造的老年人照料设施；（选项 C 中老年人照料设施，其外保温材料应为 A 级，不符合要求）

2　与其他建筑组合建造且老年人照料设施部分的总建筑面积大于 $500m^2$ 的老年人照料设施。

6.7.5　与基层墙体、装饰层之间无空腔的建筑外墙外保温系统，其保温材料应符合下列规定：

1　住宅建筑：

1）建筑高度大于 100m 时，保温材料的燃烧性能应为 A 级；

2）建筑高度大于 27m，但不大于 100m 时，保温材料的燃烧性能不应低于 B_1 级；（选项 D 住宅建筑高度不超过 27m，可用 B_2 级，符合要求）

3）建筑高度不大于 27m 时，保温材料的燃烧性能不应低于 B_2 级；

2　除住宅建筑和设置人员密集场所的建筑外，其他建筑：

1）建筑高度大于 50m 时，保温材料的燃烧性能应为 A 级；（选项 A 中办公建筑不超过 50m，可用 B_1 级，符合要求）

2）建筑高度大于 24m，但不大于 50m 时，保温材料的燃烧性能不应低于 B1 级；（选项 B 中建筑高度不超过 24m，可用 B_2 级，符合要求）

3）建筑高度不大于 24m 时，保温材料的燃烧性能不应低于 B_2 级。

【题56】对一家大型医院安装的消防应急照明和疏散指示系统的安装质量进行检查。下列检查结果中，符合现行国家标准《建筑设计防火规范》GB 50016 的是（　　）。

A. 消防控制室内的应急照明灯使用插头连接在侧墙上部的插座上

B. 疏散走道的灯光疏散指示标志安装在距离地面 1.1m 的墙面上

C. 主要疏散走道的灯光疏散指示标志的安装间距为 30m

D. 门诊大厅、疏散走道的应急照明灯嵌入式安装在吊顶上

【参考答案】D

【解题分析】

《消防应急照明和疏散指示系统技术标准》GB 51309—2018

4.4.3　应急照明控制器主电源应设置明显的永久性标识，并应直接与消防电源连接，严禁使用电源插头；应急照明控制器与其外接备用电源之间应直接连接。（故选项 A 不正确，不能使用插头连接在插座上）

4.5.3　灯具在顶棚、疏散走道或通道上方安装时，应符合下列规定：

1　照明灯可采用嵌顶、吸顶和吊装式安装。（故选项 D 正确）

2　标志灯可采用吸顶和吊装式安装；室内高度大于 3.5m 的场所，特大型、大型、中型标志灯宜采用吊装式安装。

3　灯具采用吊装式安装时，应采用金属吊杆或吊链，吊杆或吊链上端应固定在建筑构件上。

《建筑设计防火规范》GB 50016—2014（2018 版）

10.3.5　公共建筑、建筑高度大于 54m 的住宅建筑、高层厂房（库房）和甲、乙、丙类单、多层厂房，应设置灯光疏散指示标志，并应符合下列规定：

1　应设置在安全出口和人员密集的场所的疏散门的正上方；

2　应设置在疏散走道及其转角处距地面高度1.0m以下的墙面或地面上。灯光疏散指示标志的间距不应大于20m；对于袋形走道，不应大于10m；在走道转角区，不应大于1.0m。（故选项B和选项C不正确）

【题57】根据现行国家标准《水喷雾灭火系统技术规范》GB 50219，关于水喷雾灭火系统管道水压试验的说法，正确的是（　　）。

A. 水压试验时应采取防冻措施的最高环境温度为4℃

B. 不能参与试压的设备，应加以隔离或拆除

C. 试验的测试点宜设在系统管网的最高点

D. 水压试验的试验压力应为设计压力的1.2倍

【参考答案】B

【解题分析】

《水喷雾灭火系统技术规范》GB 50219—2014

8.3.15　管道安装完毕应进行水压试验，并应符合下列规定：

1　试验宜采用清水进行，试验时，环境温度不宜低于5℃，当环境温度低于5℃时，应采取防冻措施；（故选项A不正确）

2　试验压力应为设计压力的1.5倍；（故选项D不正确）

3　试验的测试点宜设在系统管网的最低点，对不能参与试压的设备、阀门及附件，应加以隔离或拆除；（故选项C不正确，选项D正确）

4　试验合格后，应按本规范表D.0.4记录。

【题58】某高低压配电间设置组合分配式七氟丙烷气体灭火系统，防护区数量为2个。一个防护区的灭火剂用量是另一个防护区的2倍，系统驱动装置由驱动气体瓶组及电磁阀等组成，为实现该气体灭火系统的启动控制功能，在保证安全的前提下，驱动气体管道上设置的气体单向阀最少应为（　　）。

A. 0个　　　　　　B. 1个　　　　　　C. 3个　　　　　　D. 2个

【参考答案】D

【解题分析】

《气体灭火系统设计规范》GB 50370—2005

4.1.6　组合分配系统中的每个防护区应设置控制灭火剂流向的选择阀，其公称直径应与该防护区灭火系统的主管道公称直径相等。

在组合分配系统中，如存在不同灭火瓶组数量的防护区，由需要通过启动管路的气体单向阀来控制灭火瓶组的开启数量，气体单向阀的配置原则如下：

1　开启全部灭火瓶组的防护区，不需要配置单向阀；

2　仅开启部分灭火瓶组的防护区，每个防护区需要配置1个单向阀。（注：灭火瓶组数量相同的防护区，可共用单向阀。）

根据本题目叙述，两个防护区共用两个灭火瓶组的组合分配系统，假设2号防护分区为只需要一个灭火瓶组的分区，1号防护分区需要两个瓶组。

由于2号防护区的选择阀不会受1号防护区启动气体的干扰（根据《气体灭火系统设计规范》GB 50370—2005第4.1.6条规定，灭火瓶组部分的启动管路已有单向阀隔离），

且2号防护区自身瓶组数量少，不会有自身干扰。

因此，2号防护区选择阀出口启动管路上的气体单向阀可以省略，考虑此情况，为实现该气体灭火系统的启动控制功能，驱动气体管道上设置的气流单向阀至少应为2个。

【题59】根据现行国家标准《城市消防远程监控系统技术规范》GB 50440，关于城市消防远程监控系统设计的说法，正确的是（　　）。

　　A. 城市消防远程监控中心应能同时接受不少于3个联网用户的火灾报警信息

　　B. 监控中心的城市消防通信指挥中心转发经确认的火灾报警信息的时间不应大于5s

　　C. 城市消防远程监控中心的火灾报警信息、建筑消防设施运行状态信息等记录应备份，其保存周期不应少于6个月

　　D. 城市消防远程监控中心录音文件的保存周期不应少于3个月

【参考答案】A

【解题分析】

《城市消防远程监控系统技术规范》GB 50440—2007

4.2.2　远程监控系统的性能指标应符合下列要求：

1　监控中心应能同时接受和处理不少于3个联网用户的火灾报警信息。

2　从用户信息传输装置获取火灾报警信息到监控中心接受显示的响应时间不应大于20s。

……

5　监控中心的火灾报警信息、建筑消防设施运行状态信息等记录应备份。

6　录音文件的保存周期不应少于6个月。

【题60】某市在会展中心举办农产品交易会，有2000个厂商参展，根据《中华人民共和国消防法》，该场所不符合举办大型群众性活动消防安全的规定的做法是（　　）。

　　A. 由举办单位负责人担任交易会的消防安全责任人

　　B. 会展中心的消防水泵有故障，由政府专职消防队现场守护

　　C. 制定灭火和应急疏散预案并组织演练

　　D. 疏散通道、安全出口保持畅通

【参考答案】B

【解题分析】

举办大型群众性活动消防安全规定，正确的做法是：由举办单位负责人担任交易会的消防安全责任人；制定灭火和应急疏散预案并组织演练；疏散通道和安全出口保持通畅。

【题61】对某电信大楼安装的细水雾灭火系统进行系统验收，根据现行国家标准《细水雾灭火系统技术规范》GB 50898，下列检测结果中，属于工程质量缺陷项目一般缺陷项的是（　　）。

　　A. 资料中缺少系统及其主要组件的安装使用和维护说明书

　　B. 水质不符合设计规定的标准

　　C. 水泵的流量为设计流量的90%

　　D. 安装的管道支架间距为设计要求的120%

【参考答案】C

【解题分析】

根据《细水雾灭火系统技术规范》GB 50898—2013 第 5 章"验收"的相关内容，A 为严重缺陷项；B 为严重缺陷项；C 为一般缺陷项；D 为轻缺陷项。

【题 62】消防技术服务机构对某高层写字楼的消防应急照明系统进行检测，下列检测结果中，不符合现行国家标准《建筑设计防火规范》GB 50016 的是（　　）。

A. 在二十层楼梯间前室测得的地面照度值为 4.0 lx

B. 在二层疏散走道测得的地面照度值为 2.0 lx

C. 在消防水泵房切断正常照明前、后测得的地面照度值相同

D. 在十六层避难层测得的地面照度值为 5.0 lx

【参考答案】A

【解题分析】

《建筑设计防火规范》GB 50016—2014

10.3.2　建筑内疏散照明的地面最低水平照度应符合下列规定：

1　对于疏散走道，不应低于 1.0 lx；

2　对于人员密集场所、避难层（间），不应低于 3.0 lx；对于老年人照料设施、病房楼或手术部的避难间，不应低于 10.0 lx；

3　对于楼梯间、前室或合用前室、避难走道，不应低于 5.0 lx；对于人员密集场所、老年人照料设施、病房楼或手术部内的楼梯间、前室或合用前室、避难走道，不应低于 10.0 lx。（故选项 A 不符合规范要求）

【题 63】某大型城市综合体的餐饮、商店等商业设施通过有顶棚的步行街连接，且需利用步行街进行安全疏散。对该步行街进行防火检查，下列检查结果中，不符合现行国家标准要求的是（　　）。

A. 步行街的顶棚为玻璃顶

B. 步行街的顶棚距地面的高度为 5.8m

C. 步行街顶棚承重结构采用经防火保护的钢构件，耐火极限为 1.50h

D. 步行街两侧建筑之间的最近距离为 13m

【参考答案】B

【解题分析】

《建筑设计防火规范》GB 50016—2014

5.3.6　餐饮、商店等商业设施通过有顶棚的步行街连接，且步行街两侧的建筑需利用步行街进行安全疏散时，应符合下列规定：

2　步行街两侧建筑相对面的最近距离均不应小于本规范对相应高度建筑的防火间距要求且不应小于 9m。步行街的端部在各层均不宜封闭，确需封闭时，应在外墙上设置可开启的门窗，且可开启门窗的面积不应小于该部位外墙面积的一半。步行街的长度不宜大于 300m。（故选项 D 符合规范要求）

6　步行街的顶棚材料应采用不燃或难燃材料，其承重结构的耐火极限不应低于 1.00h。步行街内不应布置可燃物。（故选项 A、C 符合规范要求）

7　步行街的顶棚下檐距地面的高度不应小于 6.0m，顶棚应设置自然排烟设施并宜采用常开式的排烟口，且自然排烟口的有效面积不应小于步行街地面面积的 25%。常闭式自

然排烟设施应能在火灾时手动和自动开启。(故选项B不符合规范要求)

【题64】对某建筑高度为120m的酒店进行消防验收检测，消防车道、消防车登高操作场地、消防救援窗口的实测结果中，不符合现行国家标准要求的是（　　）。

　　A. 消建筑设置环形消防车道，车道净宽为4.0m
　　B. 消防车登高操作场地的长度和宽度分别为15m和12m
　　C. 消防车道的转弯半径为15m
　　D. 消防救援窗口的净高和净宽均为1.1m，下沿距室内地面1.1m

【参考答案】B
【解题分析】
　　《建筑设计防火规范》GB 50016—2014
　　7.2.2　消防车登高操作场地应符合下列规定：
　　1　场地与厂房、仓库、民用建筑之间不应设置妨碍消防车操作的树木、架空管线等障碍物和车库出入口。
　　2　场地的长度和宽度分别不应小于15m和10m。对于建筑高度大于50m的建筑，场地的长度和宽度分别不应小于20m和10m。(故选项B不符合规范要求)
　　3　场地及其下面的建筑结构、管道和暗沟等，应能承受重型消防车的压力。
　　4　场地应与消防车道连通，场地靠建筑外墙一侧的边缘距离建筑外墙不宜小于5m，且不应大于10m，场地的坡度不宜大于3%。

【题65】对某大厦设置的机械防烟系统的正压送风机进行单机调试，下列调试方法和结果中，不符合现行国家标准《建筑防烟排烟系统技术标准》GB 51251的是（　　）。

　　A. 模拟火灾报警后，相应防烟分区的正压送风口打开并联动正压送风机启动
　　B. 经现场测定，正压送风机的风量值、风压值分别为风机铭牌的97%、105%
　　C. 在消防控制室远程手动启、停正压送风机，风机启动、停止功能正常
　　D. 手动开启正压送风机，风机正常运转1.0h后，手动停止风机

【参考答案】D
【解题分析】
　　《建筑防烟排烟系统技术标准》GB 51251—2017
　　7.2.5　送风机、排烟风机调试方法及要求应符合下列规定：
　　1　手动开启风机，风机应正常运转2.0h，叶轮旋转方向应正确，运转平稳、无异常振动与声响。(故选项D不符合规范要求)

【题66】某3层大酒楼，营业面积8000m²，可容纳2000人同时用餐，厨房用管道天然气作为热源。大酒楼制定了灭火和应急疏散预案，预案中关于处置燃气泄漏的程序和措施，第一步应是（　　）。

　　A. 打燃气公司电话报警　　　　B. 打119电话报警
　　C. 立即关闭电源　　　　　　　D. 立即关阀断气

【参考答案】D
【解题分析】
　　灭火和应急疏散预案中关于处置燃气泄漏的程序和措施，第一步应是立即关阀断气。

【题 67】某大型冷库在建工程，施工现场需要运行防火作业，根据现行国家标准《建设工程施工现场消防安全技术规范》GB 50720，氧气瓶与乙炔瓶的工作距离，气瓶与明火作业点的最小距离分别不应小于（　　）。

  A. 5m，10m   B. 5m，8m
  C. 4m，9m   D. 4m，10m

【参考答案】A
【解题分析】
《建设工程施工现场消防安全技术规范》GB 50720—2011
  6.3.3 施工现场用气应符合下列规定：
  ……
  4 气瓶使用时，应符合下列规定：
  1）使用前，应检查气瓶及气瓶附件的完好性，检查连接气路的气密性，并采取避免气体泄漏的措施，严禁使用已老化的橡皮气管。
  2）氧气瓶与乙炔瓶的工作间距不应小于5m，气瓶与明火作业点的距离不应小于10m。（故选项A正确）

【题 68】对某煤粉生产车间进行防火防爆检查，下列检查结果中，不符合现行国家标准要求的是（　　）。

  A. 车间排风系统设置了导除静电的接地装置
  B. 排风管采用明敷的金属管道，并直接通向室外安全地点
  C. 送风系统采用了防爆型的通风设备
  D. 净化粉尘的干式除尘器和过滤器布置在系统的正压段上，且设置了泄压装置

【参考答案】D
【解题分析】
《建筑设计防火规范》GB 50016—2014
  9.3.8 净化或输送有爆炸危险粉尘和碎屑的除尘器、过滤器或管道，均应设置泄压装置。
  净化有爆炸危险粉尘的干式除尘器和过滤器应布置在系统的负压段上。
  选项D不符合规范要求，净化有爆炸危险粉尘的干式除尘器和过滤器，应布置在系统的负压段上，以避免其在正压段上漏风而引起事故。

【题 69】对某区域进行区域火灾风险评估时，应遵照系统性、实用性、可操作性原则进行评估。下列区域火灾风险评估的做法中，错误的是（　　）。

  A. 把评估范围确定为整个区域范围内的社会因素、建筑群和交通路网等
  B. 在信息采集时采集评估区域内的人口情况、经济情况和交通情况等
  C. 建立评估指标体系时将区域基础信息、火灾危险源作为二级指标
  D. 在进行风险识别时把火灾风险分为客观因素和人为因素两类

【参考答案】C
【解题分析】
教材《消防安全技术综合能力》第4篇第1章"区域消防安全评估方法与技术要求"
  区域评估范围包括整个区域范围内存在火灾危险的社会因素、建筑群和交通路网等。

(选项A符合要求)

信息采集可包括评估区域内人口、经济、交通等概况。(选项B符合要求)

火灾风险源一般分为客观因素和人为因素。(选项D符合要求)

一级指标包括火灾危险源、区域基础信息、消防力量和社会面防控能力等。(选项C不符合要求)

【题70】根据现行国家标准《消防给水及消火栓系统技术规范》GB 50974,室内消火栓系统上所有的控制阀门均应采用铅封锁链固定在开启或规定的状态,且应( )对铅封、锁链进行一次检查,当有破坏或损坏时应及时修理更换。

A. 每月　　　　　B. 每季度　　　　　C. 每半年　　　　　D. 每年

【参考答案】A

【解题分析】

《消防给水及消火栓系统技术规范》GB 50974—2014

14.0.6 阀门的维护管理应符合下列规定:

1 雨林阀的附属电磁阀应每月检查并应做启动试验,动作失常时应及时更换;

2 每月应对电动阀和电磁阀的供电和启闭性能进行检测;

3 系统上所有的控制阀门均应采用铅封或锁链固定在开启或规定的状态,**每月应对铅封、锁链进行一次检查**,当有破坏或损坏时应及时修理更换。

【题71】对某商业建筑进行防火检查,下列避难走道的检查结果中,符合现行国家标准要求的是( )。

A. 防火分区通向避难走道的门至避难走道直通地面的出口的距离最远为65m

B. 避难走道仅与一个防火分区相通,该防火分区设有2个直通室外的安全出口,避难走道设置1个直通地面的出口

C. 避难走道采用耐火极限3.0h的防火墙和耐火极限1.0h的楼板与其他区域进行分隔

D. 防火分区至避难走道入口处设置防烟前室,每个前室的建筑面积为6.0m²

【参考答案】B

【解题分析】

《建筑设计防火规范》GB 50016—2014

6.4.14 避难走道的设置应符合下列规定:

1 避难走道防火隔墙的耐火极限不应低于3.00h,楼板的耐火极限不应低于1.50h。(故选项C不符合规范要求)

2 避难走道直通地面的出口不应少于2个,并应设置在不同方向;当避难走道仅与一个防火分区相通且该防火分区至少有1个直通室外的安全出口时,可设置1个直通地面的出口。任一防火分区通向避难走道的门至该避难走道最近直通地面的出口的距离不应大于60m。(故选项A不符合规范要求)

3 避难走道的净宽度不应小于任一防火分区通向该避难走道的设计疏散总净宽度。

4 避难走道内部装修材料的燃烧性能应为A级。

5 防火分区至避难走道入口处应设置防烟前室,前室的使用面积不应小于6.0m²,开向前室的门应采用甲级防火门,前室开向避难走道的门应采用乙级防火门。(选项D偷

换概念,描述为"建筑面积",不符合规范要求)

6 避难走道内应设置消火栓、消防应急照明、应急广播和消防专线电话。

【题72】某商场的防火分区采用防火墙和防火卷帘进行分隔。对该建筑防火卷帘的检查测试结果中,不符合现行国家标准要求的是( )。

A. 垂直卷帘电动启、闭的运行速度为7m/min
B. 疏散通道上的防火卷的控制器在接收到专门用于联动防火卷的感烟火灾探测器的报警信号后,下降至距楼板面1.8m处
C. 防火卷帘的控制器及手动按钮盒安装在底边距地面高度为1.5m的位置
D. 防火卷帘装配温控释放装置,当释放装置的感温元件周围温度达到79℃时,释放装置动作,卷帘依自重下降关闭

【参考答案】D

【解题分析】

《防火卷帘》GB 14102—2005

6.4.5 电动启闭和自重下降运行速度

垂直卷卷帘电动启、闭的运行速度应为2m/min～7.5m/min。其自重下降速度不应大于9.5m/min。侧向卷卷帘电动启、闭的运行速度不应小于7.5m/min。水平卷卷帘电动启、闭的运行速度应为2m/min～7.5m/min。(故选项A符合规范要求)

《火灾自动报警系统设计规范》GB 50116—2013

4.6.3 疏散通道上设置的防火卷帘的联动控制设计,应符合下列规定:

1 联动控制方式,防火分区内任两只独立的感烟火灾探测器或任一只专门用于联动防火卷帘的感烟火灾探测器的报警信号应联动控制防火卷帘下降至距楼板面1.8m处;任一只专门用于联动防火卷帘的感温火灾探测器的报警信号应联动控制防火卷帘下降到楼板面;在卷帘的任一侧距卷帘纵深0.5m～5m内应设置不少于2只专门用于联动防火卷帘的感温火灾探测器。(故选项B符合规范要求)

《防火卷帘》GB 14102—2005

6.4.7 温控释放性能

防火卷帘应装配温控释放装置,当释放装置的感温元件周围温度达到73℃±0.5℃时,释放装置动作,卷帘应依自重下降关闭。(故选项D不符合规范要求)

《火灾自动报警系统设计规范》GB 50116—2013

6.3.2 手动火灾报警按钮应设置在明显和便于操作的部位。当采用壁挂方式安装时,其底边距地高度宜为1.3m～1.5m,且应有明显的标志。(故选项C符合规范要求)

【题73】某耐火等级为一级的单层赛璐珞棉仓库,占地面积360m²,未设置防火分隔和自动消防设施,对该仓库提出的下列整改措施中,正确的是( )。

A. 将该仓库作为1个防火分区,增设自动喷水灭火系统和火灾自动报警系统
B. 将该仓库用耐火极限为4.00h的防火墙平均划分为4个防火分区,并增设火灾自动报警系统
C. 将该仓库用耐火极限为4.00h的防火墙平均划分为3个防火分区,并增设自动喷水灭火系统
D. 将该仓库用耐火极限为4.00h的防火墙平均划分为6个防火分区

【参考答案】C
【解题分析】
《建筑设计防火规范》GB 50016—2014

3.3.2 除本规范另有规定外，仓库的层数和面积应符合表3.3.2的规定。

仓库的层数和面积 表3.3.2

储存物品的火灾危险性类别		仓库的耐火等级	最多允许层数	每座仓库的最大允许占地面积和每个防火分区的最大允许建筑面积（m²）						
				单层仓库		多层仓库		高层仓库		地下或半地下仓库（包括地下或半地下室）
				每座仓库	防火分区	每座仓库	防火分区	每座仓库	防火分区	防火分区
甲	3、4项	一级	1	180	60	—	—	—	—	—
	1、2、5、6项	一、二级	1	750	250	—	—	—	—	—

3.3.3 仓库内设置自动灭火系统时，除冷库的防火分区外，每座仓库的最大允许占地面积和每个防火分区的最大允许建筑面积可按本规范第3.3.2条的规定增加1.0倍。

本题中，赛璐珞棉仓库属于甲3类仓库，其防火分区面积最大允许建筑面积60m²，设置自动喷水灭火系统时可增加一倍，即120m²。本仓库共360m²，可以分为3个防火分区。故选项C正确。

【题74】根据现行行业标准《建筑消防设施检测技术规程》GA 503，不属于消防设施检测项目的是（　　）。

A. 电动排烟窗　　　　　　　　B. 电动防火阀
C. 灭火器　　　　　　　　　　D. 消防救援窗口

【参考答案】D
【解题分析】
根据《建筑消防设施检测技术规程》GA 503—2004规定，电动排烟窗、电动防火阀、灭火器均属于消防设施检测项目。选项D不属于检测项目。

【题75】对某大型超市设置的机械排烟系统进行验收，其中两个防烟分区的验收测试结果中，符合现行国家标准《建筑防烟排系统技术标准》GB 51251的是（　　）。

A. 开启防烟分区一的全部排烟口，排烟风机启动后测试排烟口处的风速为13m/s
B. 开启防烟分区一的全部排烟口，补风机启动后测试补风口处的风速为9m/s
C. 开启防烟分区二的全部排烟口，排烟风机启动后测试排烟口处的风速为8m/s
D. 开启防烟分区二的全部排烟口，补风机启动后测试补风口处的风速为7m/s

【参考答案】C
【解题分析】
《建筑防烟排烟系统技术标准》GB 51251—2017

4.4.12 排烟口的设置应按本标准第4.6.3条经计算确定，且防烟分区内任一点与最近的排烟口之间的水平距离不应大于30m。除本标准第4.4.13条规定的情况以外，排烟口的设置尚应符合下列规定：

......

7 排烟口的风速不宜大于10m/s。

故选项A不符合规范要求。

4.5.6 机械补风口的风速不宜大于10m/s，人员密集场所补风口的风速不宜大于5m/s；自然补风口的风速不宜大于3m/s。

大型超市属于人员密集场所，故选项B、D不符合规范要求。

【题76】某消防技术服务机构对办公楼内的火灾自动报警系统进行维护保养。在检查火灾报警控制器的信息显示与查询功能时，发现位于会议室的1只感烟探测器出现故障报警信号。感烟探测器出现故障报警信号，可排除的原因是（　　）。

A.感烟探测器与底座接触不良

B.感烟探测器本身老化损坏

C.感烟探测器底座与吊顶脱离

D.感烟探测底座一个接线端子松脱

【参考答案】A

【解题分析】

教材《消防安全技术综合能力》第3篇第14章第3节

1.火灾探测器常见故障：

......

(2) 故障原因。探测器与底座脱落、接触不良；报警总线与底座接触不良；报警总线开路或接地性能不良造成短路；探测器本身损坏；探测器接口板故障。

选项A、B、D都有可能，故本题答案选C。

【题77】某星级宾馆属于消防安全重点单位，关于该星级宾馆消防安全重点部位的确定的说法，错误的是（　　）。

A.应将空调机房确定为消防安全重点部位

B.应将厨房、发电机房确定为消防安全重点部位

C.应将夜总会确定为消防安全重点部位

D.应将变配电室、消防控制室确定为消防安全重点部位

【参考答案】A

【解题分析】

教材《消防安全技术综合能力》第5篇第2章第4节"消防安全重点部位的确定和管理"

根据《机关、团体、企业、事业单位消防安全管理规定》（公安部令第61号）第十九条的规定，单位应当将容易发生火灾、一旦发生火灾可能严重危及人身和财产安全以及对消防安全有重大影响的部位确定为消防安全重点部位，设置明显的防火标志，实行严格管理。

选项B、C、D均属于消防安全重点部位，故答案选A选项。

【题78】某大型体育中心，设有多个竞赛场馆和健身、商业、娱乐、办公等设施。中心进行火灾风险评估时，消防安全措施有效分析属于（　　）。

A. 信息采集　　　　　　　　　B. 风险识别
C. 评估指标体系建立　　　　　D. 风险分析与计算

【参考答案】B
【解题分析】

教材《消防安全技术综合能力》第4篇第2章"建筑火灾风险分析方法与评估要求"中"风险识别"相关考点。

风险识别包括：①影响火灾发生的因素；②影响或者后果的因素；③措施有效性分析。故"消防安全措施有效分析"属于风险识别，答案选B。

【题79】在消防给水系统减压阀的维护管理中应定期对减压阀进行检测，对减压阀组进行一次放水试验，并应检测和记录减压阀前后的压力，应（　　）。

A. 每季度一次　　　　　　　　B. 每半年一次
C. 每月一次　　　　　　　　　D. 每年一次

【参考答案】C
【解题分析】

《消防给水及消火栓系统技术规范》GB 50974—2014

14.0.5　减压阀的维护管理应符合下列规定：

1　每月应对减压阀组进行一次放水试验，并应检测和记录减压阀前后的压力，当不符合设计值时应采取满足系统要求的调试和维修等措施；

2　每年应对减压阀的流量和压力进行一次试验。

故选项C符合规范要求。

【题80】对某高层办公楼进行防火检查，设在走道上的常开式钢制防火门的下列检查中，不符合现行国家标准要求的是（　　）。

A. 门框内充填石棉材料
B. 消防控制室手动发出关闭指令，防火门联动关闭
C. 双扇防火门的门扇之间间隙为3mm
D. 防火门门扇的开启力为80N

【参考答案】A
【解题分析】

《防火门》GB 12955—2008

5.2.1.1　防火门的门扇内若填充材料，则应填充对人体无毒无害的防火隔热材料。钢质防火门门框内充填水泥砂浆。（故选项A不符合规范要求）

5.8.2.4　双扇、多扇门的门扇之间缝隙不应大于3mm。（故选项C符合规范要求）

5.9.2　防火门门扇开启力不应大于80N。（故选项D符合规范要求）

《火灾自动报警系统设计规范》GB 50116—2013

4.6.1　防火门系统的联动控制设计，应符合下列规定：

1　应由常开防火门所在防火分区内的两只独立的火灾探测器或一只火灾探测器与一只手动火灾报警按钮的报警信号，作为常开防火门关闭的联动触发信号，联动触发信号应由火灾报警控制器或消防联动控制器发出，并应由消防联动控制器或防火门监控器联动控制防火门关闭。（故选项B符合规范要求）

二、多项选择题（共20小题，每题2分，每题的备选项中有2个或2个以上符合题意。错选、漏选不得分；少选，所选的每个选项得0.5分）

【题81】消防工程施工单位的技术人员对某商场的火灾自动报警系统进行联动调试。下列对防火门和防火卷帘联动调试的结果中，符合现行国家标准要求的有（　　）。

　　A. 常开防火门所在防火分区内的两只独立的火灾探测器报警后，防火门关闭
　　B. 常开防火门所在防火分区内的一只手动火灾报警按钮动作后，防火门关闭
　　C. 防火分区内一只专门用于联动防火卷帘的感温探测器报警后，疏散走道上的防火卷帘下降至距楼板面1.8m处
　　D. 防火分区内两只独立的感烟探测报警后，疏散走道上的防火卷帘下降至距楼板面1.8m处
　　E. 防火分区内两只独立的感烟探测报警后，用于防火分区分隔的防火卷帘直接下降到楼板面

【参考答案】ADE
　　【解题分析】
《火灾自动报警系统设计规范》GB 50116—2013
　　4.6.1　防火门系统的联动控制设计，应符合下列规定：
　　1　应由常开防火门所在防火分区内的两只独立的火灾探测器或一只火灾探测器与一只手动火灾报警按钮的报警信号，作为常开防火门关闭的联动触发信号，联动触发信号应由火灾报警控制器或消防联动控制器发出，并应由消防联动控制器或防火门监控器联动控制防火门关闭。（故选项A正确，选项B错误）
　　4.6.2　防火卷帘的升降应由防火卷帘控制器控制。
　　4.6.3　疏散通道上设置的防火卷帘的联动控制设计，应符合下列规定：
　　1　联动控制方式，防火分区内任两只独立的感烟火灾探测器或任一只专门用于联动防火卷帘的感烟火灾探测器的报警信号应联动控制防火卷帘下降至距楼板面1.8m处；任一只专门用于联动防火卷帘的感温火灾探测器的报警信号应联动控制防火卷帘下降到楼板面；在卷帘的任一侧距卷帘纵深0.5m～5m内应设置不少于2只专门用于联动防火卷帘的感温火灾探测器。（故选项D正确，选项C错误）
　　4.6.4　非疏散通道上设置的防火卷帘的联动控制设计，应符合下列规定：
　　1　联动控制方式，应由防火卷帘所在防火分区内任两只独立的火灾探测器的报警信号，作为防火卷帘下降的联动触发信号，并应联动控制防火卷帘直接下降到楼板面。（故选项E正确）

【题82】根据现行国家标准《消防给水及消火栓系统技术规范》GB 50974对消防给水及消火栓系统进行验收前的检测。下列检测结果中，属于工程质量缺陷项目重缺陷项的有（　　）。

　　A. 消防水泵出水管上的控制阀关闭
　　B. 消防水泵主、备泵相互切换不正常
　　C. 消防水池吸水管喇叭口位置与设计位置存在误差

D. 消防水泵运转中噪声及振动较大
E. 高位消防水箱未设水位报警装置

【参考答案】BD
【解题分析】

《消防给水及消火栓系统技术规范》GB 50974—2014 附录F"消防给水及消火栓系统验收缺陷项目划分"

根据规范表F"消防给水及消火栓系统验收缺陷项目划分"的规定，选项A属于严重缺陷项；选项B属于重缺陷项；选项C属于轻缺陷项；选项D属于重缺陷项；选项E属于严重缺陷项。

【题83】对某多层旅馆设置的自动喷水灭火系统进行验收前检测，检测结果如下：①手动启动消防泵29s后，水泵投入正常运行；②系统使用的喷头均无备用品；③直立型标准覆盖面积洒水喷头与端墙的距离为2.2m；④水力警铃卡阻致水力警铃不报警。根据《自动喷水灭火系统施工及验收规范》GB 50261，对该系统施工质量缺陷判定及系统验收结果判定，结论正确的有（　　）。

A. 检测结果中有严重缺陷1项　　B. 检测结果中有重缺陷2项
C. 检查结果中有轻缺陷1项　　　D. 该项目整体质量不合格
E. 该项目整体质量合格

【参考答案】CE
【解题分析】

《自动喷水灭火系统施工及验收规范》GB 50261—2017

8.0.6-4　打开消防水泵出水管上试水阀，当采用主电源启动消防水泵时，消防水泵应启动正常；关掉主电源，主、备电源应能正常切换。备用电源切换时，消防水泵应在1min或2min内投入正常运行。**自动或手动启动消防泵时应在55s内投入正常运行。**

故检测结果①符合规范要求。

8.0.9-5　各种不同规格的喷头均应有一定数量的备用品，其数量不应小于安装总数的1%，且每种备用喷头不应少于10个。

故检测结果②不符合规范要求，属于轻缺陷项（C）。

《自动喷水灭火系统设计规范》GB 50084—2017 附录A规定，多层旅馆火灾危险等级为轻危险级，查表7.1.2，直立型、下垂型标准覆盖面积洒水喷头与端墙的距离最大值为2.2m。故检测结果③符合规范要求。

《自动喷水灭火系统施工及验收规范》GB 50261—2017

8.0.7-3　**水力警铃的设置位置应正确。测试时，水力警铃喷嘴处压力不应小于0.05MPa，且距水力警铃3m远处警铃声声强不应小于70dB。**

根据附录F规定，"检测结果④水力警铃卡阻致水力警铃不报警"不符合规范要求，属于重缺陷项（B）。

《自动喷水灭火系统设计规范》GB 50084—2017

8.0.13　系统工程质量验收判定应符合下列规定：

1　系统工程质量缺陷应按本规范附录F要求划分：严重缺陷项（A），重缺陷项（B），轻缺陷项（C）。

2 系统验收合格判定的条件为：A＝0，且B≤2，且B+C≤6为合格，否则为不合格。

本项目B=1，且B+C=2＜6，为合格。（故选项C、E正确）

【题84】消防工程施工单位对安装在某大厦地下车库的机械排烟系统进行系统联动调试。下列调试方法和结果中，符合现行国家标准《建筑防烟排烟系统技术标准》GB 51251的有（   ）。

A. 手动开启任一常闭排烟口，相应的排烟风机联动启动
B. 模拟火灾报警后12s，相应的排烟口、排烟风机联动启动
C. 补风机启动后，在补风口处测得的风速为8m/s
D. 模拟火灾报警后20s，相应的补风机联动启动
E. 排烟风机启动后，在排烟口处测得的风速为12m/s

【参考答案】ABC
【解题分析】
《建筑防烟排烟系统技术标准》GB 51251—2017

7.3.2 机械排烟系统的联动调试方法及要求应符合下列规定：

1 当任何一个常闭排烟阀或排烟口开启时，排烟风机均应能联动启动。（故选项A正确）

4.5.6 **机械补风口的风速不宜大于10m/s**，人员密集场所补风口的风速不宜大于5m/s；自然补风口的风速不宜大于3m/s。（故选项C正确）

5.2.3 机械排烟系统中的常闭排烟阀或排烟口应具有火灾自动报警系统自动开启、消防控制室手动开启和现场手动开启功能，其开启信号应与排烟风机联动。当火灾确认后，火灾自动报警系统应在15s内联动开启相应防烟分区的全部排烟阀、排烟口、排烟风机和补风设施，并应在30s内自动关闭与排烟无关的通风、空调系统。（故选项B正确，选项D错误）

4.4.12 排烟口的设置应按本标准第4.6.3条经计算确定，且防烟分区内任一点与最近的排烟口之间的水平距离不应大于30m。除本标准第4.4.13条规定的情况以外，排烟口的设置尚应符合下列规定：

1 排烟口宜设置在顶棚或靠近顶棚的墙面上。

2 排烟口应设在储烟仓内，但走道、室内空间净高不大于3m的区域，其排烟口可设置在其净空高度的1/2以上；当设置在侧墙时，吊顶与其最近边缘的距离不应大于0.5m。

3 对于需要设置机械排烟系统的房间，当其建筑面积小于50m²时，可通过走道排烟，排烟口可设置在疏散走道；排烟量应按本标准第4.6.3条第3款计算。

4 火灾时由火灾自动报警系统联动开启排烟区域的排烟阀或排烟口，应在现场设置手动开启装置。

5 排烟口的设置宜使烟流方向与人员疏散方向相反，排烟口与附近安全出口相邻边缘之间的水平距离不应小于1.5m。

6 每个排烟口的排烟量不应大于最大允许排烟量，最大允许排烟量应按本标准第4.6.14条的规定计算确定。

7　排烟口的风速不宜大于10m/s。（故选项E错误）

【题85】 某单位计算机房位于地下一层，净空高度为4.5m，采用单元独立式IG541气体灭火系统进行防护，灭火剂设计储存压力为20MPa。消防技术服务机构对该气体灭火系统进行检测。下列检测结果中，符合现行国家标准要求的有（　　）。

　　A. 灭火剂储存容器上安全泄压装置的动作压力为28MPa
　　B. 低泄高封阀安装在驱动气体管道的末端
　　C. 防护区内设置机械排风装置，其通风换气次数为每小时3次
　　D. 80L灭火剂储存容器内的灭火剂储存量为19.5kg
　　E. 泄压口距地面高度为2.9m

【参考答案】 AE

【解题分析】

《气体灭火系统设计规范》GB 50370—2005

4.3.1　储存容器或容器阀以及组合分配系统集流管上的安全泄压装置的动作压力，应符合下列规定：

　　1　一级充压（15.0MPa）系统，应为20.7±1.0MPa（表压）；
　　2　二级充压（20.0MPa）系统，应为27.6±1.4MPa（表压）。（故选项A正确）

《二氧化碳灭火系统及部件通用技术条件》GB 16669—2010

3.7　低泄高封阀 low venting high close valve

安装在系统启动管路上，正常情况下处于开启状态用来排除由于气源泄漏积聚在启动管路内的气体，只有进口压力达到设定压力时才关闭的阀门。（如果安装在末端，即在单向阀后面，则起不到排除由于气源泄露而积聚在启动管路内的气体。故选项B错误）

《气体灭火系统设计规范》GB 50370—2005

6.0.4　灭火后的防护区应通风换气，地下防护区和无窗或设固定窗扇的地上防护区，应设置机械排风装置，排风口宜设在防护区的下部并应直通室外。通信机房、电子计算机房等场所的通风换气次数应不少于每小时5次。（故选项C错误）

3.2.7　防护区应设置泄压口，七氟丙烷灭火系统的泄压口应位于防护区净高的2/3以上。即4.5×2/3＝3m以上。但本题为单元独立式IG541气体灭火系统，可不按此规定。（故选项E正确）

【题86】 某会展中心工程按照现行国家标准设计了火灾自动报警系统、自动喷水灭火系统、防排烟系统和消火栓系统等消防设施。根据《中华人民共和国消防法》，下列选择使用消防产品的要求正确的有（　　）。

　　A. 有国家标准的消防产品必须符合国家标准
　　B. 优先选用专业消防设备生产厂生产的消防产品
　　C. 没有国家标准的消防产品，必须符合行业标准
　　D. 优先选用经技术鉴定的消防产品
　　E. 禁止使用不合格的消防产品以及国家明令淘汰的消防产品

【参考答案】 ACE

【解题分析】

《中华人民共和国消防法》（2018年）

第二十四条　消防产品必须符合国家标准；没有国家标准的，必须符合行业标准。禁止生产、销售或者使用不合格的消防产品以及国家明令淘汰的消防产品。

【题87】某消防技术服务机构对某歌舞厅的灭火器进行日常检查维护。该消防技术服务机构的下列检查维护工作中，符合现行国家标准要求的有（　　）。

A. 每半月对灭火器的零部件完整性开展检查并记录
B. 将筒体严重锈蚀的灭火器送至专业维修单位维修
C. 每半月对灭火器的驱动气体压力开展检查并记录
D. 将筒体明显锈蚀的灭火器送至该灭火器的生产企业维修
E. 将灭火剂泄露的灭火器送至该灭火器的生产企业维修

【参考答案】ADE

【解题分析】

《建筑灭火器配置验收及检查规范》GB 50444—2008

5.2.2　下列场所配置的灭火器，应按附录C的要求每半月进行一次检查。

1　候车（机、船）室、歌舞娱乐放映游艺等人员密集的公共场所；
2　堆场、罐区、石油化工装置区、加油站、锅炉房、地下室等场所。

5.2.3　日常巡检发现灭火器被挪动，缺少零部件，或灭火器配置场所的使用性质发生变化等情况时，应及时处置。

5.2.4　灭火器的检查记录应予保留。

	检查内容和要求	检查记录	检查结论
配置检查	1. 灭火器是否放置在配置图表规定的设置点位置		
	2. 灭火器的落地、托架、挂钩等设置方式是否符合配置设计要求。手提式灭火器的挂钩、托架安装后是否能承受一定的静载荷，并不出现松动、脱落、断裂和明显变形		
	3. 灭火器的铭牌是否朝外，并且器头宜向上		
	4. 灭火器的类型、规格、灭火级别和配置数量是否符合配置设计要求		
	5. 灭火器配置场所的使用性质，包括可燃物的种类和物态等，是否发生变化		
	6. 灭火器是否达到送修条件和维修期限		
	7. 灭火器是否达到报废条件和报废期限		
	8. 室外灭火器是否有防雨、防晒等保护措施		
	9. 灭火器周围是否存在有障碍物、遮挡、拴系等影响取用的现象		
	10. 灭火器箱是否上锁，箱内是否干燥、清洁		
	11. 特殊场所中灭火器的保护措施是否完好		
外观检查	12. 灭火器的铭牌是否无残缺，并清晰明了		
	13. 灭火器铭牌上关于灭火剂、驱动气体的种类、充装压力、总质量、灭火级别、制造厂名和生产日期或维修日期等标志及操作说明是否齐全		
	14. 灭火器的铅封、销闩等保险装置是否未损坏或遗失		

续表

	检查内容和要求	检查记录	检查结论
外观检查	15.灭火器的筒体是否无明显的损伤（磕伤、划伤）、缺陷、锈蚀（特别是筒底和焊缝）、泄漏		
	16.灭火器喷射软管是否完好、无明显龟裂，喷嘴不堵塞		
	17.灭火器的驱动气体压力是否在工作压力范围内（贮压式灭火器查看压力指示器是否指示在绿区范围内，二氧化碳灭火器和储气瓶式灭火器可用称重法检查）		
	18.灭火器的零部件是否齐全，并且无松动、脱落或损伤现象		
	19.灭火器是否未开启、喷射过		

根据附录C，灭火器的零部件完整性、灭火器的驱动气体压力检查属于建筑灭火器外观检查内容。**故选项A、C正确。**

5.3.1 存在机械损伤、明显锈蚀、灭火剂泄露、被开启使用过或符合其他维修条件的灭火器应及时进行维修。

5.3.1 条文说明

本条规定了灭火器需要送修的具体条件，包括在检查中发现灭火器存在机械损伤、明显锈蚀、灭火剂泄露、被开启使用过或符合其他维修条件的灭火器，都需要送到灭火器生产企业或灭火器专业维修单位，及时地进行维修。（故选项D、E正确）

《灭火器维修》GA 95—2015

7.2 灭火器有下列情况之一者，应报废：

1）永久性标志模糊，无法识别；
2）气瓶（筒体）被火烧过；
3）气瓶（筒体）有严重变形；
4）气瓶（筒体）外部涂层脱落面积大于气瓶（筒体）总面积的三分之一；
5）气瓶（筒体）外表面、连接部位、底座有腐蚀的凹坑；
6）气瓶（筒体）有锡焊、铜焊或补缀等修补痕迹；
7）气瓶（筒体）内部有锈屑或内表面有腐蚀的凹坑；
8）水基型灭火器筒体内部的防腐层失效；
9）气瓶（筒体）的连接螺纹有损伤；
10）气瓶（筒体）水压试验不符合6.5.2的要求；
11）不符合消防产品市场准入制度的；
12）由不合法的维修机构维修过的；
13）法律或法规明令禁止使用的。

筒体严重锈蚀的灭火器，应报废，故选项B错误。

【题88】根据现行国家标准《自动喷水灭火系统施工及验收规范》GB 50261，关于自动喷水灭火系统应每月检查维护项目的说法，正确的有（　　）。

A.每月利用末端试水装置对水流指示器进行试验
B.每月对消防水泵的供电电源进行检查
C.每月对喷头进行一次外观及备用数量检查

D. 每月对消防水池、消防水箱的水位及消防气压给水设备的气体压力进行检查

E. 寒冰季节，每月检查设置储水设备的房间，保持室温不低于5℃。任何部位不得结冰

【参考答案】ACD

【解题分析】

《自动喷水灭火系统施工及验收规范》GB 50261—2017 附录 G

自动喷水灭火系统维护管理工作检查项目　　　　　　　　　　表 G

部位	工作内容	周期
水源控制阀、报警控制装置	目测巡检完好状况及开闭状态	每日
电源	接通状态，电压	每日
内燃机驱动消防水泵	启动试运转	每月
喷头	检查完好状况、消除异物、备用量	每月
系统所有控制阀门	检查铅封、锁链完好状况	每月
电动消防水泵	启动试运转	每月
稳压泵	启动试运转	每月
消防气压给水设备	检测气压、水位	每月
蓄水池、高位水箱	检测水位及消防储备水不被他用的措施	每月
电磁阀	启动试验	每季
信号阀	启闭状态	每月
水泵接合器	检查完好状况	每月
水流指示器	试验报警	每季
室外阀门井中控制阀门	检查开启状况	每季
报警阀、试水阀	放水试验，启动性能	每月
泵流量检测	启动、放水试验	每年
水源	测试供水能力	每年
水泵接合器	通水试验	每年

根据附录 G 可知：

每季度对水流指示器试验报警，**故选项 A 错误**。

每日对电源接通状态、电压检查，**故选项 B 错误**。

每月对喷头完好状况、清除异物、备用量检查，**故选项 C 正确**。

每月对蓄水池、高位消防水箱检测水位及消防储备水不被他用的措施，**故选项 D 正确**。

9.0.13 寒冷季节，消防储水设备的任何部位均不得结冰。每天应检查设置储水设备的房间，保持室温不低于5℃。(故选项 E 错误)

【题89】某老年人照料设施，地上10层，建筑高度为33m，设有2部防烟楼梯间，1部消防电梯及1部客梯，防烟楼梯间前室和消防电梯前室分开设置，标准层面积为1200m²，中间设有疏散走道，走道两侧双面布房。对该老年人照料设施进行防火检查，下列检查结果中，符合现行国家标准《建筑设计防火规范》GB 50016 的有（　　）。

A. 在建筑首层设置了厨房和餐厅
B. 房间疏散门的净宽度为 0.90m
C. 疏散走道的净宽度为 1.40m
D. 第四层设有建筑面积为 150m² 的阅览室，最大容纳人数为 20 人
E. 每层利用消防电梯的前室作为避难间，前室的建筑面积为 12m²

【参考答案】ABCD

【解题分析】

《建筑设计防火规范》GB 50016—2014（2018 年版）

6.2.3 建筑内的下列部位应采用耐火极限不低于 2.00h 的防火隔墙与其他部位分隔，墙上的门、窗应采用乙级防火门、窗，确有困难时，可采用防火卷帘，但应符合本规范第 6.5.3 条的规定：

1 甲、乙类生产部位和建筑内使用丙类液体的部位；
2 厂房内有明火和高温的部位；
3 甲、乙、丙类厂房（仓库）内布置有不同火灾危险性类别的房间；
4 民用建筑内的附属库房，剧场后台的辅助用房；
5 除居住建筑中套内的厨房外，宿舍、公寓建筑中的公共厨房和其他建筑内的厨房；
6 附设在住宅建筑内的机动车库。

首层设置厨房和餐厅，做好防火分隔，是允许的，故选项 A 正确。

5.5.18 除本规范另有规定外，公共建筑内疏散门和安全出口的净宽度不应小于 0.90m，疏散走道和疏散楼梯的净宽度不应小于 1.10m。（故选项 B 正确）

高层公共建筑内楼梯间的首层疏散门、首层疏散外门、疏散走道和疏散楼梯的最小净宽度应符合表 5.5.18 的规定。

高层公共建筑内楼梯间的首层疏散门、首层疏散外门、疏散走道和疏散楼梯的最小净宽度（m）

表 5.5.18

建筑类别	楼梯间的首层疏散门、首层疏散外门	走道		疏散楼梯
		单面布房	双面布房	
高层医疗建筑	1.30	1.40	1.50	1.30
其他高层公共建筑	1.20	1.30	1.40	1.20

本题中，老年人照料设施属于其他高层公共建筑，双面布房，故选项 C 正确。

5.4.4B 当老年人照料设施中的老年人公共活动用房、康复与医疗用房设置在地下、半地下时，应设置在地下一层，每间用房的建筑面积不应大于 200m² 且使用人数不应大于 30 人。

老年人照料设施中的老年人公共活动用房、康复与医疗用房设置在地上四层及以上时，每间用房的建筑面积不应大于 200m² 且使用人数不应大于 30 人。

故选项 D 正确。

5.5.24A 3 层及 3 层以上总建筑面积大于 3000m²（包括设置在其他建筑内三层及以上楼层）的老年人照料设施，应在二层及以上各层老年人照料设施部分的每座疏散楼梯间的相邻部位设置 1 间避难间；当老年人照料设施设置与疏散楼梯或安全出口直接连通的开

敞式外廊、与疏散走道直接连通且符合人员避难要求的室外平台等时，可不设置避难间。避难间内可供避难的净面积不应小于 $12m^2$，避难间可利用疏散楼梯间的前室或消防电梯的前室，其他要求应符合本规范第 5.5.24 条的规定。

5.5.24A 条文说明 避难间可以利用平时使用的公共就餐室或休息室等房间，一般从该房间要能避免再经过走道等火灾时的非安全区进入疏散楼梯间或楼梯间的前室；避难间的门可直接开向前室或疏散楼梯间。当避难间利用疏散楼梯间的前室或消防电梯的前室时，该前室的使用面积不应小于 $12m^2$，不需另外增加 $12m^2$ 避难面积。但考虑到救援与上下疏散的人流交织情况，疏散楼梯间与消防电梯的合用前室不适合兼作避难间。避难间的净宽度要能满足方便救援中移动担架（床）等的要求，净面积大小还要根据该房间所服务区域的老年人实际身体状况等确定。美国相关标准对避难面积的要求为：一般健康人员，$0.28m^2/人$；一般病人或体弱者，$0.6m^2/人$；带轮椅的人员的避难面积为 $1.4m^2/人$；利用活动床转送的人员的避难面积为 $2.8m^2/人$。考虑到火灾的随机性，要求每座楼梯间附近均应设置避难间。建筑的首层人员由于能方便地直接到达室外地面，故可以不要求设置避难间。

规范要求的是供避难的净面积为 $12m^2$，与"建筑面积"概念不同，故选项 E 错误。

【题 90】 某大型地下商业建筑，占地面积 $300m^2$。下列对该建筑防火分隔措施的检查结果中，不符合现行国家标准要求的有（　　）。

A. 消防控制室房间门采用乙级防火门

B. 空调机房房间门采用乙级防火门

C. 气体灭火系统储瓶间房间门采用乙级防火门

D. 变配电室房间门采用乙级防火门

E. 通风机房房间门采用乙级防火门

【参考答案】 BDE

【解题分析】

《建筑设计防火规范》GB 50016—2014（2018 年版）

6.2.7 附设在建筑内的消防控制室、灭火设备室、消防水泵房和通风空气调节机房、变配电室等，应采用耐火极限不低于 2.00h 的防火隔墙和 1.50h 的楼板与其他部位分隔。

通风、空气调节机房和变配电室开向建筑内的门应采用甲级防火门，消防控制室和其他设备房开向建筑内的门应采用乙级防火门。

故正确答案为 B、D、E。

【题 91】 某住宅小区，均为 10 层住宅楼，建筑高度 31m。每栋设有两个单元，每个单元标准层建筑面积为 $600m^2$，户门均采用乙级防火门且至最近安全出口的最大距离为 12m。下列防火检查结果中，符合现行国家标准要求的有（　　）。

A. 抽查一层住宅的外窗，与楼梯间外墙上的窗最近边缘的水平距离为 1.5m

B. 疏散楼梯采用敞开楼梯间

C. 敞开楼梯间内局部敷设的天然气管道采用钢套管保护并设置切断气源的装置

D. 每栋楼每个单元设一部疏散楼梯，单元之间的疏散楼梯通过屋面连通

E. 敞开楼梯间内设置垃圾道，垃圾道开口采用甲级防火门进行防火分隔

【参考答案】 AB

【解题分析】

《建筑设计防火规范》GB 50016—2014（2018年版）

6.4.1

1 楼梯间应能天然采光和自然通风，并宜靠外墙设置。靠外墙设置时，楼梯间、前室及合用前室外墙上的窗口与两侧门、窗、洞口最近边缘的水平距离不应小于1.0m；（故选项A正确）

2 楼梯间内不应设置烧水间、可燃材料储藏室、垃圾道；（故选项E错误）

3 楼梯间内不应有影响疏散的凸出物或其他障碍物；

4 封闭楼梯间、防烟楼梯间及其前室，不应设置卷帘；

5 楼梯间内不应设置甲、乙、丙类液体管道；

6 封闭楼梯间、防烟楼梯间及其前室内禁止穿过或设置可燃气体管道。敞开楼梯间内不应设置可燃气体管道，当住宅建筑的敞开楼梯间内确需设置可燃气体管道和可燃气体计量表时，应采用金属管和设置切断气源的阀门。（故选项C正确）

5.5.27 住宅建筑的疏散楼梯设置应符合下列规定：

1 建筑高度不大于21m的住宅建筑可采用敞开楼梯间；与电梯井相邻布置的疏散楼梯应采用封闭楼梯间，当户门采用乙级防火门时，仍可采用敞开楼梯间；

2 建筑高度大于21m、不大于33m的住宅建筑应采用封闭楼梯间；当户门采用乙级防火门时，可采用敞开楼梯间。（故选项B正确）

5.5.25 住宅建筑安全出口的设置应符合下列规定：

2 建筑高度大于27m、不大于54m的建筑，当每个单元任一层的建筑面积大于650m²，或任一户门至最近安全出口的距离大于10m时，每个单元每层的安全出口不应少于2个。（故选项D错误）

【题92】下列安全出口和疏散门的防火检查结果中，不符合现行国家标准要求的有（　　）。

A. 单层的谷物仓库在外墙上设置净宽为5m的金属推拉门作为疏散门
B. 多层老年人照料设施中位于走道尽端的康复用房，建筑面积45m²，设置一个疏散门
C. 多层办公楼封闭楼梯间的门采用双向弹簧门
D. 防烟楼梯间首层直接对外的门采用与楼梯段等宽的向外开启的安全玻璃门
E. 多层建筑内建筑面积300m²的歌舞厅室内最远点至疏散门距离为12m

【参考答案】BE

【解题分析】

《建筑设计防火规范》GB 50016—2014（2018年版）

5.5.15 公共建筑内房间的疏散门数量应经计算确定且不应少于2个。除托儿所、幼儿园、老年人建筑、医疗建筑、教学建筑内位于走道尽端的房间外，符合下列条件之一的房间可设置1个疏散门：

1 位于两个安全出口之间或袋形走道两侧的房间，对于托儿所、幼儿园、老年人建筑，建筑面积不大于50m²；对于医疗建筑、教学建筑，建筑面积不大于75m²；对于其他建筑或场所，建筑面积不大于120m²。

2 位于走道尽端的房间，建筑面积小于50m²且疏散门的净宽度不小于0.90m，或由

房间内任一点至疏散门的直线距离不大于15m、建筑面积不大于200m²且疏散门的净宽度不小于1.40m。(故选项B错误)

6.4.11 建筑内的疏散门应符合下列规定：

1 民用建筑和厂房的疏散门，应采用向疏散方向开启的平开门，不应采用推拉门、卷帘门、吊门、转门和折叠门。除甲、乙类生产车间外，人数不超过60人且每樘门的平均疏散人数不超过30人的房间，其疏散门的开启方向不限。

2 仓库的疏散门应采用向疏散方向开启的平开门，但丙、丁、戊类仓库首层靠墙的外侧可采用推拉门或卷帘门。(故选项A正确)

6.4.2 封闭楼梯间除应符合本规范第6.4.1条的规定外，尚应符合下列规定：

3 高层建筑、人员密集的公共建筑、人员密集的多层丙类厂房、甲、乙类厂房，其封闭楼梯间的门应采用乙级防火门，并应向疏散方向开启；其他建筑，可采用双向弹簧门。(故选项C、D正确)

根据规范表5.5.17规定，歌舞娱乐放映游艺场所房间内任一点至房间直通疏散走道的疏散门的直线距离不应大于9m，当建筑物内全部设置自动喷水灭火系统时，其安全疏散距离可增加25%，即11.25m。**故无论是否设置自动喷水灭火系统，选项E均是错误的。**

【题93】某建筑高度为98m的多功能建筑，在进行室内装修工程施工时，不符合现行国家标准要求的做法有（　　）。

A. 对现场阻燃处理后的木质材料，每种取2m²检验燃烧性能

B. 对木质材料表面进行防火涂料处理时，均匀涂刷一次防火涂料

C. 对 B_1 级木质材料进场进行见证取样检验

D. 对木质材料进行阻燃处理时，将木质材料的含水率控制在10%以下

E. 对木质材料表面涂刷防火涂料的用量为450g/m²

【参考答案】ABE

【解题分析】

《建筑内部装修防火施工及验收规范》GB 50354—2005

4.0.3 下列材料进场应进行见证取样检验：

1. B_1 级木质材料；

2. 现场进行阻燃处理所使用的阻燃剂及防火涂料。(故选项C正确)

4.0.4 下列材料应进行抽样检验：

1 现场阻燃处理后的木质材料，每种取4m²检验燃烧性能；(故选项A错误)

2 表面进行加工后的 B_1 级木质材料，每种取4m²检验燃烧性能。

4.0.7 木质材料在进行阻燃处理时，木质材料含水率不应大于12%。(故选项D正确)

4.0.11 木质材料表面进行防火涂料处理时，应对木质材料的所有表面进行均匀涂刷，且不应少于2次，第二次涂刷应在第一次涂层表面干后进行；涂刷防火涂料用量不应少于500g/m²。(故选项B、E错误)

【题94】某建筑高度为36m的高层住宅楼，疏散楼梯采用剪刀楼梯间，设有消防电梯，剪刀楼梯间共用前室，且与消防电梯的前室合用。该住宅楼的下列防火检查结果中，符合现行国家标准要求的有（　　）。

A. 每户的入户门为净宽1.0m的乙级防火门

B. 消防电梯轿厢内设有专用消防对讲电话
C. 合用前室的使用面积为 10m², 短边长度为 2.4m
D. 消防电梯内铭牌显示其载重量为 1200kg
E. 消防电梯轿厢内采用阻燃木饰面装修

【参考答案】ABD
【解题分析】

《建筑设计防火规范》GB 50016—2014

5.5.30 住宅建筑的户门、安全出口、疏散走道和疏散楼梯的各自总净宽度应经计算确定，且户门和安全出口的净宽度不应小于 0.90m，疏散走道、疏散楼梯和首层疏散外门的净宽度不应小于 1.10m。建筑高度不大于 18m 的住宅中一边设置栏杆的疏散楼梯，其净宽度不应小于 1.0m。(故选项 A 符合规范要求)

7.3.8 消防电梯应符合下列规定：
1 应能每层停靠；
2 电梯的载重量不应小于 800kg；(故选项 D 符合规范要求)
3 电梯从首层至顶层的运行时间不宜大于 60s；
4 电梯的动力与控制电缆、电线、控制面板应采取防水措施；
5 在首层的消防电梯入口处应设置供消防队员专用的操作按钮；
6 **电梯轿厢的内部装修应采用不燃材料；**(故选项 E 不符合规范要求)
7 **电梯轿厢内部应设置专用消防对讲电话。**(故选项 B 符合规范要求)

5.5.28 住宅单元的疏散楼梯，当分散设置确有困难且任一户门至最近疏散楼梯间入口的距离不大于 10m 时，可采用剪刀楼梯间，但应符合下列规定：
1 应采用防烟楼梯间。
2 梯段之间应设置耐火极限不低于 1.00h 的防火隔墙。
3 楼梯间的前室不宜共用；共用时，前室的使用面积不应小于 6.0m²。
4 楼梯间的前室或共用前室不宜与消防电梯的前室合用；楼梯间的共用前室与消防电梯的前室合用时，合用前室的使用面积不应小于 12.0m²，且短边不应小于 2.4m。(故选项 C 不符合规范要求)

【题95】对某展览馆安装的火灾自动报警系统进行验收前检测，下列检测结果中，符合现行国家标准《火灾自动报警系统施工及验收规范》GB 50166 的有（　　）。

A. 使用发烟器对任一感烟探测器发烟，火灾报警控制器发出火灾报警信号
B. 在火灾报警控制器处于故障报警状态下，对任一非故障部位的探测器发出火灾报警信号后 55s，控制器发出火灾报警信号
C. 消防联动控制器接收到任意两只独立的火灾探测器的报警信号后，联动启动消防泵
D. 断开消防联动控制器与输入/输出模块的连线后 80s，控制器发出故障信号
E. 消防联动控制器接收到两只独立的火灾探测器的报警信号后，火警信号所在防火分区的火灾声光警报器启动

【参考答案】ABD
【解题分析】

《火灾自动报警系统施工及验收规范》GB 50166—2007

4.4.1 采用专用的检测仪器或模拟火灾的方法,逐个检查每只火灾探测器的报警功能,探测器应能发出火灾报警信号。(故选项A符合规范要求)

4.3.2 按现行国家标准《火灾报警控制器》GB 4717的有关要求对控制器进行下列功能检查并记录:

1 检查自检功能和操作级别。

2 使控制器与探测器之间的连线断路和短路,控制器应在100s内发出故障信号(短路时发出火灾报警信号除外);在故障状态下,使任一非故障部位的探测器发出火灾报警信号,控制器应在1min内发出火灾报警信号,并应记录火灾报警时间;再使其他探测器发出火灾报警信号,检查控制器的再次报警功能。(故选项B符合规范要求)

4.10.5 使消防联动控制器的工作状态处于自动状态,按现行国家标准《消防联动控制系统》GB 16806的有关规定和设计的联动逻辑关系进行下列功能检查并记录:

1 按设计的联动逻辑关系,使相应的火灾探测器发出火灾报警信号,检查消防联动控制器接收火灾报警信号情况、发出联动信号情况、模块动作情况、受控设备的动作情况、受控现场设备动作情况、接收反馈信号(对于启动后不能恢复的受控现场设备,可模拟现场设备启动反馈信号)及各种显示情况。消防水泵不应由两只独立的火灾探测器联动启动。(故选项C不符合规范要求)

4.10.3 使消防联动控制器分别处于自动工作和手动工作状态,检查其状态显示,并按现行国家标准《消防联动控制系统》GB 16806的有关规定进行下列功能检查并记录,控制器应满足相应要求:

1 自检功能和操作级别。

2 消防联动控制器与各模块之间的连线断路和短路时,消防联动控制器能在100s内发出故障信号。(故选项D符合规范要求)

3 消防联动控制器与备用电源之间的连线断路和短路时,消防联动控制器应在100s内发出故障信号。

《火灾自动报警系统设计规范》GB 50116—2013

4.8.1 火灾自动报警系统应设置火灾声光警报器,并应在确认火灾后启动建筑内的所有火灾声光警报器。(故选项E不符合规范要求)

【题96】某城市天然气调配站建有4个储气罐,消防检查发现存在火灾隐患。根据现行国家标准《重大火灾隐患判定方法》GB 35181,下列检查结果中,可以综合判定为重大火灾隐患的综合判定要素有(   )。

A. 推车式干粉灭火器压力表指针位于黄区

B. 有一个天然气储罐未设置固定喷水冷却装置

C. 室外消火栓阀门关闭不严漏水

D. 消防车道被堵塞

E. 有一个天然气储罐已设置的固定喷水冷却装置不能正常使用

【参考答案】DE

【解题分析】

《重大火灾隐患判定方法》GB 35181—2017

5.3.3 符合下列条件应综合判定为重大火灾隐患:

......

  b) 易燃、易爆危险品场所存在第 7.1.1~7.1.3、7.4.5 和 7.4.6 条规定的综合判定要素 3 条以上。

  相关具体条款为：

  7.1.1 未按国家工程建设消防技术标准的规定或城市消防规划的要求设置消防车道或消防车道被堵塞、占用。（故选项 D 为综合判定为重大火灾隐患的综合判定要素）

  7.1.2 建筑之间的既有防火间距被占用或小于国家工程建设消防技术标准的规定值的 80%，明火和散发火花地点与易燃易爆生产厂房、装置设备之间的防火间距小于国家工程建设消防技术标准的规定值。

  7.1.3 在厂房、库房、商场中设置员工宿舍，或是在居住等民用建筑中从事生产、储存、经营等活动，且不符合 GA 703 的规定。

  7.4.5 未按国家工程建设消防技术标准的规定设置除自动喷水灭火系统外的其他固定灭火设施。

  7.4.6 已设置的自动喷水灭火系统或其他固定灭火设施不能正常使用或运行。

  故选项 E 为综合判定为重大火灾隐患的综合判定要素。

【题97】对某桶装煤油仓库开展防火检查，查阅资料得知，该仓库屋面板设计为泄压面。下列检查结果中，符合现行国家标准要求的有（ ）。

  A. 在仓库门洞处修筑了高为 200mm 的慢坡

  B. 仓库照明设备采用了普通 LED 灯

  C. 采用 55kg/m² 的材料作为屋面板

  D. 屋面板采取了防冰雪积聚措施

  E. 外墙窗户采用钢化玻璃

【参考答案】ACDE

【解题分析】

  教材《消防安全技术综合能力》第 2 篇第 5 章第 1 节 "建筑防爆" 相关考点

  甲、乙、丙类液体仓库应设置防止液体流散的设施。例如，在桶装仓库门洞处修筑高为 150~300mm 的慢坡。（故选项 A 符合规范要求）

  仓库照明设备采用防爆型灯具。（故选项 B 不符合规范要求）

  作为泄压设施的轻质屋面板和墙体，每平方米的质量不宜大于 60kg。（故选项 C 符合规范要求）

  有粉尘爆炸危险的筒仓，泄压设施应设置在顶部盖板。屋顶上的泄压设施要采取防冰雪积聚措施。（故选项 D 符合规范要求）

  泄压设施宜采用轻质屋面板、轻质墙体和易于泄压的门、窗等，应采用安全玻璃等在爆炸时不产生尖锐碎片的材料。（故选项 E 符合规范要求）

【题98】某箱包加工生产企业，厂房建筑 5 层，建筑面积 5000m²，员工 600 人，企业组织开展半年度灭火和应急疏散演练。根据《机关、团体、企业、事业单位消防安全管理规定》（公安部令第 61 号），演练结束后，应当记录存档的内容有（ ）。

  A. 演练方案概要、发现的问题与原因

  B. 经验教训以及改进工作建议

C. 当地消防队情况

D. 演练的内容、时间和地点

E. 参加演练单位和人员

【参考答案】DE

【解题分析】

《机关、团体、企业、事业单位消防安全管理规定》（公安部令第61号）

第四十三条　消防安全管理情况应当包括以下内容：

"七）灭火和应急疏散预案的演练记录"，应当记明演练的时间、地点、内容、参加部门以及人员等。（故选择D、E）

【题99】某大厦地下车库共设置两樘防火卷帘，对其进行联动检查试验时，使两个独立的感烟探测器动作后，一樘防火卷帘直接下降到楼地面，另一樘防火卷帘未动作，但联动控制器显示控制该防火卷帘的模块已经动作。防火卷帘未动作的原因可能有（　　）。

A. 防火卷帘手动按钮盒上的按钮损坏

B. 防火卷帘控制器未接通电源

C. 防火卷帘控制器中的控制继电器损坏

D. 联动控制防火卷帘的逻辑关系错误

E. 联动模块至防火卷帘控制室之间线路断路

【参考答案】BCE

【解题分析】

《火灾自动报警系统设计规范》GB 50116—2013

4.6.4　非疏散通道上设置的防火卷帘的联动控制设计，应符合下列规定：

1　联动控制方式，应由防火卷帘所在防火分区内任两只独立的火灾探测器的报警信号，作为防火卷帘下降的联动触发信号，并应联动控制防火卷帘直接下降到楼板面。

2　手动控制方式，应由防火卷帘两侧设置的手动控制按钮控制防火卷帘的升降，并应能在消防控制室内的消防联动控制器上手动控制防火卷帘的降落。

4.6.5　防火卷帘下降至距楼板面1.8m处、下降到楼板面的动作信号和防火卷帘控制器直接连接的感烟、感温火灾探测器的报警信号，应反馈至消防联动控制器。

……

1）非疏散通道上设置的防火卷帘的联动控制设计遵循以下原则：

由防火卷帘所在防火分区内任两只独立的火灾探测器的报警信号（"与"逻辑），作为防火卷帘下降的联动触发信号，防火卷帘控制器在接收到满足逻辑关系的联动触发信号后，联动控制防火卷帘直接下降到楼板面。

2）非疏散通道上设置的防火卷帘的手动控制设计。由防火卷帘两侧设置的手动控制按钮控制防火卷帘的升降，并应能在消防控制室内的消防联动控制器上手动控制防火卷帘的降落。

综上，防火卷帘未动作的原因可能有：防火卷帘控制器未连通电源；防火卷帘控制器中的控制继电器损坏；联动模块至防火卷帘控制器之间线路断路。故答案选B、C、E。

【题100】区域消防安全评估时应对区域消防力量进行分析评估。对区域消防力量评估的主要内容有（　　）。

  A. 消防通信指挥调度能力

  B. 消防教育水平

  C. 火灾预警能力

  D. 消防装备配置水平

  E. 消防站数量

【参考答案】ADE

【解题分析】

教材《消防安全技术综合能力》第4篇第1章中"消防力量"相关考点

消防力量评估单元分为城市公共消防基础设施和灭火救援能力两类。

城市公共消防基础设施包括：①道路；②水源。

灭火救援能力包括：①消防装备；②万人拥有消防站；③消防通信调度能力。

故答案选择A、D、E。

2017 年
一级注册消防工程师《消防安全技术综合能力》真题解析

一、单项选择题（共80题，每题1分。每题的备选项中，只有1个最符合题意）

【题1】 某歌舞厅的经理擅自将公安机关消防机构查封的娱乐厅拆封后继续营业。当地消防支队接受群众举报后即派员到场核查。确认情况属实，并认定该行为造成的危害后果较轻，根据《中华人民共和国消防法》，下列处罚决定中，正确的是（　　）。

A. 对该歌舞厅法定代表人处三日拘留，并处五百元罚款
B. 对该歌舞厅经理处三日拘留，并处五百元罚款
C. 对该歌舞厅经理处十日拘留，并处三百元罚款
D. 对该歌舞厅经理处五百元罚款

【参考答案】D
【解题分析】
《中华人民共和国消防法》
第六十四条　违反本法规定，有下列行为之一，尚不构成犯罪的，处十日以上十五日以下拘留，可以并处五百元以下罚款；**情节较轻的，处警告或者五百元以下罚款：**
（一）指使或者强令他人违反消防安全规定，冒险作业的；
（二）过失引起火灾的；
（三）在火灾发生后阻拦报警，或者负有报告职责的人员不及时报警的；
（四）扰乱火灾现场秩序，或者拒不执行火灾现场指挥员指挥，影响灭火救援的；
（五）故意破坏或者伪造火灾现场的；
（六）**擅自拆封或者使用被公安机关消防机构查封的场所、部位的。**

【题2】 某消防设施检测机构在某建设工程机械排烟系统未施工完成的情况下出具了检测结果为合格的《建筑消防设施检测报告》。根据《中华人民共和国消防法》，对该消防设施检查机构直接负责的主管人员和其他直接责任人员应予以处罚，下列罚款处罚中，正确的是（　　）。

A. 五千元以上一万元以下罚款
B. 一万元以上五万元以下罚款
C. 五万元以上十万元以下罚款
D. 十万元以上二十万元以下罚款

【参考答案】B
【解题分析】
《中华人民共和国消防法》
第六十九条　消防产品质量认证、消防设施检测等消防技术服务机构**出具虚假文件**的，责令改正，处五万元以上十万元以下罚款，并对直接负责的主管人员和其他直接责任人员**处一万元以上五万元以下罚款**；有违法所得的，并处没收违法所得；给他人造成损失的，依法承担赔偿责任；情节严重的，由原许可机关依法责令停止执业或者吊销相应资质、资格。

【题3】 根据《中华人民共和国消防法》的有关规定，下列事故中，应按重大责任事故罪予以立案追诉的是（　　）。

A. 违反消防管理法规，经消防监督机构通知采取改正措施而拒绝执行，导致发生死亡2人的火灾事故

B. 在生产、作业中违反有关安全管理的规定，导致发生重伤 4 人的事故
C. 强令他人违章冒险作业，导致发生直接经济损失 60 万元的事故
D. 安全生产设施不符合国家规定，导致发生死亡 2 人的事故

【参考答案】B
【解题分析】

《中华人民共和国消防法》

（三）重大责任事故罪：重大责任事故罪指在生产、作业中违反有关安全管理的规定，**因而发生重大伤亡事故或者造成其他严重后果的行为。**

1. 立案标准

……在生产、作业中违反有关安全管理的规定，涉嫌下列情形之一的，应予以立案追诉：

1) **造成死亡 1 人以上，或者重伤 3 人以上的。**
2) 造成直接经济损失 50 万元以上的。
3) 发生矿山生产安全事故，造成直接经济损失 100 万元以上的。
4) 其他造成严重后果的情形。

【题 4】老张从部队转业后，准备个人出资创办一家消防安全转业培训机构，面向社会从事消防安全转业培训，他应当经（　　）或者人力资源和社会保障部门依法批准，并向同级人民政府部门申请非民办企业单位登记。

A. 省级教育行政部门　　　　　　　B. 省级公安机关消防机构
C. 地市级教育行政部门　　　　　　D. 地市级公安机关消防机构

【参考答案】（A）
【解题分析】

《社会消防安全教育培训规定》（公安部令第 109 号）

第二十七条　国家机构以外的社会组织或者个人利用非国家财政性经费，创办消防安全专业培训机构，面向社会从事消防安全专业培训的，应当**经省级教育行政部门或者人力资源和社会保障部门依法批准**，并到省级民政部门申请民办非企业单位登记。

【题 5】某消防工程施工单位对消火栓系统进行施工前的进场检验，根据现行国家标准《消防给水及消火栓系统技术规范》GB 50974，下列关于消火栓固定接口密封性能现场试验的说法中，正确的是（　　）。

A. 试验数量宜从每批中抽查 1%，但不应少于 3 个
B. 当仅有 1 个不合格时，应再抽查 2%，但不应少于 10 个
C. 应缓慢而均匀地升压至 1.6MPa，并应保压 1min
D. 当第 2 次抽查仍有不合格时，应继续进行批量抽查，抽查数量按前次递增

【参考答案】B
【解题分析】

《消防给水及消火栓系统技术规范》GB 50974—2014

12.2.3　消火栓的现场检验应符合下列要求：
……

14 消火栓固定接口应进行密封性能试验,应以无渗漏、无损伤为合格。试验数量宜从每批中抽查1‰,但不应少于5个,应缓慢而均匀地升压1.6MPa,应保压2min。当两个及两个以上不合格时,不应使用该批消火栓。**当仅有1个不合格时,应再抽查2‰,但不应少于10个,并应重新进行密封性能试验;当仍有不合格时,亦不应使用该批消火栓。**(故选项B符合规范要求)

【题6】某氯酸钾厂房通风、空调系统的下列做法中,不符合现行国家消防技术标准的是( )。

A. 厂房内的空气在循环使用前经过净化处理,并使空气的含尘浓度低于其爆炸下限的25%
B. 通风设施导除静电的接地装置
C. 排风系统采用防爆型通风设备
D. 厂房内选用不发生火花的除尘器

【参考答案】A

【解题分析】

《建筑设计防火规范》GB 50016—2014

9.1.2 甲、乙类厂房内的空气不应循环使用。

丙类厂房内含有燃烧或爆炸危险粉尘、纤维的空气,在循环使用前应经净化处理,并应使空气中的含尘浓度低于其爆炸下限的25%。

氯酸钾厂房属于甲类危险性厂房。甲、乙类厂房内的空气不应循环使用,故选项A不符合规范要求。

【题7】某省政府机关办公大楼建筑高度为31.8m,大楼地下一层设置发电机作为备用电源,市政供电中断时柴油发电机自动启动,根据现行国家标准《建筑设计防火规范》GB 50016,市政供电中断时,自备发电机最迟应在( )s内正常供电。

A. 10　　　　B. 30　　　　C. 20　　　　D. 60

【参考答案】B

【解题分析】

《建筑设计防火规范》GB 50016—2014

10.1.4 消防用电按一、二级负荷供电的建筑,当采用自备发电设备作备用电源时,自备发电设备应设置自动和手动启动装置。当采用自动启动方式时,**应能保证在30s内供电。**

【题8】下列建筑防排烟系统周期性检查维护项目中,不属于每月检查的项目是( )。

A. 风机流量压力性能测试　　　　B. 排烟风机手动启停
C. 挡烟垂壁启动复位　　　　　　D. 排烟风机自动启动

【参考答案】A

【解题分析】

教材《消防安全技术综合能力》第10章第5节"系统维护管理"中"每月检查内容及要求"

1. 防烟、排烟风机

手动或**自动**启动试运转,检查有无锈蚀、螺丝松动。

2. 挡烟垂壁

手动或自动启动、复位试验，检查有无升降障碍。

3. 排烟窗

手动或自动启动、复位试验，检查有无开关障碍，每月检查供电线路有无老化，双回路自动切换电源功能等。（故选项 A 正确）

延伸阅读： 此考点已有变化，现行国家标准《建筑防烟排烟系统技术标准》GB 51251—2017 第 9 章"维护管理"中规定：

9.0.3 每季度应对防烟、排烟风机、活动挡烟垂壁、自动排烟窗进行一次功能检测启动试验及供电线路检查，检查方法应符合本标准第 7.2.3 条～第 7.2.5 条的规定。

9.0.4 每半年应对全部排烟防火阀、送风阀或送风口、排烟阀或排烟口进行自动和手动启动试验一次，检查方法应符合本标准第 7.2.1 条、第 7.2.2 条的规定。

9.0.5 每年应对全部防烟、排烟系统进行一次联动试验和性能检测，其联动功能和性能参数应符合原设计要求，检查方法应符合本标准第 7.3 节和第 8.2.5 条～第 8.2.7 条的规定。

【题 9】 下列疏散出口的检查结果中，不符合现行国家消防技术标准的是（　　）。

A. 教学楼内位于两个安全出口之间的建筑面积 55m²、使用人数 45 人的教室设有 1 个净宽 1.00m 的外开门

B. 容纳 200 人的观众厅，其 2 个外开疏散门的净宽度为 1.20m

C. 单层的棉花储备仓库在外墙上设置净宽 4.00m 的金属卷帘门作为疏散门

D. 建筑面积为 200m² 的房间，其相邻 2 个疏散门净宽均为 1.50m 疏散门中心线之间的距离为 6.5m

【参考答案】 B

【解题分析】

《建筑设计防火规范》GB 50016—2014

5.5.15 公共建筑内房间的疏散门数量应经计算确定且不应少于 2 个。除托儿所、幼儿园、老年人建筑、医疗建筑、教学建筑内位于走道尽端的房间外，符合下列条件之一的**房间可设置 1 个疏散门：**

1 位于两个安全出口之间或袋形走道两侧的房间，对于托儿所、幼儿园、老年人建筑，建筑面积不大于 50m²；对于医疗建筑、**教学建筑，建筑面积不大于 75m²**；对于其他建筑或场所，建筑面积不大于 120m²。

5.5.18 除本规范另有规定外，公共建筑内疏散门和安全出口的净宽度不应小于 0.9m。

根据 5.5.15 条第 1 款规定，可知选项 A 中教学楼可以设置 1 个疏散门。根据 5.5.18 条规定，其疏散门净宽度不应小于 0.9m，故选项 A 符合规范要求。

5.5.19 人员密集的公共场所、观众厅的疏散门不应设置门槛，其净宽度不应小于 1.40m，且紧靠门口内外各 1.40m 范围内不应设置踏步。（选项 B 不符合规范要求）

6.4.11-2 仓库的疏散门应采用向疏散方向开启的平开门，但丙、丁、戊类仓库首层靠墙的外侧可采用推拉门或卷帘门。（选项 C 为单层丙类仓库，符合要求）

5.5.2 建筑内的安全出口和疏散门应分散布置，且建筑内每个防火分区或一个防火分区的每个楼层、每个住宅单元每层相邻两个安全出口以及每个房间相邻两个疏散门最近边缘之间的水平距离不应小于5m。

选项D中，两个疏散门最近边缘之间的水平距离为6.5m－1.5m＝5m，满足规范要求。

【题10】下列一、二级耐火等级建筑的疏散走道和安全出口的检查结果中，不符合现行国家消防技术标准的是（　　）。

 A. 容纳4500人的单层体育馆，其室外疏散通道的净宽度为3.50m

 B. 单元式住宅中公共疏散走道净宽度为1.05m

 C. 一座2层老年公寓中，位于袋形走道两侧的房间疏散门至最近疏散楼梯间的直线距离为18m

 D. 采用敞开式外廊的多层办公楼中，从袋形走道尽端的疏散门至最近封闭楼梯间的直线距离为27m

【参考答案】B

【解题分析】

《建筑设计防火规范》GB 50016—2014

5.5.19 人员密集的公共场所、观众厅的疏散门不应设置门槛，其净宽度不应小于1.40m，且紧靠门口内外各1.40m范围内不应设置踏步。

人员密集的公共场所的**室外疏散通道的净宽度不应小于3.00m**，并应直接通向宽敞地带。（故选项A满足规范要求）

5.5.30 住宅建筑的户门、安全出口、疏散走道和疏散楼梯的各自总净宽度应经计算确定，且户门和安全出口的净宽度不应小于0.90m，**疏散走道、疏散楼梯和首层疏散外门的净宽度不应小于1.10m**。建筑高度不大于18m的住宅中一边设置栏杆的疏散楼梯，其净宽度不应小于1.0m。（故选项B符合规范要求）

5.5.17 公共建筑的安全疏散距离应符合下列规定：

1 直通疏散走道的房间疏散门至最近安全出口的直线距离不应大于表5.5.17的规定。

直通疏散走道的房间疏散门至最近安全出口的直线距离（m）　　表5.5.17

名称			位于两个安全出口之间的疏散门			位于袋形走道两侧或尽端的疏散门		
			一、二级	三级	四级	一、二级	三级	四级
托儿所、幼儿园老年人建筑			25	20	15	20	15	10
歌舞娱乐放映游艺场所			25	20	15	9	—	—
医疗建筑	单、多层		35	30	25	20	15	10
	高层	病房部分	24	—	—	12	—	—
		其他部分	30	—	—	15	—	—

续表

名称		位于两个安全出口之间的疏散门			位于袋形走道两侧或尽端的疏散门		
		一、二级	三级	四级	一、二级	三级	四级
教学建筑	单、多层	35	30	25	22	20	10
	高层	30	—	—	15	—	—
高层旅馆、展览建筑		30	—	—	15	—	—
其他建筑	单、多层	40	35	25	22	20	15
	高层	40	—	—	20	—	—

注：1 建筑内开向敞开式外廊的房间疏散门至最近安全出口的直线距离可按本表的规定增加5m。
  2 直通疏散走道的房间疏散门至最近敞开楼梯间的直线距离，当房间位于两个楼梯间之间时，应按本表的规定减少5m；当房间位于袋形走道两侧或尽端时，应按本表的规定减少2m。
  3 建筑物内全部设置自动喷水灭火系统时，其安全疏散距离可按本表及注1的规定增加25%。

从上表可知，选项C的直线距离为18m，表中是20m，故满足规范要求。选项D中，单、多层其他建筑（本题中为多层办公楼），从袋形走道尽端的疏散门至最近封闭楼梯间的直线距离为22m，根据表注1，敞开式外廊的情况可增加5m，即22m+5m=27m。故选项D满足规范要求。

【题11】在对某化工厂的电解食盐车间进行防火检查时，查阅资料得知，该车间耐火等级为一级。该车间的下列做法中，不符合现行国家消防技术标准的是（ ）。

  A.丙类中间仓库设置在该车间的地上二层
  B.丙类中间仓库与其他部位的分隔墙为耐火极限3.00h的防火墙
  C.该车间生产线贯通地下一层至地上三层
  D.丙类中间仓库无独立的安全出口

【参考答案】C
【解题分析】
《建筑设计防火规范》GB 50016—2014
  3.3.4 甲、乙类生产场所（仓库）不应设置在地下或半地下。
电解食盐车间属于甲类厂房，不应设置在地下。（故选项C不满足规范要求）

【题12】对某高层宾馆建筑的室内装修工程进行现场检查。下列检查结果中，不符合现行国家消防技术标准的是（ ）。

  A.客房吊顶采用轻钢龙骨石膏板
  B.窗帘采用普通布艺材料制作
  C.疏散走道两侧的墙面采用大理石
  D.防火门的表面贴了彩色阻燃人造板，门框和门的规格尺寸未减小

【参考答案】B
【解题分析】
首先确定选项中各装修材料的燃烧性能：
选项A，客房吊顶采用轻钢龙骨石膏板（A级）
选项B，窗帘采用普通布艺材料制作（B_2级）

选项C，疏散走道两侧的墙面采用大理石（A级）
选项D，防火门的表面贴了彩色阻燃人造板，门框和门的规格尺寸未减小（B_1级）
选项A、C采用A级装修材料，肯定正确。
《建筑内部装修设计防火规范》GB 50222—95（2001年版）
3.3.1 高层民用建筑内部各部位装修材料的燃烧性能等级，不应低于表3.3.1的规定。
3.3.2 除100m以上的高层民用建筑及大于800座位的观众厅、会议厅，顶层餐厅外，当设有火灾自动报警装置和自动灭火系统时，除顶棚外，其内部装修材料的燃烧性能等级可在表3.3.1规定的基础上降低一级。
选项D，根据《建筑内部装修防火施工及验收规范》GB 50354—2005第7.0.6条规定：防火门的表面加装贴面材料或其他装修时，不得减小门框和门的规格尺寸，不得降低防火门的耐火性能，所用贴面材料的燃烧性能等级不应低于B_1级。（故选项D正确）

本题考点中，《建筑内部装修设计防火规范》GB 50222—95（2001年版）已修订为《建筑内部装修设计防火规范》GB 50222—2017，新规范第5.2.1条规定：高层民用建筑内部各部位装修材料的燃烧性能等级，不应低于本规范表5.2.1的规定。

表5.2.1（续）

序号	建筑物及场所	建筑规模、性质	装修材料燃烧性能等级									
			顶棚	墙面	地面	隔断	固定家具	装饰织物				其他装修装饰材料
								窗帘	帷幕	床罩	家具包布	
4	商店的营业厅	每层建筑面积>1500m² 或总建筑面积>3000m²	A	B_1	B_1	B_1	B_1	B_1	B_1	—	B_2	B_1
		每层建筑面积≤1500m² 或总建筑面积≤3000m²	A	B_1	B_1	B_1	B_1	B_2	B_1	—	B_2	B_2
5	宾馆、饭店的客房及公共活动用房等	一类建筑	A	B_1	B_1	B_1	B_2	B_1	B_1	—	B_1	B_1
		二类建筑	A	B_1	B_1	B_2	B_2	B_2	B_2	—	B_2	B_2

5.2.2 除本规范第4章规定的场所和本规范表5.2.1中序号为10～12规定的部位外，高层民用建筑的裙房内面积小于500m²的房间，当设有自动灭火系统，并且采用耐火极限不低于2.00h的防火隔墙和甲级防火门、窗与其他部位分隔时，顶棚、墙面、地面装修材料的燃烧性能等级可在本规范表5.2.1规定的基础上降低一级。

可见，该高层宾馆应为一类建筑，其窗帘的耐火性能不应低于B_1级，故答案选B。

【题13】某三层内廊式办公楼，建筑高度12.5m，三级耐火等级，设置自动喷水灭火系统，每层建筑面积均为1400m²，有2部采用双向弹簧门的封闭式楼梯间。该办公楼每层一个防火分区的最大建筑面积为（　　）m²。

A. 1400　　　　　B. 1200　　　　　C. 2400　　　　　D. 2800

【参考答案】A

【解题分析】

《建筑设计防火规范》GB 50016—2014

5.3.1 除本规范另有规定外,不同耐火等级建筑的允许建筑高度或层数、防火分区最大允许建筑面积应符合表5.3.1的规定。

不同耐火等级建筑的允许建筑高度或层数、防火分区最大允许建筑面积　　表5.3.1

名称	耐火等级	允许建筑高度或层数	防火分区的最大允许建筑面积(m²)	备注
高层民用建筑	一、二级	按本规范第5.1.1条确定	1500	对于体育馆、剧场的观众厅,防火分区的最大允许建筑面积可适当增加
单、多层民用建筑	一、二级	按本规范第5.1.1条确定	2500	—
	三级	5层	1200	—
	四级	2层	600	—
地下或半地下建筑(室)	一级	—	500	设备用房的防火分区最大允许建筑面积不应大于1000m²

注:1 表中规定的防火分区最大允许建筑面积,当建筑内设置自动灭火系统时,可按本表的规定增加1.0倍;局部设置时,防火分区的增加面积可按该局部面积的1.0倍计算。
　　2 裙房与高层建筑主体之间设置防火墙时,裙房的防火分区可按单、多层建筑的要求确定。

题干中已经明确了"每层建筑面积均为1400m²"的前提,所以每层一个防火分区最多也不可能超出1400m²。答案选A。

【题14】根据现行国家消防技术标准,关于建筑内消防应急照明和疏散指示标志的检查结果中,不符合标准要求的是(　　)。

A. 人员密集场所安全出口标志设置在疏散门的正上方
B. 疏散走道内灯光疏散指示标志的间距为19.5m
C. 袋形疏散走道内灯光疏散指示标志间距为9m
D. 灯光疏散指示标志均设置在疏散走道的顶棚上

【参考答案】D

【解题分析】

《建筑设计防火规范》GB 50016—2014

10.3.5 公共建筑、建筑高度大于54m的住宅建筑、高层厂房(库房)和甲、乙、丙类单、多层厂房,应设置灯光疏散指示标志,并应符合下列规定:

 1 **应设置在安全出口和人员密集的场所的疏散门的正上方**;(选项A正确)
 2 应设置在疏散走道及其转角处距地面高度1.0m以下的墙面或地面上。**灯光疏散指示标志的间距不应大于20m;对于袋形走道,不应大于10m**;在走道转角区,不应大于1.0m。(选项B、C正确)

【题15】某多层丙类仓库,采用预应力钢筋混凝土楼板,耐火极限0.85h;钢结构屋顶承重构件采用防火涂料保护,耐火极限0.90h;吊顶采用轻钢龙骨石膏板,耐火极限0.15h;

外墙采用难燃性墙体,耐火极限0.50h;仓库内设有自动喷水灭火系统。该仓库的下列构件中,不满足二级耐火等级建筑要求的是(　　)。

　　A. 预应力混凝土楼板　　　　　　B. 轻钢龙骨石膏板吊顶
　　C. 钢结构屋顶承重构件　　　　　D. 难燃性外墙

【参考答案】C
【解题分析】

《建筑设计防火规范》GB 50016—2014

3.2.1 厂房和仓库的耐火等级可分为一、二、三、四级,相应建筑构件的燃烧性能和耐火极限,除本规范另有规定外,不应低于表3.2.1的规定。

不同耐火等级厂房和仓库建筑构件的燃烧性能和耐火极限(h)　　表3.2.1

构件名称		耐火等级			
		一级	二级	三级	四级
墙	防火墙	不燃性 3.00	不燃性 3.00	不燃性 3.00	不燃性 3.00
	承重墙	不燃性 3.00	不燃性 2.50	不燃性 2.00	难燃性 0.50
	楼梯间和前室的墙 电梯井的墙	不燃性 2.00	不燃性 2.00	不燃性 1.50	难燃性 0.50
	疏散走道两侧的隔墙	不燃性 1.00	不燃性 1.00	不燃性 0.50	难燃性 0.25
	非承重外墙 房间隔墙	不燃性 0.75	不燃性 0.50	难燃性 0.50	难燃性 0.25
柱		不燃性 3.00	不燃性 2.50	不燃性 2.00	难燃性 0.50
梁		不燃性 2.00	不燃性 1.50	不燃性 1.00	难燃性 0.50
楼板		不燃性 1.50	不燃性 1.00	不燃性 0.75	难燃性 0.50
屋顶承重构件		不燃性 1.50	不燃性 1.00	难燃性 0.50	可燃性
疏散楼梯		不燃性 1.50	不燃性 1.00	不燃性 0.75	可燃性
吊顶(包括吊顶搁栅)		不燃性 0.25	难燃性 0.25	难燃性 0.15	可燃性

注:二级耐火等级建筑内采用不燃材料的吊顶,其耐火极限不限。

由上表可知,二级耐火等级厂房和仓库的建筑构件燃烧性能和耐火极限分别为:楼板,不燃性1.00h;屋顶承重构件,不燃性1.00h;吊顶,难燃性0.25h;外墙,不燃性

0.05h。可见选项 C 不满足要求。

根据表 3.2.1 注，二级耐火等级建筑内采用不燃材料的吊顶，其耐火极限不限。故选项 B 满足要求。

3.2.12 除甲、乙类仓库和高层仓库外，一、二级耐火极限建筑的非承重外墙，当采用不燃性墙体时，其耐火极限不应低于 0.25h；当采用难燃性墙体时，不应低于 0.50h。（选项 D 满足要求）

3.2.14 二级耐火等级多层厂房和多层仓库内采用预应力钢筋混凝土的楼板，其耐火极限不应低于 0.75h。（选项 A 满足要求）

【题16】某城市全年最小频率风向为东北风。该市的一个大型化工企业内设有甲醇储罐区，均为地上固定顶储罐，储罐直径 20m，容量 5000m³，防火堤内部包括储罐占地的净面积 5000m²，下列防火检查结果中，不符合现行国家消防技术标准的是（　　）。

A. 锅炉房位于甲醇储罐区南侧，两者之间的防火间距为 55m
B. 甲醇储罐之间的间距为 12.5m
C. 罐区周围的环形消防车道有 3% 的坡度，且上空有架空管道，距车道净空高度为 5m
D. 甲醇储罐区防火堤高度为 1.1m

【参考答案】D

【解题分析】

《建筑设计防火规范》GB 50016—2014

4.2.1 甲、乙、丙类液体储罐（区）和乙、丙类液体桶装堆场与其他建筑的防火间距，不应小于表 4.2.1 的规定。

甲、乙、丙类液体储罐（区），乙、丙类液体桶装堆场与其他建筑的防火间距（m）

表 4.2.1

类别	一个罐区或堆场的总容量 V(m³)	建筑物		三级	四级	室外变、配电站
		高层民用建筑	裙房，其他建筑			
甲、乙类液体储罐(区)	1≤V<50	40	12	15	20	30
	50≤V<200	50	15	20	25	35
	200≤V<1000	60	20	25	30	40
	1000≤V<5000	70	25	30	40	50
丙类液体储罐(区)	5≤V<250	40	12	15	20	24
	250≤V<1000	50	15	20	25	28
	1000≤V<5000	60	20	25	30	32
	5000≤V<25000	70	25	30	40	40

注：1 当甲、乙类液体储罐和丙类液体储罐布置在同一储罐区时，罐区的总容量可按 1m³ 甲、乙类液体相当于 5m³ 丙类液体折算。

2 储罐防火堤外侧基脚线至相邻建筑的距离不应小于 10m。

3 甲、乙、丙类液体的固定顶储罐区或半露天堆场，乙、丙类液体桶装堆场与甲类厂房（仓库）、民用建筑的防火间距，应按本表的规定增加 25%，且甲、乙类液体的固定顶储罐区或半露天堆场，乙、丙类液体桶装堆场与甲类厂房（仓库）、裙房、单、多层民用建筑的防火间距不应小于 25m，与明火或散发火花地点的防火间距按本表有关四级耐火等级建筑物的规定增加 25%。

由上表注 3 可知，5000m³ 甲醇储罐跟锅炉房之间的间距为 40m×1.25＝50m，故选项 A 正确。

4.2.2 甲、乙、丙类液体储罐之间的防火间距不应小于表 4.2.2 的规定。

甲、乙、丙类液体储罐之间的防火间距（m）　　　表 4.2.2

类别		固定顶储罐			浮顶储罐或设置充氮保护设备的储罐	卧式储罐
		地上式	半地下式	地下式		
甲、乙类液体储罐	单罐容量 V（m³） V≤1000	0.75D	0.5D	0.4D	0.4D	≥0.8m
	V>1000	0.6D				
丙类液体储罐		不限	0.4D	不限	不限	—

注：D 为相邻较大立式储罐的直径（m），矩形储罐的直径为长边与短边之和的一半。

由上表可知，0.6D＝0.6×20＝12，故选项 B 正确。

4.2.5 甲、乙、丙类液体的地上式、半地下式储罐或储罐组，其四周应设置不燃性防火堤。防火堤的设置应符合下列规定：

……

4 防火堤的设计高度应比计算高度高出 0.2m，且应为 1.0m～2.2m，在防火堤的适当位置应设置便于灭火救援人员进出防火堤的踏步。

根据题目条件，防火堤计算高度为 5000m³/5000m²＝1.0m，1.0m＋0.2m＝1.2m，设计高度不应小于 1.2m。故选项 D 错误。

【题17】某消防设施检测机构对建筑内火灾自动报警系统进行检测时，对手动火灾报警按钮进行检查，根据现行国家消防技术标准，关于手动火灾报警按钮安装的说法中，正确的是（　　）。

A. 手动火灾报警按钮的链接导线的余量不应小于 150mm
B. 墙上手动火灾报警按钮的底边距离楼面高度应为 1.5m
C. 墙上手动火灾报警按钮的底边距离楼面高度应为 1.7m
D. 手动火灾报警按钮的链接导线的余量不应大于 100mm

【参考答案】B

【解题分析】

《火灾自动报警系统施工及验收规范》GB 50166—2007

3.5.1 手动火灾自动报警按钮应安装在明显和便于操作的部位。当安装在墙上时，其底边距地（楼）面高度宜为 1.3～1.5m。

3.5.3 手动火灾报警按钮的连接导线应留有不小于 150mm 的余量，且在其端部应由明显标志。

此题不选 A，因未表明是否"在其端部应有明显标志"，叙述不完整。

【题18】对某医院的高层病房楼进行防火检查时，发现下列避难间的做法中，错误的是（　　）。

A. 在二层及以上的病房楼层设置避难间
B. 避难间靠近楼梯间设置，采用耐火极限为 2.50h 的防火隔墙和甲级防火门与其他部分隔开

C. 每个避难间的建筑面积为 25m²

D. 避难间为 2 个护理单元服务

【参考答案】C

【解题分析】

《建筑设计防火规范》GB 50016—2014

5.5.24 高层病房楼应在二层及以上各楼层和洁净手术部设置避难间。避难间应符合下列规定：

1 避难间服务的护理单元不应超过 2 个，其净面积应按每个护理单元不小于 25.0m² 确定。（故选项 D 正确，选项 C 错误，净面积不是建筑面积）

2 避难间兼作其他用途时，应保证人员的避难安全，且不得减少可供避难的净面积。

3 应靠近楼梯间，并应采用耐火极限不低于 2.00h 的防火隔墙和甲级防火门与其他部位分隔。（故选项 B 正确）

4 应设置消防专线电话和消防应急广播。

5 避难间的入口处应设置明显的指示标志。

6 应设置直接对外的可开启窗口或独立的机械防烟设施，外窗应采用乙级防火窗。

【题 19】对某高层多功能组合建筑进行防火检查时，查阅资料得知，该建筑耐火等级为一级，十层至顶层为普通办公用房，九层及以下为培训、娱乐、商业等功能，防火分区划分符合规范要求。该建筑的下列做法中，不符合现行国家消防技术标准的是（　　）。

A. 主楼六层设有儿童早教培训班，设有独立的安全出口

B. 消防水泵房设于地下二层，其室内地面与室外出入口地坪高差为 10m

C. 常压燃气锅炉房布置在主楼屋面上，使用管道天然气作燃料，距离通向屋面的安全出口 10m

D. 裙楼五层的歌舞厅，各厅室的建筑面积均小于 200m²，与其他区域共用安全出口

【参考答案】A

【解题分析】

《建筑设计防火规范》GB 50016—2014

8.1.6 消防水泵房的设置应符合下列规定：

1 单独建造的消防水泵房，其耐火等级不应低于二级；

2 附设在建筑内的消防水泵房，不应设置在地下三层及以下或室内地面与室外出入口地坪高差大于 10m 的地下楼层。（选项 B 正确）

5.4.12-1 燃油或燃气锅炉房、变压器室应设置在首层或地下一层的靠外墙部位，但常（负）压燃油或燃气锅炉可设置在地下二层或屋顶上。设置在屋顶上的常（负）压燃气锅炉，距离通向屋面的安全出口不应小于 6m。（选项 C 正确）

5.4.9 歌舞厅、录像厅、夜总会、卡拉 OK 厅（含具有卡拉 OK 功能的餐厅）、游艺厅（含电子游艺厅）、桑拿浴室（不包括洗浴部分）、网吧等歌舞娱乐放映游艺场所（不含剧院、电影院）的布置应符合下列规定：

……

5 确需布置在地下或四层及以上楼层时，一个厅、室的建筑面积不应大于 200m²。（选项 D 正确）

5.4.4 托儿所、幼儿园的儿童用房和儿童游乐厅等儿童活动场所宜设置在独立的建筑内,且不应设置在地下或半地下;**当采用一、二级耐火等级的建筑时,不应超过 3 层**;采用三级耐火等级的建筑时,不应超过 2 层;采用四级耐火等级的建筑时,应为单层;确需设置在其他民用建筑内时,应符合下列规定:

1 设置在一、二级耐火等级的建筑内时,应布置在首层、二层或三层;

2 设置在三级耐火等级的建筑内时,应布置在首层或二层;

3 设置在四级耐火等级的建筑内时,应布置在首层;

4 设置在高层建筑内时,应设置独立的安全出口和疏散楼梯。(选项 A 错误)

【题20】某消防工程施工单位分别以自动、手动方式对采用自动控制方式的水喷雾灭火系统进行联动试验。下列试验次数最少且符合现行国家标准要求的是(　　)。

A. 自动 3 次、手动 2 次　　　　B. 自动 2 次、手动 3 次

C. 自动 3 次、手动 3 次　　　　D. 自动 2 次、手动 2 次

【参考答案】D

【解题分析】

《水喷雾灭火系统技术规范》GB 50219—2014

8.4.11 联动试验应符合下列规定:

……

3 系统的响应时间、工作压力和流量应符合设计要求。

检查数量:全数检查。

检查方法:当为手动控制时,**以手动方式进行 1 次~2 次试验**;当为自动控制时,**以自动和手动方式各进行 1 次~2 次试验**,并用压力表、流量计、秒表计量。(故选项 D 正确)

【题21】对某公共建筑防排烟系统的设置情况进行检查,下列检查结果中不符合现行国家消防技术标准要求的是(　　)。

A. 地下一层长度为 20m 的疏散走道未设置排烟设施

B. 地下一层一个 $50m^2$ 的仓库内未设置排烟设施

C. 四层一个 $50m^2$ 的游戏室内未设置排烟设施

D. 四层一个 $50m^2$ 的会议室内未设置排烟设施

【参考答案】C

【解题分析】

《建筑设计防火规范》GB 50016—2014

8.5.3 民用建筑的下列场所或部位应设置排烟设施:

1 设置在一、二、三层且房间建筑面积大于 $100m^2$ 的歌舞娱乐放映游艺场所,**设置在四层及以上楼层、地下或半地下的歌舞娱乐放映游艺场所**。(选项 C 不符合规范要求)

……

3 **公共建筑内建筑面积大于 100^2 且经常有人停留的地上房间**。(选项 D 正确)

5 **建筑内长度大于 20m 的疏散走道**。(选项 A 正确)

8.5.4 **地下或半地下建筑(室)、地上建筑内的无窗房间,当总建筑面积大于 $200m^2$ 或一个房间建筑面积大于 $50m^2$,且经常有人停留或可燃物较多时,应设置排烟设施**。(选

项 B 中仓库正好是 50m²，可不设置，故正确）

【题 22】 泡沫灭火系统的组件进入工地后，应对其进行现场检查，下列检查项目中，不属于泡沫产生器现场检查项目的是（　　）

A. 表面保护涂层　　　　　　　　B. 机械性损伤
C. 产品性能参数　　　　　　　　D. 严密性试验

【参考答案】 D

【解题分析】

《泡沫灭火系统施工及验收规范》GB 50281—2006

4.3.1　泡沫产生装置、泡沫比例混合器（装置）、泡沫液储罐、消防泵、泡沫消火栓、阀门、压力表、管道过滤器、金属软管等系统组件的外观质量，应符合下列规定：

1　**无变形及其他机械性损伤**；（选项 B 正确）
2　**外露非机械加工表面保护涂层完好**；（选项 A 正确）
3　无保护涂层的机械加工面无锈蚀；
4　所有外露接口无损伤，堵、盖等保护物包封良好；
5　铭牌标记清洗、牢固。

可见，选项 A、B、C 均为正确选项。选项 D 为阀门检查项目。

【题 23】 进行区域火灾风险评估时，在明确火灾风险评估目的和内容的基础上，应进行信息采集，重点收集与区域安全相关的信息。下列信息中，不属于区域火灾风险评估时应采集的信息是（　　）。

A. 区域内人口概况　　　　　　　B. 消防安全规章制度
C. 区域的环保概况　　　　　　　D. 区域内经济概况

【参考答案】 C

【解题分析】

根据教材《消防安全技术综合能力》"评估流程"部分，区域火灾风险评估可按照六个步骤来进行。

（一）信息采集

在明确火灾风险评估目的和内容的基础上，收集所需的各种资料，重点收集与区域安全相关的信息，可包括：评估区域内**人口**、**经济**、交通等概况；区域内消防重点单位情况；周边环境情况；市政消防设施相关资料；火灾事故应急救援预案；**消防安全规章制度**等。（选项 A、B、D 均属于；选项 C 不属于）

通过构建区域火灾风险评估指标体系，可以利用 GIS 的空间分析功能对市中心城区火灾风险影响因子进行评估，并结合各因子权重，对所有风险因子进行叠加分析，得到城市火灾风险等级图，并基此对该中心城区提出相应的消防安全规划措施。

【题 24】 关于大型商业综合体消防设施施工前需要具备的基本条件的说法中，错误的是（　　）。

A. 消防设施设备及材料有符合市场准入制度的有效证明及产品出厂合格证书
B. 施工现场的水、电能够满足连续施工的要求
C. 消防工程设计文件经建设单位批准
D. 与消防设施相关的基础、预埋件和预置孔洞符合设计

【参考答案】C
【命题思路】
考察消防设施施工前应具备的基本条件。
【解题分析】
教材《消防安全技术综合能力》第3篇第1章第1节"（一）施工前准备"
消防设施施工前，需要具备一定的技术、物质条件，以确保施工需求，保证施工质量。消防设施施工前需要具备下列基本条件：

1) 经批准的消防设计文件及其他技术资料齐全。
2) 设计单位向建设、施工、监理单位进行技术交底，明确相应技术要求。
3) **各类消防设施的设备、组件及材料齐全，规格型号符合设计要求，能够保证正常施工。**（故选项A正确）
4) 经检查，与专业施工单位的**基础、预埋件和预留孔洞等符合设计要求。**（选项D正确）
5) 施工现场及施工中使用的水、电、气能够满足连续施工的要求。（选项B正确）

选项C明显错误，消防工程设计文件应该是消防部门批准，而不是建设单位。

【题25】关于气体灭火系统维护管理周期检查项目的说法，错误的是（　　）。
　　A. 每年应对选定的防护区进行1次模拟启动试验
　　B. 每日应检查低压二氧化碳储存装置的运行情况和储存装置间的设备状态
　　C. 每月应检查预制灭火系统的设备状态和运行情况
　　D. 每月应检查低压二氧化碳灭火系统储存装置的液位

【参考答案】A
【解题分析】
《气体灭火系统施工及验收规范》GB 50263—2007
8.0.5　每日应对低压二氧化碳储存装置的运行情况、储存装置间的设备状态进行检查并记录。（故选项B正确）
8.0.6　每月检查应符合下列要求：
1　**低压二氧化碳灭火系统储存装置的液位计检查**，灭火剂损失10%时应及时补充。（故选项D正确）
2　高压二氧化碳灭火系统、七氟丙烷管网灭火系统及IG541灭火系统等系统的检查内容及要求应符合下列规定：
1) 灭火剂储存容器及容器阀、单向阀、连接管、集流管、安全泄放装置、选择阀、阀驱动装置、喷嘴、信号反馈装置、检漏装置、减压装置等全部系统组件应无碰撞变形及其他机械性损伤，表面应无锈蚀，保护涂层应完好，铭牌和标志牌应清晰，手动操作装置的防护罩、铅封和安全标志应完整。
2) 灭火剂和驱动气体储存容器内的压力，不得小于设计储存压力的90%。
3　**预制灭火系统的设备状态和运行状况应正常**。（故选项C正确）
8.0.8　每年应按本规范第E.2节的规定，**对每个防护区进行1次模拟启动试验**，并应按本规范第7.4.2条规定进行1次模拟喷气试验。（故选项A错误）

【题26】根据现行国家标准《灭火器维修》GA 95，下列零部件和灭火剂中，无需在每次维修灭火器时都更换的是（　　）。

A. 密封垫 B. 二氧化碳灭火器的超压安全膜片
C. 水基灭火器的滤网 D. 水基型灭火剂

【参考答案】C
【解题分析】
《灭火器维修》GA 95—2015
6.6.5 每次维修时，下列零部件应作更换：
1）密封片、圈、垫等密封零件；
2）水基型灭火剂；
3）二氧化碳灭火器的超压安全膜片。

【题27】某大型商场制定了消防应急预案，内容包括初期火灾处置程序和措施。下列程序和措施中，错误的是（　　）。

A. 发现火灾时，起火部位现场员工应当于3min内形成灭火第一战斗力量
B. 发现起火时，应立即打"119"电话报警
C. 发现起火时，安全出口或通道附近的员工应在第一时间负责引导人员进行疏散
D. 发现火灾时，消火栓附近的员工应立即利用消火栓灭火

【参考答案】A
【解题分析】
教材《消防安全技术综合能力》第5篇第2章第3节
发现火灾时，起火部位现场员工应当于**1min内形成灭火第一战斗力量**，在第一时间内采取如下措施：灭火器材、设施附近的员工利用现场灭火器、消火栓等器材、设施灭火；电话或火灾报警按钮附近的员工打"119"电话报警、报告消防控制室或单位值班人员；安全出口或通道附近的员工负责引导人员进行疏散。若火势扩大，单位应当于**3min内形成灭火第二战斗力量**，及时采取如下措施：通信联络组按照安全管理发展要求通知预案涉及的员工赶赴火场，向火场指挥员报告火灾情况，将火场指挥员的指令下达给有关员工；灭火行动组根据火灾情况利用本单位的消防器材、设施扑救火灾；疏散引导组按分工组织引导现场人员进行疏散；安全救护组负责协助抢救、护送受伤人员；现场警戒组阻止无关人员进入火场，维持火场秩序。

【题28】对建筑进行火灾风险评估时，应确定评估对象可能面临的火灾风险，关于火灾风险识别的说法，错误的是（　　）。

A. 衡量火灾风险的高低主要考虑起火概率大小
B. 查找火灾风险来源的过程称为火灾风险识别
C. 火灾风险识别是开展火灾风险评估工作所必需的基础环节
D. 消防安全措施有效性分析包括专业队伍扑救能力

【参考答案】A
【命题思路】
考察火灾风险评估流程中如何进行火灾风险识别。
【解题分析】
教材《消防安全技术综合能力》第4篇第2章第1节"评估流程"
（二）风险识别

开展火灾风险评估，首要任务是确定评估对象可能面临的火灾风险主要来自哪些方面，将这个查找风险来源的过程称为火灾风险识别。火灾风险识别是开展火灾风险评估工作所必需的基础环节，只有充分、全面地把握评估对象所面临的火灾风险来源，才能完整、准确对各类火灾风险进行分析和评判，进而采取有针对性的火灾风险控制措施，确保将评估对象的火灾风险控制在可接受的范围之内。通常认为，火灾风险是火灾概率与火灾后果的综合度量。因此衡量火灾风险的高低，不但要考虑起火的概率，而且要考虑火灾所导致后果的严重程度。（故选项 A 错误）

措施有效性分析：为了预防和减少火灾的发生，通常都会按照法律法规采取一些消防安全措施。这些消防安全措施一般包括防火（防止火灾发生、防止火灾扩散）、灭火（初期火灾扑救、**专业队伍扑救**）和应急救援（人员自救、专业队伍救援）等。

【题29】根据现行国家标准《消防给水及消火栓系统技术规范》GB 50974，干式消火栓的最大充水时间是（　　）min。

A. 10　　　　　B. 5　　　　　C. 2　　　　　D. 3

【参考答案】B

【解题分析】

《消防给水及消火栓系统技术规范》GB 50974—2014

7.1.6　干式消火栓系统的**充水时间不应大于5min**，并应符合下列规定：

1　在供水干管上宜设干式报警阀、雨淋阀或电磁阀、电动阀等快速启闭装置，当采用电动阀时开启时间不应超过30s；

2　当采用雨淋阀、电磁阀和电动阀时，在消火栓箱处应设置直接开启快速启闭装置的手动按钮；

3　在系统管道的最高处应设置快速排气阀。

【题30】某消防工程施工单位在调试自动喷水灭火系统时，使用压力表、流量计、秒表、声强计和观察检查的方法对雨淋阀组进行调试，根据现行国家标准《自动喷水灭火系统施工及验收规范》GB 50261，关于雨淋阀组的说法，正确的是（　　）。

A. 自动和手动方式启动公称直径为80mm的雨淋阀，应在15s之内启动

B. 公称直径大于200mm的雨淋阀组调试时，应在80s内启动

C. 公称直径大于100mm的雨淋阀组调试时，应在30s内启动

D. 当报警水压为0.15MPa时，雨淋阀的水力警铃应发出报警铃声

【参考答案】A

【解题分析】

《自动喷水灭火系统施工及验收规范》GB 50261—2017

7.2.5　报警阀调试应符合下列要求：

……

3　雨淋阀调试宜利用检测、试验管道进行。**自动和手动方式启动的雨淋阀，应在15s之内启动**；公称直径大于200mm的雨淋阀调试时，应在60s之内启动。雨淋阀调试时，当报警水压为0.05MPa时，水力警铃应发出报警铃声。（故选项 A 正确，选项 B、C、D 错误）

【题31】《中华人民共和国消防法》明确了单位消防安全职责，下列关于单位消防安全职责

描述不正确的是（　　）。

　　A. 同一建筑物由两个以上单位管理或者使用的，应当明确各方的消防安全责任

　　B. 任何单位不得损坏、挪用或者擅自拆除、停用消防设施、器材

　　C. 任何单位都应当无偿为报警提供便利，不得阻拦报警，严禁谎报火警

　　D. 任何单位无权对公安机关消防机构及其工作人员在执法中的违法行为进行检举、控告

【参考答案】D

【解题分析】

《中华人民共和国消防法》

　　第十八条　同一建筑物由两个以上单位管理或者使用的，应当明确各方的消防安全责任，并确定责任人对共用的疏散通道、安全出口、建筑消防设施和消防车通道进行统一管理。住宅区的物业服务企业应当对管理区域内的共用消防设施进行维护管理，提供消防安全防范服务。（故选项A正确）

　　第二十八条　任何单位、个人不得损坏、挪用或者擅自拆除、停用消防设施、器材，不得埋压、圈占、遮挡消火栓或者占用防火间距，不得占用、堵塞、封闭疏散通道、安全出口、消防车通道。人员密集场所的门窗不得设置影响逃生和灭火救援的障碍物。（故选项B正确）

　　第四十四条　任何人发现火灾都应当立即报警。**任何单位、个人都应当无偿为报警提供便利，不得阻拦报警**。严禁谎报火警。人员密集场所发生火灾，该场所的现场工作人员应当立即组织、引导在场人员疏散。任何单位发生火灾，必须立即组织力量扑救。邻近单位应当给予支援。消防队接到火警，必须立即赶赴火灾现场，救助遇险人员，排除险情，扑灭火灾。（故选项C正确）

　　第五十七条　公安机关消防机构及其工作人员执行职务，应当自觉接受社会和公民的监督。**任何单位和个人都有权对公安机关消防机构及其工作人员在执法中的违法行为进行检举、控告**。收到检举、控告的机关，应当按照职责及时查处。（故选项D错误）

【题32】关于高层办公楼疏散楼梯设置的说法中，错误的是（　　）

　　A. 疏散楼梯间内不得设置烧水间、可燃材料储存室、垃圾道

　　B. 疏散楼梯间内不得设有影响疏散的凸出物或其他障碍物

　　C. 疏散楼梯间必须靠外墙设置并开设外窗

　　D. 公共建筑的疏散楼梯间不得敷设可燃气体管道

【参考答案】C

【命题思路】

　　考察疏散楼梯间的设置规定。

【解题分析】

《建筑设计防火规范》GB 50016—2014

　　6.4.1　疏散楼梯间应符合下列规定：

　　1　楼梯间应能天然采光和自然通风，并宜靠外墙设置。靠外墙设置时，楼梯间、前室及合用前室外墙上的窗口与两侧门、窗、洞口最近边缘的水平距离不应小于1.0m；

　　2　**楼梯间内不应设置烧水间、可燃材料储藏室、垃圾道；**（故选项A正确）

3 **楼梯间内不应有影响疏散的凸出物或其他障碍物；**（故选项B正确）

4 封闭楼梯间、防烟楼梯间及其前室，不应设置卷帘；

5 楼梯间内不应设置甲、乙、丙类液体管道；

6 封闭楼梯间、防烟楼梯间及其前室内禁止穿过或设置可燃气体管道。**敞开楼梯间内不应设置可燃气体管道**，当住宅建筑的敞开楼梯间内确需设置可燃气体管道和可燃气体计量表时，应采用金属管和设置切断气源的阀门。（故选项D正确）

选项C中，疏散楼梯间不具备自然通风条件时应设置机械加压送风系统，可以不设置外窗，故错误。

【题33】某七氟丙烷气体灭火系统保护区的灭火剂储存容器，在20℃时容器内压力为2.5MPa，50℃时的容器内压力为4.2MPa，对该防护区灭火剂输送管道采用气压强度试验代替水压强度试验时，最小试验压力应为（　　）MPa。

  A. 3.75　　　　　　B. 4.62　　　　　　C. 4.83　　　　　　D. 6.3

【参考答案】C

【解题分析】

《气体灭火系统施工及验收规范》GB 50263—2007

E.1.3 当水压强度试验条件不具备时，可采用气压强调试验代替。气压强度试验压力取值：二氧化碳灭火系统取80%水压强度试验压力，IG541混合气体灭火系统取10.5MPa，卤代烷1301灭火系统和七氟丙烷灭火系统取1.5倍最大工作压力。

故本题为 $4.2 \times 1.15 = 4.83$ MPa，答案选C。

【题34】干式自动喷水灭火系统和预作用自动喷水灭火系统的配水管道上应设（　　）。

  A. 压力开关　　　　　　　　　B. 报警阀组

  C. 快速排气阀　　　　　　　　D. 过滤器

【参考答案】C

【解题分析】

《自动喷水灭火系统设计规范》GB 50084—2017

4.2.3 自动喷水灭火系统应有下列组件、配件和设施：

1 应设有洒水喷头、水流指示器、报警阀组、压力开关等组件和末端试水装置，以及管道、供水设施；

2 控制管道静压的区段宜分区供水或设减压阀，控制管道动压的区段宜设减压孔板或节流管；

3 应设有泄水阀（或泄水口）、排气阀（或排气口）和排污口；

4 **干式系统和预作用系统的配水管道应设快速排气阀**。有压充气管道的快速排气阀入口前应设电动阀。（选项C正确）

【题35】按照施工过程质量控制要求，消防给水系统安装前对采用的主要设备、系统组件、管材管件及其他设备、材料进行进场检验。根据现行国家标准《消防给水及消火栓系统技术规范》GB 50974，下列说法中，正确的是（　　）。

  A. 流量开关应经相应国家产品质量监督检验中心检测合格

  B. 压力开关应经国家消防产品质量监督检验中心检测合格

  C. 消防水箱应经国家消防产品质量监督检验中心检测合格

D. 安全阀应经国家消防产品质量监督检验中心检测合格

【参考答案】B

【解题分析】

《消防给水及消火栓系统技术规范》GB 50974—2014

12.2.1 消防给水及消火栓系统施工前应对采用的主要设备、系统组件、管材管件及其他设备、材料进行进场检查，并应符合下列要求：

1 主要设备、系统组件、管材管件及其他设备、材料，应符合国家现行相关产品标准的规定，并应具有出厂合格证或质量认证书；

2 消防水泵、消火栓、消防水袋、消防水枪、消防软管卷盘或轻便水龙、报警阀组、电动（磁）阀、**压力开关**、流量开关、消防水泵接合器、沟槽连接件等系统主要设备和组件，**应经国家消防产品质量监督检验中心检测合格**。（选项A错误是因为多了"相应"二字）

3 稳压泵、气压水罐、消防水箱、自动排气阀、信号阀、止回阀、**安全阀**、减压阀、倒流防止器、蝶阀、闸阀、流量计、压力表、水位计等，应经**相应**国家产品质量监督检验中心检测合格。（故选项B、D错误）

【题36】关于基层墙体与装饰层之间无空腔的建筑外墙保温系统的做法中，不符合现行国家消防技术标准的是（ ）。

A. 建筑高度54m的底层设置商业服务网点的住宅，保温系统采用燃烧性能为B_1级的保温材料

B. 建筑高度为50m的办公楼，保温系统采用燃烧性能为B_1级的保温材料

C. 建筑高度24m的办公楼，保温系统采用燃烧性能为B_2级的保温材料

D. 建筑高度18m的大学教学楼，保温系统采用燃烧性能为B_1级的保温材料

【参考答案】D

【解题分析】

《建筑设计防火规范》GB 50016—2014

6.7.4 **设置人员密集场所的建筑，其外墙外保温材料的燃烧性能应为A级。**

选项D中的大学教学楼为人员密集场所，故选项D错误。

6.7.5 与基层墙体、装饰层之间无空腔的建筑外墙外保温系统，其保温材料应符合下列规定：

1 住宅建筑：

1）建筑高度大于100m时，保温材料的燃烧性能应为A级；

2）建筑高度**大于27m**，但**不大于100m**时，保温材料的燃烧性能不应低于B_1级；（故选项A正确）

3）建筑高度不大于27m时，保温材料的燃烧性能不应低于B_2级；

2 除住宅建筑和设置人员密集场所的建筑外，其他建筑：

1）建筑高度大于50m时，保温材料的燃烧性能应为A级；

2）建筑高度**大于24m**，但**不大于50m**时，保温材料的燃烧性能不应低于B_1级；（故选项B正确）

3）建筑高度**不大于24m**时，保温材料的燃烧性能不应低于B_2级。（故选项C

正确)

【题37】对某多层住宅建筑外墙保温及装饰工程施工现场进行检查,发现该建筑外保温材料按设计采用了燃烧性能为 B_1 级的保温材料。下列外保温系统施工做法中,错误的是( )。

A. 外保温系统表面防护层使用不燃材料
B. 在外保温系统中每层沿楼板为准设置不燃材料制作的水平防火隔离带
C. 外保温系统防护层将保温材料完全包覆的防护层厚度为 15mm
D. 外保温系统中设置的水平防火隔离带的高度为 200mm

【参考答案】D
【解题分析】

《建筑设计防火规范》GB 50016—2014

6.7.7 除本规范第 6.7.3 条规定的情况外,当建筑的外墙外保温系统按本规范第 6.7 节规定采用燃烧性能为 B_1、B_2 级的保温材料时,应符合下列规定:

1 除采用 B_1 级保温材料且建筑高度不大于 24m 的公共建筑或采用 B_1 级保温材料且建筑高度不大于 27m 的住宅建筑外,建筑外墙上门、窗的耐火完整性不应低于 0.50h;

2 **应在保温系统中每层设置水平防火隔离带。防火隔离带应采用燃烧性能为 A 级的材料,防火隔离带的高度不应小于 300mm**。(故选项 B 正确,D 错误)

6.7.8 建筑的外墙外保温系统应采用**不燃材料**在其表面设置防护层,防护层应将保温材料完全包覆。除本规范第 6.7.3 条规定的情况外,当按本规范第 6.7 节规定采用 B_1、B_2 保温材料时,**防护层厚度首层不应小于 15mm,其他层不应小于 5mm**。(故选项 A、C 正确)

【题38】对建筑内的消防应急照明和疏散指示系统应定期进行维护保养,根据现行国家标准《建筑消防设施的维护与管理》GB 25201,下列检测内容中,不属于消防应急照明系统检测内容的是( )。

A. 通过报警联动,测试非消防用电应急强制切断功能
B. 切断正常供电,测试电源切换和应急照明电源充电、放电功能
C. 通过报警联动,检查应急照明系统自动转入应急工作状态的控制功能
D. 测试应急照明系统应急电源供电时间

【参考答案】A
【解题分析】

《建筑消防设施的维护管理》GB 25201—2010 附录 D

D.1 应急照明系统的检测内容主要包括切断正常供电,测量应急灯具照度,电源切换、**充电、放电共轭能**;**测试应急电源供电时间**;通过**报警联动**,检查应急灯具自动投入功能。

故选项 A 不属于检测内容。

【题39】根据现行国家标准《消防给水及消火系统技术规范》GB 50974,对室内消火栓( )应进行一次外观和漏水检查,发现存在问题的消火栓应及时修复或更换。

A. 每月   B. 每半年

C. 每季度　　　　　　　　　　D. 每年

【参考答案】C

【解题分析】

《消防给水及消火系统技术规范》GB 50974—2014

14.0.7 **每季度应对消火栓进行一次外观和漏水检查，发现有不正常的消火栓应及时更换。**

【题40】某在建工程单体体积为35000m³，设计建筑高度23.5m，临时用房建筑面积为1200m²，设置了临时室内、外消防给水系统。该建筑工程施工现场临时消防设施设置的做法中，不符合现行国家消防技术标准的是（　　）。

A. 临时室外消防给水干管的管径采用DN100

B. 设置了两根室内临时消防竖管

C. 每个室内消火栓处只设置接口，未设置水带和消防水枪

D. 在建工程临时室外消防用水量按火灾延续时间1.00h确定

【参考答案】D

【命题思路】

考察建筑工程施工现场临时消防设施的设置要求。

【解题分析】

《建设工程施工现场消防安全技术规范》GB 50720—2011

5.3.7 施工现场临时室外消防给水系统的设置应符合下列规定：

1 给水管网宜布置成环状。

2 **临时室外消防给水干管的管径**，应根据施工现场临时消防用水量和干管内水流计算速度计算确定，且**不应小于DN100**。（故选项A满足规范要求）

3 室外消火栓应沿在建工程、临时用房和可燃材料堆场及其加工场均匀布置，与在建工程、临时用房和可燃材料堆场及其加工场的外边线的距离不应小于5m。

4 消火栓的间距不应大于120m。

5 消火栓的最大保护半径不应大于150m。

5.3.10 在建工程临时**室内消防竖管**的设置应符合下列规定：

1 消防竖管的设置位置应便于消防人员操作，其数量不应少于2根，当结构封顶时，应将消防竖管设置成环状。（故选项B满足规范要求）

2 消防竖管的管径应根据在建工程临时消防用水量、竖管内水流计算速度计算确定，且不应小于DN100。

5.3.12 设置临时室内消防给水系统的在建工程，**各结构层均应设置室内消火栓接口及消防软管接口**，并应符合下列规定：

1 消火栓接口及软管接口应设置在位置明显且易于操作的部位。

2 消火栓接口的前端应设置截止阀。

3 消火栓接口或软管接口的间距，多层建筑不应大于50m，高层建筑不应大于30m。（故选项C正确，规范中仅要求设置软管接口，未要求设置水带和水枪）

5.3.6 在建工程的临时室外消防用水量不应小于表5.3.6的规定。

在建工程的临时室外消防用水量 表 5.3.6

在建工程（单体）体积	火灾延续时间(h)	消火栓用水量(L/s)	每支水枪最小流量(L/s)
10000m³＜体积≤30000m³	1	15	5
体积＞30000m³	2	20	5

根据表 5.3.6 的规定，在建工程体积大于 30000m³ 的建筑，火灾延续时间为 2.00h，故选项 D 错误。

【题41】某金属元件抛光车间的下列做法中，不符合规范要求的是（　　）。
　　A．采用铜芯绝缘导线作配线
　　B．电气设备按潮湿环境选用
　　C．导线的连接采用压接方式
　　D．带电部件的接地干线有两处与接地体相连
【参考答案】B
【解题分析】
《爆炸危险环境店里装置设计规范》GB 50058—2014
5.4.1　爆炸性环境电缆和导线的选择应符合下列规定：
3　敷设在爆炸性粉尘环境20区、21区以及22区内有剧烈震动区域的回路，均应采用**铜芯绝缘导线或电缆**。(故选项 A 正确)
5.4.3　爆炸性环境电器线路的安装应符合下列规定：
7　当电缆或导线的终端连接时，电缆内部的导线如果为绞线，其终端应采用定型端子或接线算子进行连接，铝芯绝缘导线或电缆的连接与封端应**采用压接**、熔焊或钎焊，当与设备（照明灯具除外）连接时，应采用钢铝过渡接头。(故选项 C 正确)
5.5.3　爆炸性环境内设备的保护接地应符合下列规定：
3　在爆炸危险区域不同方向，**接地干线应不少于两处与接地体连接**。(故选项 D 正确；B 不正确，应为按爆炸性（粉尘）环境选用，该题与潮湿环境无关)

【题42】某消防技术服务机构中甲、乙、丙、丁4人申请参加一级注册消防工程师资格考试，根据个人学历和工作资质，4人中不符合一级注册消防工程师资格考试报名条件的是（　　）。
　　A．甲，取得消防工程相关专业双学士学位工作满5年，其中从事消防安全技术工作满3年
　　B．乙，取得消防工程专业本科学历，工作满4年，其中从事消防安全技术工作满3年
　　C．丁，取得其他专业硕士学位，工作满3年，其中从事消防安全技术工作满2年
　　D．丙，取得消防工程专业硕士学位，工作满2年，其中从事消防安全技术工作满1年
【参考答案】C
【解题分析】
《注册消防工程师资格考试实施办法》
第十二条　一级注册消防工程师资格考试报名条件：
（一）取得消防工程专业大学专科学历，工作满6年，其中从事消防安全技术工作满4年；或者取得消防工程相关专业大学专科学历，工作满7年，其中从事消防安全技术工作

满5年。

（二）取得消防工程专业大学**本科学历**或者学位，**工作满4年**，其中从事消防安全技术工作满3年；或者取得消防工程相关专业大学本科学历，工作满5年，其中从事消防安全技术工作满4年。（故选项B满足要求）

（三）取得含消防工程专业在内的**双学士学位**或者研究生班毕业，工作**满3年**，其中**从事消防安全技术工作满2年**；或者取得消防工程专业在内的双学士学位或者研究生班毕业，工作满4年，其中从事消防安全技术工作满3年。（故选项A满足要求）

（四）取得消防工程专业**硕士学历**或者学位，**工作满2年**，其中从事消防安全技术工作满1年；或者取得消防工程相关专业硕士学历或者学位，工作满3年，其中从事消防安全技术工作满2年。（故选项D满足要求）

（五）取得消防工程专业博士学历或者学位，从事消防安全技术工作满1年；或者缺德消防工程相关专业博士学历或者学位，从事消防安全技术工作满2年。

（六）取得**其他专业相应学历**或者学位的人员，其工作年限和从事消防安全技术工作年限均相应**增加1年**。

【题43】某学校宿舍楼长度40m，宽度13m，建筑层数6层，建筑高度21m，设有室内消火栓系统，宿舍楼每层设置15间宿舍，每间宿舍学生人数为4人，每层中间沿长度方向设2m宽的走道，该楼每层灭火器布置的做法中，符合现行国家标准《建筑灭火器配置设计规范》GB 50140要求的是（　　）。

A. 在走道尽端各5m处分别布置2具MF/ABC4灭火器
B. 在走道尽端各5m处分别布置2具MF/ABC5灭火器
C. 从距走道端部5m处开始每隔10m布置一具MS/Q6灭火器
D. 从距走道端部5m处开始每隔10m布置一具MF/ABC5灭火器

【参考答案】D
【解题分析】
《建筑灭火器配置设计规范》GB 50140—2010
附录D　民用建筑灭火器配置场所的危险等级举例

民用建筑灭火器配置场所的危险等级举例　　　　表D

危险等级	举例
严重危险级	1. 县级及以上的文物保护单位、档案馆、博物馆的库房、展览室、阅览室
	2. 设备贵重或可燃物多的实验室
	3. 广播电台、电视台的演播室、道具间和发射塔楼
	4. 专用电子计算机房
	5. 城镇及以上的邮政信函和包裹分拣房、邮袋库、通信枢纽及其电信机房
	6. 客房数在50间以上的旅馆、饭店的公共活动用房、多功能厅、厨房
	7. 体育场(馆)、电影院、剧院、会堂、礼堂的舞台及后台部位
	8. 住院床位在50张及以上的医院的手术室、理疗室、透视室、心电图室、药房、住院部、门诊部、病历室
	9. 建筑面积在2000m²及以上的图书馆、展览馆的珍藏室、阅览室、书库、展览厅

续表

危险等级	举例
严重危险级	10.民用机场的候机厅、安检厅及空管中心、雷达机房
	11.超高层建筑和一类高层建筑的写字楼、公寓楼
	12.电影、电视摄影棚
	13.建筑面积在1000m²及以上的经营易燃易爆化学物品的商场、商店的库房及铺面
	14.建筑面积在200m²及以上的公共娱乐场所
	15.老人住宿床位在50张及以上的养老院
	16.幼儿住宿床位在50张及以上的托儿所、幼儿园
	17.学生住宿床位在100张及以上的学校集体宿舍
	18.县级及以上的党政机关办公大楼的会议室
	19.建筑面积在500m²及以上的车站和码头的候车(船)室、行李房
	20.城市地下铁道、地下观光隧道
	21.汽车加油站、加气站
	22.机动车交易市场(包括旧机动车交易市场)及其展销厅
	23.民用液化气、天然气灌装站、换瓶站、调压站

5.2.1 设置在A类火灾场所的灭火器，其最大保护距离应符合表5.2.1的规定。

A类火灾场所的灭火器最大保护距离（m） 表5.2.1

灭火器型式 危险等级	手提式灭火器	推车式灭火器
严重危险级	15	30
中危险级	20	40
轻危险级	25	50

6.2.1 A类火灾场所灭火器的最低配置基准应符合表6.2.1的规定。

A类火灾场所灭火器的最低配置基准 表6.2.1

危险等级	严重危险级	中危险级	轻危险级
单具灭火器最小配置灭火级别	3A	2A	1A
单位灭火级别最大保护面积(m²/A)	50	75	100

7.3.1 计算单元的最小需配灭火级别应按下式计算：

$$Q = K \frac{S}{U} \tag{7.3.1}$$

式中 Q——计算单元的最小需配灭火级别（A或B）；

S——计算单元的保护面积（m²）；

U——A类或B类火灾场所单位灭火级别最大保护面积（m²/A 或 m²/B）；

K——修正系数。

7.3.2 修正系数应按表7.3.2的规定取值。

修正系数　　　　　　　　　　　　　　　　　　　　表 7.3.2

计算单元	K
未设室内消火栓系统和灭火系统	1.0
设有室内消火栓系统	0.9
设有灭火系统	0.7
设有室内消火栓系统和灭火系统	0.5
可燃物露天堆场 甲、乙、丙类液体储罐区 可燃气体储罐区	0.3

7.3.4　计算单元中每个灭火器设置点的最小需配灭火级别应按下式计算：

$$Q_c = \frac{Q}{N} \tag{7.3.4}$$

式中　Q_c——计算单元中每个灭火器设置点的最小需配灭火级别（A 或 B）；

　　　N——计算单元中的灭火器设置点数（个）。

根据附录 D，15×4×6=360 床位，属于严重危险级场所。根据表 6.2.1 的规定，需配置 3A 级别灭火器。根据表 5.2.1 的规定，一个灭火器保护半径 15m。根据表 6.2.1 和式（7.3.1）、表 7.3.2 的规定可知：$Q=K(S/U)=0.9×(40×13/50)=9.36A≈10A$。根据式（7.3.4）可知：$N=Q/Q_c=10A/3A≈4$ 具。选项 A 是 2A 的灭火器，选项 B 中间的距离有 30m，无法全保护。选项 C 中 MS/Q6 是 1A 灭火器。故选项 D 正确。

【题 44】某化工企业的立式甲醇储罐采用液上喷射低倍数泡沫灭火系统，某消防设施检测机构对该系统进行检测，下列检测结果中，不符合现行国家消防技术标准要求的是（　　）。

A. 泡沫泵启动后 3.1min 泡沫产生器喷出泡沫

B. 自动喷泡沫试验，喷射泡沫时间为 1min

C. 泡沫液选用水成膜泡沫液

D. 泡沫混合液的发泡倍数为 10 倍

【参考答案】C

【解题分析】

《泡沫灭火系统设计规范》GB 50151—2010

3.2.3　水溶性甲、乙、丙类液体和其他对普通泡沫有破坏作用的甲、乙、丙类液体，以及用一套系统同时**保护水溶性和非水溶性甲、乙、丙类液体的，必须选用抗溶泡沫液。**（甲醇为水溶性甲类液体，必须选用抗溶泡沫液。故选项 C 错误）

4.1.10　固定式泡沫灭火系统的设计应满足在泡沫消防水泵或泡沫混合液泵启动后，**将泡沫混合液或泡沫输送到保护对象的时间不大于 5min**。（故选项 A 正确）

2.1.6　低倍数泡沫液：**发泡倍数低于 20 的灭火泡沫**。（故选项 D 正确）

《泡沫灭火系统施工及验收规范》GB 50281—2006

6.2.6　泡沫灭火系统的调试应符合下列规定：

……

2　低、中倍数泡沫灭火系统按本条第 1 款的规定喷水试验完毕，将水放空后，进行

喷泡沫试验；当为自动灭火系统时，应以自动控制的方式进行；**喷射泡沫的时间不应小于1min**。（选项B正确）

【题45】对大型地下商业建筑进行防火检查时，发现下沉式广场防风雨棚的做法中，错误的是（　　）。

A. 防风雨棚四周开口部分均匀布置

B. 防风雨棚开口高度为0.8m

C. 防风雨棚开口的面积为该空间地面面积的25%

D. 防风雨棚开口位置设置百叶，其有效排烟面积为开口面积的60%

【参考答案】B

【解题分析】

《建筑设计防火规范》GB 50016—2014

6.4.12　用于防火分隔的下沉式广场等室外开敞空间，应符合下列规定：

确需设置防风雨棚时，防风雨棚不应完全封闭，四周开口部位应**均匀布置**，开口的面积不应小于该空间地面面积的25%，**开口高度不应小于1.0m**；开口设置百叶时，百叶的有效排烟面积可按百叶通风口面积的60%计算。

选项C为0.8m，不符合规范要求。

【题46】某公司拟在一体育馆举办大型周年庆典活动，根据相关要求成立了活动领导小组，并安排公司的一名副经理担任疏散引导组的组长。根据相关规定，疏散引导组职责中不包括（　　）。

A. 熟悉体育馆所在安全通道、出口的位置

B. 在每个安全出口设置工作人员、确保通道、出口畅通

C. 安排人员在发生火灾时第一时间引导参加活动的人员从最近的安全出口疏散

D. 进行灭火和应急疏散预案的演练

【参考答案】D

【解题分析】

教材《消防安全技术综合能力》（2016年版）"疏散引导组"

疏散引导组组长由一名副职领导担任，成员由相关部门及全体人员组成。疏散引导组履行以下工作职责：

（1）掌握活动举办场所各**安全通道、出口**位置，了解安全通道、出口畅通情况。

（2）在关键部位**设置工作人员，确保通道、出口畅通**。

（3）在发生火灾或突发事件的第一时间，**引导参加活动的人员从最近的安全通道、安全出口疏散**，确保参加活动人员的生命安全。

【题47】在对某一类高层商业综合体进行检查时，查阅资料得知，该楼地上共6层，每层划分为12个防火分区，符合规范要求。该综合体外部的下列消防救援设施设置的做法中，不符合现行国家消防技术标准要求的是（　　）。

A. 仅在该楼的北侧沿长边连续布置高度12m的消防车登高操作场地

B. 消防车登高操作场地内侧与该商业综合体外墙之间的最近距离为9m

C. 建筑物与消防车登高操作场地相对应范围内有6个直通室内防烟楼梯间的入口

D. 由于该综合体外立面无窗，故在二至六层北侧外墙上每个防火分区分别设置2个消

防救援窗口

【参考答案】D

【解题分析】

《建筑设计防火规范》GB 50016—2014

7.1.8 消防车道应符合下列要求：

1 车道的净宽度和净空高度均不应小于4.0m；

2 转弯半径应满足消防车转弯的要求；

3 消防车道与建筑之间不应设置妨碍消防车操作的树木、架空管线等障碍物；

4 **消防车道靠建筑外墙一侧的边缘距离建筑外墙不宜小于5m**。（故选项B正确）

7.2.1 高层建筑应**至少沿一个长边或周边长度的1/4且不小于一个长边长度的底边**连续布置消防车登高操作场地，该范围内的裙房进深不应大于4m。

建筑高度不大于50m的建筑，连续布置消防车登高操作场地确有困难时，可间隔布置，但间隔距离不宜大于30m，且消防车登高操作场地的总长度仍应符合上述规定。（故选项A满足规范要求）

7.2.3 建筑物与消防车登高操作场地相对应的范围内，应设置直通室外的楼梯或直通楼梯间的入口。（故选项C正确）

7.2.4 厂房、仓库、公共建筑的外墙应在每层的适当位置设置可供消防救援人员进入的窗口。

7.2.5 窗口的净高度和净宽度分别不应小于0.8m和1.0m，下沿距室内地面不宜大于1.2m，**间距不宜大于20m且每个防火分区不应少于2个**，设置位置应与消防车登高操作场地相对应。窗口的玻璃应易于破碎，并应设置可在室外易于识别的明显标志。（救援窗间距不宜大于20m，选项D中仅设置2个，间距不能满足规范规定）

【题48】下列设备和设施中，属于临时高压消防给水系统构成必需的设备设施是（　　）。

　　A.消防稳压泵　　　　　　　　B.消防水泵

　　C.消防水池　　　　　　　　　D.市政管网

【参考答案】B

【解题分析】

《消防给水及消火栓系统技术规范》GB 50974—2014

2.1.3 临时高压消防给水系统：

平时不能满足水灭火设施所需的工作压力和流量，火灾时能自动启动消防水泵以满足水灭火设施所需的工作压力和流量的供水系统。

消防水泵是该系统必备的设备，选项B正确。

5.2.2 高位消防水箱的设置位置应高于其所服务的水灭火设施，且最低有效水位应满足水灭火设施最不利点处的静水压力，并应按下列规定确定：

1 一类高层公共建筑，不应低于0.10MPa，但当建筑高度超过100m时，不应低于0.15MPa；

2 高层住宅、二类高层公共建筑、多层公共建筑，不应低于0.07MPa，多层住宅不宜低于0.07MPa；

3 工业建筑不应低于0.10MPa，当建筑体积小于20000m³时，不宜低于0.07MPa；

4 自动喷水灭火系统等自动水灭火系统应根据喷头灭火需求压力确定,但最小不应小于 0.10MPa;

5 当高位消防水箱不能满足本条第 1 款~第 4 款的静压要求时,应设稳压泵。

根据 5.2.2 条第 5 款的规定,只有不满足第 1 款~第 4 款的静压要求时,才设稳压泵。所以选项 A 不是必要设施。

4.1.3 消防水源应符合下列规定:

1 市政给水、消防水池、天然水源等可作为消防水源,并宜采用市政给水;

2 雨水清水池、中水清水池、水景和游泳池可作为备用消防水源。

选项 C、D 为消防水源的形式,根据 4.1.3 条第 1 款,天然水源也可作为消防水源,可根据实际情况选择。

【题 49】 某气体灭火系统储瓶间内设有 6 只 150L 七氟丙烷灭火剂储存容器,根据现行国家标准《气体灭火系统施工及验收规范》GB 50263,各储存容器的高度差最大不宜超过（　　）mm。

A. 10　　　　　　B. 30　　　　　　C. 50　　　　　　D. 20

【参考答案】 D

【解题分析】

《气体灭火系统施工及验收规范》GB 50263

4.3.1 灭火剂储存容器及容器阀、单向阀、连接管、集流管、安全泄放装置、选择阀、阀驱动装置、喷嘴、信号反馈装置、检漏装置、减压装置等系统组件的外观质量应符合下列规定:

1 系统组件无碰撞变形及其他机械性损伤。

2 组件外露非机械加工表面保护涂层完好。

3 组件所有外露接口均设有防护堵、盖,且封闭良好,接口螺纹和法兰密封面无损伤。

4 铭牌清晰、牢固、方向正确。

5 **同一规格的灭火剂储存容器,其高度差不宜超过 20 mm。**

6 同一规格的驱动气体储存容器

【题 50】 某单层白酒仓库,占地面积 900m²,库房内未进行防火分隔,未设置自动灭火和火灾自动报警设施,储存陶坛装酒精度为 38°及以上的白酒。防火检查时提出的下列防火分区的处理措施中,正确的是（　　）。

A. 将该仓库作为一个防火分区,同时设置自动灭火系统和火灾自动报警系统

B. 将该仓库用耐火极限为 4.00h 的防火墙平均分成 4 个防火分区,并设置火灾自动报警系统

C. 将该仓库用耐火极限为 3.00h 且满足耐火完整性和耐火隔热性判定条件的防火卷帘划分 5 个防火分区,最大防火分区面积不超过 200m²

D. 将该仓库用耐火极限为 4.00h 的防火墙平均分成 2 个防火分区,并设置自动灭火系统

【参考答案】 D

【解题分析】

《建筑设计防火规范》GB 50016—2014

3.3.2 除本规范另有规定外，仓库的层数和面积应符合表3.3.2的规定。

仓库的层数和面积　　　　　　　　　表3.3.2

储存物品的火灾危险性类别		仓库的耐火等级	最多允许层数	每座仓库的最大允许占地面积和每个防火分区的最大允许建筑面积(m²)							
				单层仓库		多层仓库		高层仓库		地下或半地下仓库（包括地下或半地下室）	
				每座仓库	防火分区	每座仓库	防火分区	每座仓库	防火分区	每座仓库	防火分区
甲	3、4项	一级	1	180	60	—	—	—	—	—	—
	1、2、5、6项	一、二级	1	750	250	—	—	—	—	—	—

该白酒仓库为甲类1项，根据上表可知，甲类1项的单层仓库，每座仓库占地最大允许面积为750m²，防火分区面积为250m²，题中建筑占地面积为900m²。根据3.3.3条规定，仓库内设置自动灭火系统时每座仓库的最大允许占地面积和每个防火分区的最大允许面积可按本规范增加1.0倍，即250m²×2=500m²，应划分为2个防火分区。（故选项A不正确）

3.2.9 甲、乙类厂房和甲、乙、丙类仓库内的防火墙，其耐火极限不应低于4.00h。
故选项C不正确，只有选项D的处理措施能满足规范要求。

【题51】某消防设施检测机构的人员在对一商场的自动喷水灭火系统进行检测时，打开系统末端试水装置，在达到规定流量时水流指示器不动作，下列故障原因中，可以排除的是（　　）。

A.桨片被管腔内杂物卡阻　　　　　　B.调整螺母与触头未调试到位
C.连接水流指示器的电路脱落　　　　D.报警阀前端的水源控制阀未完全打开

【参考答案】D
【命题思路】
自动喷水灭火系统检测时故障原因。
【解题分析】
教材《消防安全技术综合能力》
水流指示器故障表现为打开末端试水装置，达到规定流量时水流指示器不动作，或者关闭末端试水装置后，水力指示器反馈信号仍然显示为动作信号。
（1）故障原因分析：
1）桨片被管腔内杂物卡阻；
2）调整螺母与触头未调试到位；
3）电路接线脱落。（故选项D可以排除）

【题52】关于消防安全管理人及其职责的说法，错误的是（　　）。
A.消防安全管理人应是单位中负有一定领导职责和权限的人员

B. 消防安全管理人应负责拟定年度消防工作计划，组织制订消防安全制度

C. 消防安全管理人应每日测试主要消防设施功能并及时排除故障

D. 消防安全管理人应组织实施防火检查和火灾隐患整改工作

【参考答案】C

【解题分析】

《机关、团体、企业、事业单位消防安全管理规定》（公安部令第61号公布）

第七条　单位可以根据需要确定本单位的消防安全管理人。消防安全管理人对单位的消防安全责任人负责，实施和组织落实下列消防安全管理工作：

（一）**拟订年度消防工作计划，组织实施日常消防安全管理工作**；

（二）**组织制订消防安全制度**和保障消防安全的操作规程并检查督促其落实；（故选项B正确）

（三）拟订消防安全工作的资金投入和组织保障方案；

（四）**组织实施防火检查和火灾隐患整改工作**；（故选项D正确）

（五）组织实施对本单位消防设施、灭火器材和消防安全标志的维护保养，确保其完好有效，确保疏散通道和安全出口畅通；

（六）组织管理专职消防队和义务消防队；

（七）在员工中组织开展消防知识、技能的宣传教育和培训，组织灭火和应急疏散预案的实施和演练；

（八）单位消防安全责任人委托的其他消防安全管理工作。

消防安全管理人应当定期向消防安全责任人报告消防安全情况，及时报告涉及消防安全的重大问题。未确定消防安全管理人的单位，前款规定的消防安全管理工作由单位消防安全责任人负责实施。

【题53】在建工程施工过程中，施工现场的消防安全责任人应定期组织消防安全管理人员对施工现场的消防安全进行检查。施工现场定期防火检查内容不包括（　　）。

　　A. 防火巡查是否记录　　　　　　B. 动火作业的防火措施是否落实
　　C. 临时消防设施是否有效　　　　D. 临时消防车道是否畅通

【参考答案】A

【命题思路】

考察施工现场定期防火检查的内容。

【解题分析】

《建设工程施工现场消防安全技术规范》GB 50720—2011

6.1.9　施工过程中，施工现场的消防安全负责人应定期组织消防安全管理人员对施工现场的消防安全进行检查。消防安全检查应包括下列主要内容：

1）可燃物及易燃易爆危险品的管理是否落实。

2）动火作业的防火措施是否落实。（选项B正确）

3）用火、用电、用气是否存在违章操作，电、气焊及保温防水施工是否执行操作规程。

4）临时消防设施是否完好有效。（选项C正确）

5）临时消防车通道及临时疏散设施是否畅通。（选项D正确）

【题54】根据现行国家标准《建筑消防设施的维护管理》GB 25201，在建筑消防设施维护管理时，应对自动喷水灭火系统进行巡查并填写《建筑消防设施巡查记录表》。下列内容中，不属于自动喷水灭火系统巡查记录内容的是（   ）。

A. 报警阀组外观，试验阀门状况、排水设施状况、压力显示值
B. 水流指示器外观及现场环境
C. 充气设备、排气设备及控制装置等的外观及运行状况
D. 系统末端试验装置外观及现场环境

【参考答案】B

【解题分析】

《建筑消防设施的维护管理》GB 25201—2010

表 C.1（续）

巡查项目	巡查内容	巡查情况					
		部位	数量	正常	故障及处理		
					故障描述	当场处理情况	报修情况
消防供水设施	消防水池、消防水箱外观，液位显示装置外观及运行状况，天然水源水位、水量、水质情况，进户管外观						
	消防水泵控制柜工作状态						
	稳压泵、增压泵、气压水罐及控制柜工作状态						
	水泵接合器外观、标识						
	系统减压、泄压装置、测试装置、压力表等外观及运行状况						
	管网控制阀门启闭状态						
	泵房照明、排水等工作环境						
消火栓（消防炮）灭火系统	室内消火栓、消防卷盘外观及配件完整情况						
	屋顶试验消火栓外观及配件完整情况、压力显示装置外观及状态显示						
	室外消火栓外观、地下消火栓标识、栓井环境						
	消防炮、炮塔、现场火灾探测控制装置、回旋装置等外观及周边环境						
	启泵按钮外观						
自动喷水灭火系统	喷头外观及距周边障碍物或保护对象的距离						
	报警阀组外观、试验阀门状况、排水设施状况、压力显示值						
	充气设备及控制装置、排气设备及控制装置、火灾探测传动及现场手动控制装置外观及运行状况						
	楼层或区域末端试验阀门处压力值及现场环境，系统末端试验装置外观及现场环境						

根据上表可知,选项 B 不属于巡查内容。

【题 55】注册消防工程师享有诸多权利,但不包括（　　）。

A. 不得允许他人以本人名义执业

B. 接受继续教育

C. 在规定范围内从事消防安全技术执业活动

D. 对侵犯本人权利的行为进行申诉

【参考答案】A

【解题分析】

《注册消防工程师管理规定》（公安部令第 143 号）

第三十一条　注册消防工程师享有下列权利：

（一）使用注册消防工程师称谓；

（二）保管和使用注册证和执业印章；

（三）**在规定的范围内开展执业活动**；

（四）对违反相关法律、法规和国家标准、行业标准的行为提出劝告,拒绝签署违反国家标准、行业标准的消防安全技术文件；

（五）**参加继续教育**；

（六）**依法维护本人的合法执业权利**。

【题 56】单位在确定消防重点部位以后,应加强对消防重点部位的管理。下列管理措施中,不属于消防重点部位管理措施的是（　　）。

A. 隐患管理　　　　　　　　　　B. 制度管理

C. 立牌管理　　　　　　　　　　D. 教育管理

【参考答案】A

【解题分析】

消防安全重点部位的管理包括：**制度管理、立牌管理、教育管理**、档案管理、日常管理、应急管理。

【题 57】某油库采用低倍数泡沫灭火系统。根据现行国家标准《泡沫灭火系统施工及验收规范》GB 50218,下列检查项目中不属于每月检查一次的项目是（　　）。

A. 系统管道清洗

B. 对储罐上的泡沫混合液立管清除锈渣

C. 泡沫喷头外观检查

D. 水源及水位指示装置检查

【参考答案】A

【解题分析】

《泡沫灭火系统施工及验收规范》GB 50218—2006

8.2.2　每月应对系统进行检查,并应按本规范 D.0.2 记录,检查内容及要求应符合下列规定：

1　对低、中、高倍数泡沫发生器,泡沫喷头,固定式泡沫炮,泡沫比例混合器（装置）,泡沫液储罐进行外观检查,应完好无损。

2　对固定式泡沫炮的回转机构、仰俯机构或电动操作机构进行检查,性能应达到标准的要求。

    3 泡沫消火栓和阀门的开启与关闭应自如，不应锈蚀。
    4 压力表、管道过滤器、金属软管、管道及附件不应有损伤。
    5 对遥控功能或自动控制设施及操纵机构进行检查，性能应符合设计要求。
    6 对储罐上的低、中倍数泡沫混合液立管应清除锈渣。
    7 动力源和电气设备工作状况应良好。
    8 水源及水位指示装置应正常。
    选项 A，属于每半年检查要求的内容。

【题58】某消防工程施工单位对自动喷水灭火系统闭式喷头进行密封性能试验，下列试验压力和保压时间的做法中，正确的是（　　）。

    A. 试验压力 2.0MPa，保压时间 5min
    B. 试验压力 3.0MPa，保压时间 1min
    C. 试验压力 3.0MPa，保压时间 3min
    D. 试验压力 2.0MPa，保压时间 2min

【参考答案】C
【解题分析】
《自动喷水灭火系统施工及验收规范》GB 50261—2005
    3.2.3 喷头的现场检验应符合下列要求：
    5 闭式喷头应进行密封性能试验，以无渗漏、无损伤为合格。试验数量宜从每批中抽查1%，但不得少于5只，**试验压力应为3.0MPa，保压时间不得少于3min**。（故选项C正确）

【题59】某消防工程施工单位的人员在细水雾灭火系统调试过程中，对系统的泵组进行调试。根据现行国家标准《细水雾灭火系统技术规范》GB 50898，下列泵组调试结果中，不符合要求的是（　　）。

    A. 以自动方式启动泵组时，泵组立即投入运行
    B. 采用柴油泵作为备用泵时，柴油泵的启动时间为 5s
    C. 控制柜进行空载和加载控制调试时，控制柜正常动作和显示
    D. 以备用电源切换方式切换启动泵组时，泵组 10s 投入运行

【参考答案】D
【解题分析】
《细水雾灭火系统技术规范》GB 50898—2013
    4.4.3 泵组调试应符合下列规定：
    1 以自动或手动方式启动泵组时，泵组应立即投入运行。
    2 以备用电源切换方式或备用泵切换启动泵组时，泵组应立即投入运行。
    3 **采用柴油泵作为备用泵时，柴油泵的启动时间不应大于5s**。
    4 控制柜应进行空载和加载控制调试，控制柜应能按其设计功能正常动作和显示。
（故选项D不符合要求）

【题60】消防控制室应保存建筑竣工图纸和与消防有关的纸质台账及电子资料。下列资料中，消防控制室可不予保存的是（　　）。

A. 消防设施施工调试记录　　　　B. 消防组织机构图
C. 消防重点部位位置图　　　　　D. 消防安全培训记录

【参考答案】A
【解题分析】

消防控制室内至少保存有下列纸质台账档案和电子资料：

1）建（构）筑物竣工后的总平面布局图、消防设施平面布置图和系统图以及安全出口布置图、**重点部位位置图**等。

2）消防安全管理规章制度、应急灭火预案、应急疏散预案等。

3）**消防安全组织结构图**，包括消防安全责任人、管理人、专职、义务消防人员等内容。

4）**消防安全培训记录**、灭火和应急疏散预案的演练记录。

5）值班情况、消防安全检查情况及巡查情况等记录。

6）消防设施一览表，包括消防设施的类型、数量、状态等内容。

7）消防联动系统控制逻辑关系说明、设备使用说明书、系统操作规程、系统及设备的维护保养制度和技术规程等。

8）设备运行状况、接报警记录、火灾处理情况、设备检修检测报告等资料。

【题61】某消防安全评估机构（二级资质）受某单位委托，对单位的重大火灾隐患整改进行咨询指导，并出具了书面结论报告。根据《社会消防技术服务管理规定》，该评估机构超越了其资质许可范围从事社会消防技术服务活动，公安机关消防机构可对其处以（　　）的处罚。

A. 五千元以上一万元以下罚款　　B. 一万元以上二万元以下罚款
C. 二万元以上三万元以下罚款　　D. 三万元以上五万元以下罚款

【参考答案】B
【解题分析】

《社会消防技术服务管理规定》（公安部令第129号）

第四十七条　消防技术服务机构违反本规定，有下列情形之一的，责令改正，处一万元以上二万元以下罚款：

（一）**超越资质许可范围从事社会消防技术服务活动的**；

（二）不再符合资质条件，经责令限期改正未改正或者在改正期间继续从事相应社会消防技术服务活动的；

（三）涂改、倒卖、出租、出借或者以其他形式非法转让资质证书的；

（四）所属注册消防工程师同时在两个以上社会组织执业的；

（五）指派无相应资格从业人员从事社会消防技术服务活动的；

（六）转包、分包消防技术服务项目的。

【题62】下列甲醇生产车间内电缆、导线的选型及敷设的做法中，不符合现行国家消防技术标准要求的是（　　）。

A. 低压电力线路绝缘导线的额定电压等于工作电压
B. 在1区内的供电线路采用铝芯电缆
C. 接线箱内的供配电电线路采用无护套的电缆

D. 电气线路在较高处敷设

【参考答案】B
【解题分析】

《城镇燃气设计规范》GB 50028—2006

5.4.1 爆炸性环境电缆和导线的选择应符合下列规定：

1 在爆炸环境内，低压电力、照明线路采用的绝缘导线和电缆的额定电压应高于或等于工作电压，且U_0/U不用低于工作电压。中性线的额定电压应与相线电压相等，并应在同一护套或保护管内敷设。（选项A满足规范要求）

2 在爆炸危险区内，除在配电盘、接线箱或采用金属导管配线系统内，无护套的电线不应作为供配电线路。（故选项C满足规范要求）

3 在1区内应采用铜芯电缆；除本质安全电路外，在2区内宜采用铜芯电缆，当采用铝芯电缆时，其截面不得小于$16mm^2$，且与电气设备的连接应采用钢-铝过渡接头。敷设在爆炸性粉尘环境20区、21区以及在22区内有剧烈振动区域的回路，均应采用铜芯绝缘导线或电缆。（故选项B不符合规范要求）

【题63】某5层宾馆，中部有一个贯通各层的中庭，在二层至五层的中庭四周采用防火卷帘与其他部位分隔，首层中庭未设置防火分隔措施，其他区域划分为若干防火分区，防火分区面积符合规范要求。下列检查结果中，不符合现行国家消防技术标准的是（　　）。

A. 中庭区域火灾报警信号确认后，中庭四周的防火卷帘直接下降到楼板面
B. 二层两个防火分区之间防火分隔部位长度为40m，使用防火墙和15m宽的防火卷帘作为防火分隔物
C. 一层两个防火分区之间防火分隔部位长度为25m，使用防火墙和10m宽的防火卷帘作为防火分隔物
D. 各分区之间的防火卷帘在切断电源后能依靠其自重下降，但不能自动上升

【参考答案】B
【解题分析】

《建筑设计防火规范》GB 50016—2014

6.5.3 防火分隔部位设置防火卷帘时，应符合下列规定：

1 除中庭外，当防火分隔部位的宽度不大于30m时，防火卷帘的宽度不应大于10m；当防火分隔部位的宽度大于30m时，防火卷帘的宽度不应大于该部位宽度的1/3，且不应大于20m。（故选项C正确，B错误）

2 防火卷帘应具有火灾时靠自重自动关闭功能。（故选项D正确）

3 除本规范另有规定外，防火卷帘的耐火极限不应低于本规范对所设置部位墙体的耐火极限要求。

当防火卷帘的耐火极限符合现行国家标准《门和卷帘的耐火试验方法》GB/T 7633有关耐火完整性和耐火隔热性的判定条件时，可不设置自动喷水灭火系统保护。

当防火卷帘的耐火极限仅符合现行国家标准《门和卷帘的耐火试验方法》GB/T 7633有关耐火完整性的判定条件时，应设置自动喷水灭火系统保护。自动喷水灭火系统的设计应符合现行国家标准《自动喷水灭火系统设计规范》GB 50084的规定，但火灾延续时间不应小于该防火卷帘的耐火极限。

4 防火卷帘应具有防烟性能，与楼板、梁、墙、柱之间的空隙应采用防火封堵材料封堵。

5 需在火灾时自动降落的防火卷帘，应具有信号反馈的功能。

6 其他要求，应符合现行国家标准《防火卷帘》GB 14102 的规定。

【题 64】消防设施检测机构的人员对某建筑内火灾自动报警系统进行检测时，对在宽度小于 3m 的内走道顶棚上的点型感烟探测器进行检查。下列检测结果中，符合现行国家消防技术标准要求的是（　　）。

　　A. 探测器的安装间距为 16m　　　　B. 探测器至端墙的距离为 8m
　　C. 探测器的安装间距为 14m　　　　D. 探测器至端墙的距离为 10m

【参考答案】C

【解题分析】

《火灾自动报警系统设计规范》GB 50116—2013

6.2.4 在宽度小于 3m 的内走道顶棚上设置点型探测器时，宜居中布置。感温火灾探测器的安装间距不应超过 10m；**感烟火灾探测器的安装间距不应超过 15m**；探测器至端墙的距离，不应大于探测器安装间距的 1/2。（故选项 C 正确）

【题 65】某消防工程施工单位在消火栓系统安装结束后对系统进行调试。根据《消防给水及消火栓系统技术规范》GB 50974，关于消火栓调试和测试的说法，正确的是（　　）。

　　A. 只需测试一层消火栓的水流量、压力
　　B. 应根据试验消火栓的流量，检测减压阀的减压能力
　　C. 应在消防水泵启动后，检测消防水泵自动停泵的时间
　　D. 应检查旋转型消火栓的性能

【参考答案】D

【解题分析】

《消防给水及消火栓系统技术规范》GB 50974—2014

13.1.8 消火栓的调试和测试应符合下列规定：

1 试验消火栓动作时，应检测消防水泵是否在本规范规定的时间内自动启动；

2 试验消火栓动作时，应测试其出流量、压力和充实水柱的长度；并应根据消防水泵的性能曲线核实消防水泵供水能力；

3 **应检查旋转型消火栓的性能能否满足其性能要求**；（故选项 D 正确）

4 应采用专用检测工具，测试减压稳压型消火栓的阀后动静压是否满足设计要求。

检查数量：全数检查。

检查方法：使用压力表、流量计和直观检查。

【题 66】下列检查项目中，不属于推车式干粉灭火器进场检查项目的是（　　）。

　　A. 间歇喷射机构　　　　B. 筒体
　　C. 灭火器结构　　　　　D. 行驶机构

【参考答案】A

【解题分析】

《建筑灭火器配置验收及检查规范》GB 50444—2008

2.2.1 灭火器的进场检查应符合下列要求：
1 灭火器应符合市场准入的规定，并应有出厂合格证和相关证书；
2 灭火器的铭牌、生产日期和维修日期等标志应齐全；
3 灭火器的类型、规格、灭火级别和数量应符合配置设计要求；
4 灭火器**筒体**应无明显缺陷和机械损伤；
5 灭火器的保险装置应完好；
6 灭火器的压力指示器的指针应在绿区范围内；
7 推车式灭火器的**行驶机构**应完好。

教材《消防安全技术综合能力》
对灭火器的结构检查包括：
（1）检查内容。检查灭火器结构以及保险机构、器头（阀门）、压力指示器、喷射软管及喷嘴、推车式灭火器推行机构等装配质量。（故答案为A）

【题67】某消防设施检测机构对一单位设置的局部应用干粉灭火系统进行检测。关于系统保护对象环境及系统功能的下列结果中，不符合现行国家消防技术标准要求的是（　　）。

　　A. 喷射的干粉覆盖保护对象垂直投影面积的120％
　　B. 可燃液体液面至容器缘口的距离为155mm
　　C. 保护对象周转的空气流动速度最大为3m/s
　　D. 干粉喷射时间为60s

【参考答案】C
【解题分析】
《干粉灭火系统设计规范》GB 50347—2004，
3.3.3 当采用面积法设计时，应符合下列规定：
1 保护对象计算面积应取被保护表面的**垂直投影面积**。（故选项A正确）
……
3.1.3-3 当保护对象为可燃液体时，页面至容器缘口的距离不得小于150mm。（故选项B正确）
3.1.2-1 保护对象周围的空气流动速度最大为2m/s。（故选项C错误）
3.3.2 室内局部应用灭火系统的干粉喷射时间不应小于30s，室外或有复燃危险的室内局部应用系统的干粉喷射时间不应小于60s。（故选项D正确）

【题68】下列设施中不属于消防车取水用的设施是（　　）。
　　A. 市政消火栓　　　　　　　　B. 消防水池取水口
　　C. 水泵接合器　　　　　　　　D. 消防水鹤

【参考答案】C
【解题分析】
消防水泵接合器是提供消防车向消防给水管网输送消防用水的预留口，既可用于补充消防水量，也可用于提高消防给水管网的水压，其作用主要是向室内消防设施供水。

【题69】消防安全重点单位"三项"报告备案制度中，不包括（　　）。
　　A. 消防安全管理人员报告备案　　　　B. 消防设施维护保养报告备案

C. 消防规章制度报告备案　　　　　D. 消防安全自我评估报告备案

【参考答案】C

【解题分析】

教材《消防安全技术综合能力》第5篇第2章第3节

消防安全重点单位"三项"报告备案制度包括：消防安全管理人员报告备案、消防设施维护保养报告备案、消防安全自我评估报告备案。

【题70】在防排烟系统中，系统组件在正常状态下的启闭状态是不同的，关于防排烟系统组件启闭状态的说法中，正确的是（　　）。

A. 加压送风口既有常开式，也有常闭式

B. 排烟防火阀及排烟阀平时均呈开启状态

C. 排烟防火阀及排烟阀平时均呈关闭状态

D. 自垂百叶式加压送风口平时呈开启状态

【参考答案】A

【解题分析】

教材《消防安全技术综合能力》第3篇第11章第1节

加压送风口，分为**常开式**、**常闭式**和**自垂百叶式**。常开式即普通的固定叶片或百叶风口；常闭式采用手动或电动开启，常用于前室或合用前室；**自垂百叶式平时靠百叶重力自行关闭**，加压时自行开启，常用于防烟楼梯间。（故选项A正确，D错误；排烟防火阀既有常开式也有常闭式，选项B、C均错误）

加压送风口：靠烟感器控制动作，电信号开启，也可手动（或远距离缆线）开启；可设280℃温度熔断器重新关闭装置，输出动作电信号；联动送风机开启。用于加压送风系统的风口，起感烟、防烟作用。

【题71】某消防工程施工单位对自动喷水灭火系统的喷头进行安装前检查，根据现行国家标准《自动喷水灭火系统施工及验收规范》GB 50261，关于喷头现场检查的说法，错误的是（　　）。

A. 喷头螺纹密封面应无缺丝、断丝现象

B. 喷头商标、型号等标志应齐全

C. 每批应抽查3只喷头进行密封性能试验，且试验合格

D. 喷头外观应无加工缺陷和机械损伤

【参考答案】C

【解题分析】

《自动喷水灭火系统施工及验收规范》GB 50261—20053

3.2.3 喷头的现场检验应符合下列要求：

1 **喷头的商标、型号、公称动作温度，响应时间指数（RTI）、制造厂及生产日期等标志应齐全**。

2 喷头的型号、规格等应符合设计要求。

3 **喷头外观应无加工缺陷和机械损伤**。

4 **喷头螺纹密封面应无伤痕、毛刺、缺丝或断丝现象**。

5 闭式喷头应进行密封性能测试，以无渗漏、无损伤为合格。试验数量宜从每批中

抽查1%，但不得少于5只，试验压力应为3.0MPa，保压时间不得少于3min。当两只及两只以上不合格时，不得使用该批喷头。当仅有一只不合格时，应再抽查2%，但不得少于10只，并重新进行密封性能试验，当仍有不合格时，亦不得使用该批喷头。

【题72】某大型食品冷藏库独立建造一个氨制冷机房，该氨制冷机房应确定为（　　）。

A. 乙类厂房　　　　　　　　B. 乙类仓库
C. 甲类厂房　　　　　　　　D. 甲类仓库

【参考答案】A
【解题分析】

《建筑设计防火规范》GB 50016—2014

3.1.3 储存物品的火灾危险性应根据储存物品的性质和储存物品中的可燃物数量等因素划分，可分为甲、乙、丙、丁、戊类，并应符合表3.1.3的规定。

储存物品的火灾危险性分类　　　　　　　　　　　　　　　　表3.1.3

储存物品的火灾危险性类别	储存物品的火灾危险性特征
甲	1. 闪点小于28℃的液体； 2. 爆炸下限小于10%的气体，受到水或空气中水蒸气的作用能产生爆炸下限小于10%气体的固体物质； 3. 常温下能自行分解或在空气中氧化能导致迅速自燃或爆炸的物质； 4. 常温下受到水或空气中水蒸气的作用，能产生可燃气体并引起燃烧或爆炸的物质； 5. 遇酸、受热、撞击、摩擦以及遇有机物或硫磺等易燃的无机物，极易引起燃烧或爆炸的强氧化剂； 6. 受撞击、摩擦或与氧化剂、有机物接触时能引起燃烧或爆炸的物质
乙	1. 闪点不小于28℃，但小于60℃的液体； 2. 爆炸下限不小于10%的气体； 3. 不属于甲类的氧化剂； 4. 不属于甲类的易燃固体； 5. 助燃气体； 6. 常温下与空气接触能缓慢氧化，积热不散引起自燃的物品

根据上表可知，爆炸下限不小于10%的气体生产场所的火灾危险性应划分为乙类，氨的爆炸下限为15%，氨制冷机房应确定为乙类厂房。本题答案为A。

【题73】在对某办公楼进行检查时，调阅图纸资料得知，该楼为钢筋混凝土框架结构，柱、梁、楼板的设计耐火极限分别为3.00h、2.00h、1.50h，每层划分为2个防火分区。下列检查结果中，不符合现行国家消防技术标准的是（　　）。

A. 将内走廊上原设计的常闭式甲级防火门改为常开式甲级防火门
B. 将二层原设计的防火墙移至一层餐厅中部的次梁对应位置上，防火分区面积仍然符合规范要求
C. 将其中一个防火分区原设计活动式防火窗改为常闭式防火窗
D. 排烟防火阀处于开启状态，但能与火灾报警系统联动和现场手动关闭

【参考答案】B
【解题分析】

《建筑设计防火规范》GB 50016—2014

6.1.1 防火墙应直接设置在建筑的基础或框架、梁等承重结构上,框架、梁等承重结构的耐火极限不应低于防火墙的耐火极限。

防火墙应从楼地面基层隔断至梁、楼板或屋面板的底面基层。当高层厂房(仓库)屋顶承重结构和屋面板的耐火极限低于1.00h,其他建筑屋顶承重结构和屋面板的耐火极限低于0.50h时,防火墙应高出屋面0.5m以上。

故选项B不符合规范要求。

【题74】 对干粉灭火系统进行维护管理时,下列检查项目中,属于每月检查一次的项目是( )。

A. 驱动气瓶充装量 B. 启动气体储瓶压力
C. 灭火控制器运行情况 D. 官网、支架及喷放组件

【参考答案】 A

【解题分析】

干粉灭火系统周期性检查内容如下:

频次	检查项目
日检查内容	(1)干粉储存装置外观 (2)灭火控制器运行情况(选项C) (3)启动气体储瓶和驱动气体储瓶压力(选项B)
月检查内容	(1)干粉储存装置部件 (2)驱动气体储瓶充装量(选项A)
年检查内容	(1)防护区及干粉储存装置间 (2)管网、支架及喷放组件(选项D) (3)模拟启动检查

【题75】 单层平面屋面多功能厅,建筑面积600m²,屋面板底距室内地面7.0m,结构梁从顶板突出0.6m,吊顶采用镂空轻钢格栅,吊顶下表面距离室内地面5.5m,该多功能厅设有自动喷水灭火系统、火灾自动报警系统和机械排烟系统。下列关于该多功能厅防烟分区划分的说法中,正确的是( )。

A. 该多功能厅应采用屋面板底下垂高不小于0.5m的挡烟垂壁划分为2个防烟分区
B. 该多功能厅应利用室内结构梁划分为2个防烟分区
C. 该多功能厅应采用自吊顶底下垂高不小于0.5m的活动挡烟垂壁划分为2个防烟分区
D. 该多功能厅可不划分防烟分区

【参考答案】 D

【解题分析】

《建筑防烟排烟系统技术标准》GB 51251—2017

4.2.4 公共建筑、工业建筑防烟分区的最大允许面积及其长边最大允许长度应符合表4.2.4的规定,当工业建筑采用自然排烟系统时,其防烟分区的长边长度尚不应大于建筑内空间净高的8倍。

公共建筑、工业建筑防烟分区的最大允许面积及其长边最大允许长度　　表 4.2.4

空间净高 H(m)	最大允许面积(m^2)	长边最大允许长度(m)
$H \leqslant 3.0$	500	24
$3.0 < H \leqslant 6.0$	1000	36
$H > 6.0$	2000	60m;具有自然对流条件时,不应大于75m

从上表可知,本多功能厅净高大于 6.0m,其防烟分区最大允许面积可达 $2000m^2$,而本多功能厅建筑面积 $600m^2$,可不划分防烟分区。故选项 D 正确。

【题76】消防设施检测机构对某单位的火灾报警系统进行验收前的检测,根据现行国家标准《火灾自动报警系统施工及验收规范》GB 50166,该单位的下列做法中,错误的是（　　）。

A. 对消防电梯进行 2 次报警联动控制功能检验
B. 对自动喷水系统给水泵在消防控制室内进行 3 次远程启泵操作试验
C. 对防排烟风机进行 4 次报警联动启动试验
D. 对各类消防用电设备主、备用电源的自行转换装置进行 1 次转换试验

【参考答案】D
【解题分析】
《火灾自动报警系统施工及验收规范》GB 50166—2007
5.1.5　系统中各装置的安装位置、施工质量和功能等的验收数量应满足以下要求:

1　各类消防用电设备主、备电源的自动转换装置,应进行 3 次转换试验,每次试验均应正常。（故选项 D 错误）

5　自动喷水灭火系统,应在符合现行国家标准《自动喷水灭火系统设计规范》GB 50084 的条件下,抽验下列控制功能:

1）**在消防控制室内操作启、停泵 1~3 次**；（故选项 B 正确）
2）水流指示器、信号阀等按实际安装数量的 30%~50%的比例抽验；
3）压力开关、电动阀、电磁阀等按实际安装数量全部进行检验。

8　防烟排烟风机应全部检验,通风空调和防排烟设备的阀门,应按实际安装数量的 10%~20%的比例抽验,并抽验联动功能,且应符合下列要求:

1）**报警联动启动、消防控制室直接启停、现场手动启动联动防烟排烟风机 1~3 次**；（故选项 C 正确）
2）报警联动停、消防控制室远程停通风空调送风 1~3 次；
3）报警联动开启、消防控制室开启、现场手动开启防排烟阀门 1~3 次。

9　**消防电梯应进行 1~2 次手动控制和联动控制功能检验**,非消防电梯应进行 1~2 次联动返回首层功能检验,其控制功能、信号均应正常。（故选项 A 正确）

【题77】各地在智慧消防建设过程中,积极推广应用城市远程监控系统,根据国家标准《城市消防远程监控系统技术规范》GB 50440,下列系统和装置中,属于城市消防远程监控系统构成部分的是（　　）。

A. 用户信息传输装置　　　　　　B. 火灾警报装置
C. 火灾探测报警系统　　　　　　D. 消防联动控制系统

【参考答案】A

【解题分析】

《城市消防远程监控系统技术规范》GB 50440—2007

4.3.1 远程监控系统应由用户信息传输装置、报警传输网络、报警受理系统、信息查询系统、用户服务系统及相关终端和接口构成。

【题78】某公共建筑内设置喷头1000只,根据现行国家标准《自动喷水灭火系统施工及验收规范》GB 50261,对喷淋系统进行验收时,应对现场安装的喷头规格、安装间距分别进行抽查,分别抽查的喷头数量为(　　)。

A. 20个、10个　　　　　　　　B. 100个、50个
C. 25个、10个　　　　　　　　D. 50个、25个

【参考答案】B

【解题分析】

《自动喷水灭火系统施工及验收规范》GB 50261—2005

8.0.9 喷头验收应符合下列要求:

1 喷头设置场所、规格、型号、公称动作温度、响应时间指数(RTI)应符合设计要求。

检查数量:**抽查设计喷头数量10%,总数不少于40个,合格率应为100%。**

检查方法:对照图纸尺量检查。

2 喷头安装间距,喷头与楼板、墙、梁等障碍物的距离应符合设计要求。

检查数量:抽查设计喷头数量5%,总数不少于20个,距离偏差±15mm,合格率不小于95%时为合格。

检验方法:对照图纸尺量检查。

【题79】根据《社会消防安全教育培训规定》(公安部令第109号),关于单位消防安全培训的主要内容和形式的说法,错误的是(　　)。

A. 各单位应对新上岗和进入新岗位的职工进行上岗前消防安全培训
B. 各单位应对在岗的职工每年至少进行一次消防安全培训
C. 各单位至少每年组织一次灭火、应急疏散演练
D. 各单位职工应具备消除火灾隐患的能力、扑救初级火灾的能力、组织人员疏散逃生的能力

【参考答案】D

【解题分析】

《社会消防安全教育培训规定》(公安部令第109号)

第十四条　单位应当根据本单位的特点,建立健全消防安全教育培训制度,明确机构和人员,保障教育培训工作经费,按照下列规定对职工进行消防安全教育培训:

(一)定期开展形式多样的消防安全宣传教育;

(二)对新上岗和进入新岗位的职工进行上岗前消防安全培训;(选项A正确)

(三)对在岗的职工每年至少进行一次消防安全培训;(选项B正确)

(四)消防安全重点单位每半年至少组织一次、其他单位每年至少组织一次灭火和应急疏散演练。(选项C正确)

单位对职工的消防安全教育培训应当将本单位的火灾危险性、防火灭火措施、消防设施及灭火器材的操作使用方法、人员疏散逃生知识等作为培训的重点。

【题80】对某大型工厂进行防火检查，发现的下列火灾隐患中，可以直接判定为重大火灾隐患的是（　　）。

　　A. 室外消防给水系统消防泵损坏
　　B. 将氨压缩机房设置在厂房的地下一层
　　C. 在主厂房的消防车道上堆满了货物
　　D. 在2号车间与3号车间之间的防火间距空地搭建了一个临时仓库

【参考答案】B

【命题思路】

考察重大火灾隐患的判定。

【解题分析】

《重大火灾隐患判定方法》GA 653—2006

下列重大火灾隐患可以直接判定：

6.4 甲、乙类生产场所和仓库设置在建筑的地下室或半地下室。

选项A、C、D均属于综合判定要素。

二、多项选择题（共20题，每题2分。每题的备选项中，有2个或2个以上符合题意，至少有1个错项。错选，本题不得分；少选，所选的每个选项得0.5分）

【题81】根据现行国家标准《建筑灭火器配置验收及检查规范》GB 50444，下列灭火器中，应报废的有（　　）。

　　A. 筒体表面有凹坑的灭火器
　　B. 出厂期满2年首次维修后，4年内又维修2次的干粉灭火器
　　C. 出厂满10年的二氧化碳灭火器
　　D. 无间隙喷射机构的手提式灭火器
　　E. 筒体为平底的灭火器

【参考答案】ADE

【解题分析】

《建筑灭火器配置验收及检查规范》GB 50444—2008

5.4.2 有下列情况之一的灭火器应报废：

1 筒体严重锈蚀，锈蚀面积大于等于筒体总面积的1/3，**表面有凹坑**；

2 筒体明显变形，机械损伤严重；

3 筒体存在裂纹，无泄压机构；

4 **筒体为平底等结构不合理**；

5 **没有间歇喷射机构的手提式**；

6 没有生产厂名称和出厂年月，包括铭牌脱落，或虽有铭牌，但已看不清生产厂名

称，或出厂年月钢印无法识别；

7 筒体有锡焊、钢焊或补焊等修补痕迹；

8 被火烧过。

5.4.3 灭火器出厂时间达到或超过表 5.4.3 规定的报废期限时应报废。

灭火器的报废期限　　　　　　　　表 5.4.3

灭火器类型		报废期限(年)
水基型灭火器	手提式水基型灭火器	6
	推车式水基型灭火器	
干粉灭火器	手提式(贮压式)干粉灭火器	10
	手提式(储气瓶式)干粉灭火器	
	推车式(贮压式)干粉灭火器	
	推车式(储气瓶式)干粉灭火器	
洁净气体灭火器	手提式洁净气体灭火器	
	推车式洁净气体灭火器	
二氧化碳灭火器	手提式二氧化碳灭火器	12
	推车式二氧化碳灭火器	

可知选项 C 错误，二氧化碳灭火器报废期限是 12 年。

【题 82】在自动喷水灭火系统设备和组件安装完成后应对系统进行测试，根据现行国家标准《自动喷水灭火系统施工及验收规范》GB 50261，系统调试主控项目应包括的内容有（　　）。

A. 电动阀调试　　　　　　　　　　B. 水源测试

C. 消防水泵调试　　　　　　　　　D. 排水设施调试

E. 稳压泵调试

【参考答案】BCDE

【解题分析】

《自动喷水灭火系统施工及验收规范》GB 50261—2017

7.2.1 系统调试应包括下列内容：

1 **水源测试**。

2 **消防水泵调试**。

3 **稳压泵调试**。

4 **报警阀调试**。

5 **排水设施调试**。

6 联动试验。

【题 83】对某公共建筑火灾自动报警系统的控制器进行功能检查。下列检查结果中，符合现行国家消防技术标准要求的有（　　）。

A. 控制器与探测器之间的连线短路，控制器在 120s 时发出故障信号

B. 在故障状态下，使任一非故障部位的探测器发出火灾报警信号，控制器在 70s 时发出火灾报警信号

C. 控制器与探测器之间的连线短路，控制器在80s时发出故障信号

D. 在故障状态下，使任一非故障部位的探测器发出火灾报警信号，控制器在50s时发出火灾报警信号

E. 控制器与备用电源之间的连线短路，控制器在90s时发出故障信号

【参考答案】CDE

【解题分析】

《火灾自动报警系统施工及验收规范》GB 50166—2007

4.3.2 按现行国家标准《火灾报警控制器》GB 4717 的有关要求对控制器进行下列功能检查并记录：

1 检查自检功能和操作级别。

2 使控制器与探测器之间的连线断路和短路，控制器应在100s内发出故障信号（短路时发出火灾报警信号除外）；在故障状态下，使任一非故障部位的探测器发出火灾报警信号，控制器应在1min内发出火灾报警信号，并应记录火灾报警时间；再使其他探测器发出火灾报警信号，检查控制器的再次报警功能。（故选项C、D正确）

3 检查消声和复位功能。

4 使控制器与备用电源之间的连线断路和短路，控制器应在100s内发出故障信号。（故选项E正确）

【题84】对某动物饲料加工厂的谷物碾磨车间进行防火检查，查阅资料得知，该车间耐火等级为一级，防火分区划分符合规范要求。该车间的下列做法中，符合现行国家消防技术标准要求的有（　　）。

A. 配电站设于厂房内的一层，采用防火墙和耐火极限1.50h的楼板与其他区域分隔，墙上的门为甲级防火门

B. 位于厂房三层的运行调度监控室采用防火墙和耐火极限1.50h的楼板与其他部分分隔，且设有独立使用的防烟楼梯间

C. 车间办公室贴邻厂房外墙设置，采用耐火极限4.00h的防火墙与厂房分隔，并设有独立的安全出口

D. 设置在一层的产品临时存放仓库单独划分防火分区

E. 位于二层的饲料添加剂仓库（丙类）采用防火墙和耐火极限为1.50h的楼板与其他部分分隔，墙上的门为甲级防火门

【参考答案】DE

【解题分析】

谷物碾磨车间为有爆炸危险的乙类厂房。

《建筑设计防火规范》GB 50016—2014

3.3.8 变、配电站不应设置在甲、乙类厂房内或贴邻，且不应设置在爆炸性气体、粉尘环境的危险区域内。供甲、乙类厂房专用的10kV及以下的变、配电站，当采用无门、窗、洞口的防火墙分隔时，可以一面贴邻，并应符合现行国家标准《爆炸危险环境电力装置设计规范》GB 50058等的规定。

乙类厂房的配电站确需在防火墙上开窗时，应采用甲级防火窗。（选项A错误）

3.6.8 有爆炸危险的甲、乙类厂房的总控制室应独立设置。

3.6.9 有爆炸危险的甲、乙类厂房的分控制室宜独立设置,当贴邻外墙设置时,应采用耐火极限不低于3.00h的防火隔墙与其他部位分隔。

根据3.6.8条、3.6.9条的规定,选项B中运行的调度监控室,如果是总控制室,应独立设置;如果是分控制室,宜独立设置。当贴邻外墙设置时,应采用耐火极限不低于3.00h的防火隔墙与其他部位分隔。故选项B错误。

3.3.5 办公室、休息室等不应设置在甲、乙类厂房内,确需贴邻本厂房时,其耐火等级不应低于二级,并应采用耐火极限不低于3.00h的防爆墙和厂房分隔,且应设置独立的安全出口。(选项C错误)

3.3.6 厂房内设置中间仓库时,应符合下列规定:

1 甲、乙类中间仓库应靠外墙布置,其储量不宜超过1昼夜的需要量;

2 甲、乙、丙类中间仓库应采用防火墙和耐火极限不低于1.50h的不燃性楼板与其他部位分隔;

3 丁、戊类中间仓库应采用耐火极限不低于2.00h的防火隔墙和1.00h的楼板与其他部位分隔;

4 仓库的耐火等级和面积应符合本规范第3.3.2条和第3.3.3条的规定。(故选项D、E正确)

【题85】五星级酒店拟进行应急预案演练,在应急预案演练、保障方面,酒店拟从人员、经费、场地、物质和器材等各方面都给予保障。在物质和器材方面,酒店应提供(   )。

A. 信息材料   B. 建筑模型
C. 应急抢险物资   D. 录音摄像设备
E. 通信器材

【参考答案】ACDE

【解题分析】

教材《消防安全技术综合能力》第5篇第4章第3节"物资和器材保障"

根据需要,准备必要的演练材料、物资和器材,制作必要的模型设施等,主要包括:

(1) **信息材料**。信息材料主要包括应急预案和演练方案的纸质文本、演示文稿、图标、地图、软件等。

(2) **物资设备**。物资设备主要包括各种应急抢险物资、特种设备、办公设备、**录音摄像设备**、信息显示设备等。

(3) **通信器材**。通信器材主要包括固定电话、移动电话、对讲机、海事卫星电话、传真机、计算机、无线局域网、视频通信器材和其他配套器材。在进行应急预案演练时应尽可能使用已有通信器材。

(4) **演练情景模型**。进行应急预案演练时应搭建必要的模拟场景及装置设施。

【题86】消防设施检测机构对某建筑的机械排烟系统进行检测时,打开排烟阀,消防控制室接到风机启动的反馈信号,现场测量,排烟口入口处排烟风速过低。排烟口风速过低的可能原因有(   )。

A. 风机反转   B. 风道阻力过大
C. 风口尺寸偏小   D. 风机位置不当
E. 风道漏风量过大

【参考答案】BE
【解题分析】
题干明确排烟口入口处排烟风速过低，如果发生风机反转，后果是排烟口入口处变送风，因此选项 A 错误。风道阻力过大可导致风量变小，因此选项 B 正确。在排烟量一定的情况下，风口尺寸过小会导致风速加大，因此选项 C 错误。风机位置不当的情况，包括风机与墙距离不够的情况下，这些情况并不能造成排烟口风速过低，因此选项 D 错误。风道漏风量过大，会导致风量不足，排烟口处风速过低，因此选项 E 正确。

【题87】某单位的图书馆书库采用无管网七氟丙烷气体灭火装置进行防护，委托消防检查机构对该气体灭火系统进行检测。下列检测结果中，符合现行国家消防技术标准要求的有（　　）。
　　A. 系统仅设置自动控制、手动控制两种启动方式
　　B. 防护区内设置 10 台预制灭火装置
　　C. 防护区门口未设手动与自动控制的转换装置
　　D. 储存容器的充装压力为 4.2MPa
　　E. 气体灭火系统采用自动控制方式

【参考答案】AB
【解题分析】
《气体灭火系统设计规范》GB 50370—2005
　　3.1.14 一个防护区设置的预制灭火系统，其装置数量不宜超过10台。（选项 B 正确）
　　5.0.2 管网灭火系统应设**自动控制，手动控制和机械应急操作**三种启动方式，预制灭火系统应自动控制和手动控制两种启动方式。（选项 A 正确，E 错误）
　　5.0.4 灭火设计浓度或实际使用浓度大于无毒性反应浓度（NOAEL 浓度）的防护区和采用热气溶胶预制灭火系统的防护区，**应设手动与自动控制的转换装置**。当人员进入防护区时，应能将灭火系统转换为手动控制方式；当人员离开时，应能恢复为自动控制方式。防护区内外应设手动、自动控制状态的显示装置。（选项 C 错误，B 正确）
　　6.0.8 防护区内设置的预制灭火系统的冲压压力**不应大于 2.5MPa**。（选项 D 错误）

【题88】在进行建筑消防安全评估时，关于疏散时间的说法，正确的有（　　）。
　　A. 疏散开始时间是指从起火到开始疏散的时间
　　B. 疏散开始时间不包括火灾探测时间
　　C. 疏散行动时间是指从疏散开始至疏散到安全地点的时间
　　D. 与疏散相关的火灾探测时间可以采用喷头动作的时间
　　E. 疏散准备时间与通知人们疏散方式有较大关系

【参考答案】ACDE
【解题分析】
教材《消防安全技术综合能力》第4篇第3章第5节"安全疏散"
（一）安全疏散标准
1. 疏散开始时间即从起火到开始疏散的时间。（选项 A 正确）
2. 疏散行动时间即从疏散开始至疏散到安全地点的时间，它由疏散动态模拟模型得到。（选项 C 正确）

（三）疏散的相关参数

1. 火灾探测时间

设计方案中所采用的火灾探测器类型和探测方式不同，探测到火灾的时间也不相同，通常，感烟探测器要快于感温探测器，感温探测器快于自动喷火灭火器系统喷头的动作时间。一般情况下，对于安装火灾感温探测器的区域，火灾探测时间可采用DETACT分析软件进行预测，对于安装感烟探测器的区域，火灾可通过计算各火灾场景内烟感探测动作时间来确定，为了安全起见，**也可将喷淋头动作的时间作为火灾探测时间**。（选项D正确）

2. 疏散准备时间

发生火灾时，通知人们疏散的方式不同，建筑物的功能和室内环境不同，人们得到发生火灾的消息并准备疏散的时间也不同。（选项E正确）

疏散开始时间包括火灾探测时间。（选项B错误）

【题89】对某城市综合体进行防火检查，发现存在火灾隐患。根据重大火灾隐患综合判定规则，下列火灾隐患中，存在2条即可判定为重大火灾隐患的是（　　）。

A. 自动喷水灭火系统的消防水泵损坏
B. 设在四层的卡拉OK厅未按规定设置排烟措施
C. 地下一层超市防火卷帘门不能正常落下
D. 疏散走道的装修材料采用胶合板
E. 消防用电设备末端不能自动切换

【参考答案】ABD
【解题分析】

教材《消防安全技术综合能力》第5篇第2章第5节"重大火灾隐患判定规则"

（1）人员密集场所存在重大火灾隐患的判定要素中，"安全疏散及灭火救援"中的1）～9）项：

未按规定设置防烟排烟设施，或已设置但不能正常使用或运行；

违反规定在公共场所使用可燃材料装修。存在上述要素2条（含本数，下同）以上，判定为重大火灾隐患。

易燃易爆化学物品场所存在重大火灾隐患的判定要素中，"总平面布置"中的1）～4）项；"消防给水及灭火设施"中的5）未按规定设置自动喷水灭火系统外的其他固定灭火设施；6）**已设置的自动喷水灭火系统或其他固定设施不能正常使用或运行项规定。存在上述要素2条以上，判定为重大火灾隐患。**

综上，选项A、B、D符合题意。

延伸阅读： 此考点已有变动。根据《重大火灾隐患判定方法》GB 35181—2017：

5.3.3　符合下列条件应综合判定为重大火灾隐患：

1）人员密集场所存在7.3.1条～7.3.9和7.5节、7.9.3条规定的综合判定要素3条以上（含本数，下同）；

2）易燃、易爆危险品场所存在7.1.1条～7.1.3条、7.4.5条和7.4.6条规定的综合判定要素3条以上；

3）人员密集场所、易燃易爆危险品场所、重要场所存在第7章规定的任意综合判定要素4条以上；

4）其他场所存在第 7 章规定的任意综合判定要素 6 条以上。

【题 90】某施工单位对学校报告厅进行内部装饰，其中吊顶采用轻钢龙骨纸面石膏板，地面铺设地毯，墙面采用不同装修材料进行分层装修。关于该报告厅内部装饰的说法，正确的有（　　）。

　　A. 纸面石膏板安装在钢龙骨上时，可作为 A 级材料使用
　　B. 复合型装修材料应交专业检测机构进行整体测试确定燃烧性能等级
　　C. 墙面分层装修材料除表面层的燃烧性能等级应符合规范要求外，其余各层的燃烧性能等级可不限
　　D. 地毯应使用阻燃制品，并应加贴阻燃标识
　　E. 进入施工现场的装修材料应按要求填写进场验收记录

【参考答案】ABDE
【解题分析】
《建筑内部装修设计防火规范》GB 50222—2017
3.0.4　安装在金属龙骨上燃烧性能达到 B_1 级的纸面石膏板、矿棉吸声板，可作为 A 级装修材料使用。

根据附录 B，纸面石膏板为 B_1 级，故选项 A 正确。

3.0.7　当使用多层装修材料时，各层装修材料的燃烧性能等级均应符合本规范的规定。复合型装修材料的燃烧性能等级应进行整体检测确定。（故选项 B 正确，选项 C 错误）

教材《消防安全技术综合能力》"公共场所内阻燃制品标识的张贴"

公共场所内建筑制品、织物、塑料或橡胶、泡沫塑料类、家具及组件、电线电缆六类产品须使用阻燃制品并加贴阻燃标识。（故选项 D 正确）

《建筑内部装修防火施工及验收规范》GB 50354—2005
2.0.4　进入施工现场的装修材料应完好，并应核查其燃烧性、防火性能型式检验报告、合格证书等技术文件是否符合防火设计要求。核查、检验时，应按本规范附录 B 的要求填写进场验收记录。（选项 E 正确）

【题 91】对某民用建筑设置的消防水泵进行验收检查，根据现行国家标准《消防给水及消火栓系统技术规范》GB 50974，关于消防水泵验收要求的做法，正确的有（　　）。

　　A. 消防水泵应采用自灌式引水方式，并应保证全部有效储水被有效利用
　　B. 消防水泵就地和远程启泵功能应正常
　　C. 打开消防出水管上试水阀，当采用主电源启动消防水泵时，消防水泵应启动正常
　　D. 消防水泵启动控制应置于自动启动档
　　E. 消防水泵停泵时间，水锤消除设施后的压力不应超过水泵出口设计工作压力的 1.6 倍

【参考答案】ABCD
【解题分析】
《消防给水及消火栓系统技术规范》GB 50974—2014
13.2.6　消防水泵验收应符合下列要求：
1　消防水泵运转应平稳，应无不良噪声的振动。
2　工作泵、备用泵、吸水管、出水管及出水管上的泄压阀、水锤消除设施、止回阀、

信号阀等的规格、型号、数量，应符合设计要求；吸水管、出水管上的控制阀应锁定在常开位置，并应有明显标记。

3 消防水泵应采用自灌式引水方式，并应保证全部有效储水被有效利用。（选项A正确）

4 分别开启系统中的每一个末端试水装置、试水阀和试验消火栓，水流指示器、压力开关、压力开关（管网）、高位消防水箱流量开关等信号的功能，均应符合设计要求。

5 打开消防水泵出水管上试水阀，当采用主电源启动消防水泵时，消防水泵应启动正常；关掉主电源，主、备电源应能正常切换；备用泵启动和相互切换正常；**消防水泵就地和远程启停功能应正常**。（故选项B、C正确）

6 消防水泵停泵时，水锤消除设施后的压力不应超过水泵出口设计工作压力的1.4倍。（故选项E错误）

7 **消防水泵启动控制应置于自动启动挡**。（故选项D正确）

8 采用固定和移动式流量计和压力表测试消防水泵的性能，水泵性能应满足设计要求。

检查数量：全数检查。

检查方法：直观检查和采用仪表检测。

【题92】关于疏散楼梯最小净宽度的说法，符合现行国家技术标准的有（　　）。

A. 除规范另有规定外，多层公共建筑疏散楼梯的净宽度不应小于1.00m

B. 汽车库的疏散楼梯净宽度不应小于1.10m

C. 高层病房楼的疏散楼梯净宽度不应小于1.30m

D. 高层办公建筑疏散楼梯的净宽度不应小于1.40m

E. 人防工程中商场的疏散楼梯净宽度不应小于1.20m

【参考答案】BC

【解题分析】

《建筑设计防火规范》GB 50016—2014

5.5.18 除本规范另有规定外，公共建筑内疏散门和安全出口的净宽度不应小于0.90m，**疏散走道和疏散楼梯的净宽度不应小于1.10m**。（故选项A不符合）

高层公共建筑内楼梯间的首层疏散门、首层疏散外门、疏散走道和疏散楼梯的最小净宽度应符合表5.5.18的规定。

高层公共建筑内楼梯间的首层疏散门、首层疏散外门、疏散走道和疏散楼梯的最小净宽度（m）

表 5.5.18

建筑类别	楼梯间的首层疏散门、首层疏散外门	走道		疏散楼梯
		单面布房	双面布房	
高层医疗建筑	1.30	1.40	1.50	1.30
其他高层公共建筑	1.20	1.30	1.40	1.20

从上表可知，选项C符合要求；选项D不符合，应该是1.20m。

《汽车库、修车库、停车库设计防火规范》GB 50067—2014

6.0.3 汽车库、修车库的疏散楼梯应符合下列规定：

1 建筑高度大于32m的高层汽车库、室内地面与室外出入口地坪的高差大于10m的地下汽车库应采用防烟楼梯间，其他汽车库、修车库应采用封闭楼梯间；

2 楼梯间和前室的门应采用乙级防火门，并应向疏散方向开启；

3 **疏散楼梯的宽度不应小于1.1m。**（故选项B正确）

《人民防空工程设计防火规范》GB 50098—2009

5.1.6 疏散宽度的计算和最小净宽应符合下列规定：

1 每个防火分区安全出口的总宽度，应按该防火分区设计容纳总人数乘以疏散宽度指标计算确定，疏散宽度指标应按下列规定确定：

1）室内地面与室外出入口地坪高差不大于10m的防火分区，疏散宽度指标应为每100人不小于0.75m；

2）室内地面与室外出入口地坪高差大于10m的防火分区，疏散宽度指标应为每100人不小于1.00m；

3）人员密集的厅、室以及歌舞娱乐放映游艺场所，疏散宽度指标应为每100人不小于1.00m。

2 安全出口、疏散楼梯和疏散走道的最小净宽应符合表5.1.6的规定。

安全出口、疏散楼梯和疏散走道的最小净宽（m）　　　表5.1.6

工程名称	安全出口和疏散楼梯净宽	疏散走道净宽	
		单面布置房间	双面布置房间
商场、公共娱乐场所、健身体育场所	1.40	1.50	1.60
医院	1.30	1.40	1.50
旅馆、餐厅	1.10	1.20	1.30
车间	1.10	1.20	1.50
其他民用工程	1.10	1.20	—

从表5.1.6可知，商场疏散楼梯最小净宽度为1.40m。故选项E不符合规范要求。

【题93】某服装加工厂，室内消防采用临时高压消防给水系统联合供水，稳压泵稳压，系统设计流量57L/s，室外供水干管采用DN200球墨铸铁管，埋地敷设，长度为2000m。消防检测机构现场检测结果为：室外管网漏水率为2.40L/（min·km），室内管网部分漏水量为0.2L/s，该系统管网总泄漏量计算和稳压泵设计流量正确的有（　　）。

A. 管网泄漏量0.28L/s，稳压泵设计流量1.1L/s

B. 管网泄漏量0.20L/s，稳压泵设计流量0.28L/s

C. 管网泄漏量0.28L/s，稳压泵设计流量1.28L/s

D. 管网泄漏量0.20L/s，稳压泵设计流量1.1L/s

E. 管网泄漏量0.20L/s，稳压泵设计流量0.5L/s

【参考答案】AC

【解题分析】

《消防给水及消火栓系统技术规范》GB 50974—2014

5.3.2 稳压泵的设计流量应符合下列规定：

1 稳压泵的设计流量不应小于消防给水系统管网的正常泄漏量和系统自动启动流量；

2 消防给水系统管网的正常泄漏量应根据管道材质、接口形式等确定，当没有管网

泄漏量数据时，稳压泵的设计流量宜按消防给水设计流量的1‰～3‰计，且**不宜小于1L/s**；（可排除选项B、E）

3 消防给水系统所采用报警阀压力开关等自动启动流量应根据产品确定。

室外管网泄漏量计算：2.40L/（min·km）×2km/60=0.08L/s，室外管网漏水量为0.2L/s，总管网泄漏量为0.08L/s+0.2L/s=0.28L/s。则57L/s的1‰～3‰为0.57～1.71L/s，故选项A、C正确。

【题94】下列防火分隔措施的检查结果中，不符合现行国家消防技术标准的有（　　）。
A.铝合金轮毂抛光厂房采用3.00h耐火极限的防火墙划分防火分区
B.电石仓库采用3.00h耐火极限的防火墙划分防火分区
C.高层宾馆防火墙两侧的窗采用乙级防火窗，窗洞之间最近边缘的水平距离为1.0m
D.烟草成品库采用3.00h耐火极限的防火墙划分防火分区
E.通风机房开向建筑内的门采用甲级防火门，消防控制室开向建筑内的门采用乙级防火门

【参考答案】ABD
【解题分析】

首先判断选项中各建筑的火灾危险性。铝合金轮毂抛光厂房为乙类，电石仓库为甲类，烟草成品为丙类。

《建筑设计防火规范》GB 50016—2014

3.2.9　甲、乙类厂房和甲、乙、丙类仓库内的防火墙，其耐火极限不应低于4.00h。（选项A、B、D不符合规范要求）

6.1.4　建筑内的防火墙不宜设置在转角处，确需设置时，内转角两侧墙的门、窗、洞口之间最近边缘的水平距离不应小于4.0m；采取设置**乙级防火窗**等防止火灾水平蔓延的措施时，**该距离不限**。（选项C正确）

6.2.7　附设在建筑内的消防控制室、灭火设备室、消防水泵房和通风空气调节机房、变配电室等，应采用耐火极限不低于2.00h的防火隔墙和1.50h的楼板与其他部位分隔，设置在丁、戊类厂房内的通风机房，应采用耐火极限不低于1.00h的防火墙和0.50h的楼板与其他部位分隔。

通风、空气调节机房和变配电室开向建筑内的门应采用**甲级防火门**，消防控制室和其他设备房开向建筑内的门应采用**乙级防火门**。（选项E正确）

【题95】根据现行国家标准《火灾自动报警系统施工及验收规范》GB 50166，下列火灾自动报警系统的功能中，应每季度进行检查和试验的有（　　）。
A.分期分批试验探测器的动作及确认灯显示功能
B.试验火灾警报装置的声光显示功能
C.试验主、备电源自动切换功能
D.试验非消防电源强制切断功能
E.试验相关消防控制设备的控制显示功能

【参考答案】ABCE
【解题分析】

《火灾自动报警系统施工及验收规范》GB 50166—2007

6.2.3　每季度应检查和试验火灾自动报警系统的下列功能，并按本规范附录F的要

求填写相应的记录。

1 采用专用检测仪器**分期分批试验探测器的动作及确认灯显示**；（选项 A 正确）

2 **试验火灾警报装置的声光显示**；（选项 B 正确）

3 试验水流指示器，压力开关等报警功能，信号显示；

4 **对主电源和备用电源进行 1~3 次自动切换试验**；（选项 C 正确）

5 用自动或手动检查消防控制设备的**控制显示功能**。（选项 E 正确）

6.2.4 每年应检查和试验火灾自动报警系统下列功能，并按本规范附录 F 的要求填写相应的记录。

4 **强制切断非消防电源功能试验**。（选项 D 为年检内容，错误）

【题 96】某设计院对有爆炸危险的甲类厂房进行设计。下列防爆设计方案中，符合现行国家标准《建筑设计防火规范》GB 50016 的有（　　）。

A. 厂房承重结构采用钢筋混凝土结构

B. 厂房的总控制室独立设置

C. 厂房地面采用不发火花地面

D. 厂房的分控制室贴临厂房外墙设置，并采用耐火极限不低于 3.00h 的防火隔墙与其他部位分隔

E. 厂房利用门窗作为泄压设施，窗玻璃采用普通玻璃

【参考答案】ABCD

【解题分析】

《建筑设计防火规范》GB 50016—2014

3.6.1 有爆炸危险的甲乙类厂房宜独立设置，并宜采用敞开式，其承重结构**宜采用钢筋混凝土**或钢框架、排架结构。（选项 A 正确）

3.6.3 泄压设施宜采用轻质屋面板、轻质墙体和易于泄压的门、窗等，应采用**安全玻璃**等在爆炸时不产生尖锐碎片的材料。（选项 E 错误）

3.6.8 有爆炸危险的甲乙类厂房的**总控制室应独立设置**。（选项 B 正确）

3.6.9 有爆炸危险的甲乙类厂房的分控制室宜单独设置，当贴邻外墙设置时，应采用耐火极限**不低于 3.00h 的**防火隔墙与其他部位分隔。（选项 D 正确）

3.6.6 散发较空气重的可燃气体、可燃蒸汽的甲类厂房和有粉尘、纤维爆炸危险的乙类厂房，应符合下列规定：

1 应采用**不发火花的地面**，采用绝缘材料作整体面层时，应采取防静电措施。（选项 C 正确）

【题 97】根据国家现行消防技术标准，对投入使用的自动喷水灭火系统需要每月进行检查维护的内容为（　　）。

A. 对控制阀门的铅封、锁链进行检查

B. 消防水泵启动运转

C. 对水源控制阀报警组进行外观检查

D. 利用末端试水装置对水流指示器试验

E. 检查电磁阀并做启动试验

【参考答案】ABDE
【解题分析】

《自动喷水灭火系统施工及验收规范》GB 50261—2017

9.0.4 **消防水泵**或内燃机驱动的消防水泵应**每月启动运转一次**,当消防水泵为自动控制启动时,应每月模拟自动控制的条件启动运转一次。

9.0.5 **电磁阀应每月检查并应做启动试验**,动作失常时应及时更换。

9.0.7 系统上所有的控制阀门均应采用铅封或锁链固定在开启或规定的状态,**每月应对铅封、锁链进行一次检查**,当有破坏或损坏时应及时修理更换。

9.0.17 **每月应利用末端试水装置对水流指示器进行试验。**

可见选项 A、B、D、E 为每月检查。

9.0.10 维修管理人员每天应对**水源控制阀**、报警阀组进行外观检查,并应保证系统处于无故障状态。(故选项 C 应为每日检查)

【题98】根据现行国家标准《建筑消防设施的维护管理》GB 25201,对火灾自动报警系统报警控制器的检测内容,主要包括(　　)。

A. 联动控制器及控制模块的手动、自动联动控制功能
B. 火灾显示盘和 CRT 显示器的报警、显示功能
C. 火灾报警、故障报警、火灾优先功能
D. 自检、消声、复位功能
E. 打印机打印功能

【参考答案】ABCE
【解题分析】

《建筑消防设施的维护管理》GB 25201—2010 附录 D

建筑消防设施检修记录 表 D.1

检测项目		检测内容	实测记录	故障记录及处理		
				故障描述	当场处理情况	报修情况
消防供电配电	消防配电柜(箱)	试验主、备电切换功能;消防电源主、备电源供电能力测试				
	自备发电机组	试验发电机自动、手动启动功能,试验发电机启动电源充、放电功能				
	应急电源	试验应急电源充、放电功能				
	储油设施	核对储油量				
	联动试验	试验非消防电源的联动切断功能				
火灾自动报警系统	火灾探测器	试验报警功能				
	手动报警按钮	试验报警功能				
	监管装置	试验监管装置报警功能,屏蔽信息显示功能				
	警报装置	试验警报功能				

续表

检测项目	检测内容	实测记录	故障记录及处理		
			故障描述	当场处理情况	报修情况
火灾自动报警系统	报警控制器	试验火警报警、故障报警、火警优先、打印机打印、自检、消音等功能、火灾显示盘和CRT显示器的报警、显示功能			
	消防联动控制器	试验联动控制器及控制模块的手动、自动联动控制功能,试验控制器显示功能,试验电源部分主、备电源切换功能,备用电源充、放电功能			
	远程监控系统	试验信息传输装置显示、传输功能,试验监控主机信息显示、告警受理、派单、接单、远程开锁等功能,试验电源部分主、备电源切换,备用电源充、放电功能			

根据上表可知,选项D中的复位功能,不属于检测内容。

【题99】下列安全出口的检查结果中,符合现行国家消防技术标准的有(　　)。

A. 防烟楼梯间在首层直接对外的出口门采用向外开启的玻璃门
B. 服装厂房设置的封闭楼梯间,各层均采用常闭式乙级防火门,并向楼梯间开启
C. 多层办公楼封闭楼梯间的入口门,采用常开的乙级防火门并有自行关闭和信号反馈功能
D. 室外地坪标高−0.15m,室内地坪标高−10.00m的地下2层建筑,其疏散楼梯采用封闭楼梯间
E. 高层宾馆中连续"一"字形内走廊的2个防烟楼梯间的入口中心线之间的距离为60m

【参考答案】ADE
【解题分析】
《建筑设计防火规范》GB 50016—2014
6.4.2 封闭楼梯间除应符合本规范第6.4.1条的规定外,尚应符合下列规定:
1 不能自然通风或自然通风不能满足要求时,应设置机械加压送风系统或采用防烟楼梯间。
2 除楼梯间的出入口和外窗外,楼梯间的墙上不应开设其他门、窗、洞口。
3 高层建筑、人员密集的公共建筑,人员密集的多层丙类厂房,甲、乙类厂房,其封闭楼梯间的门应采用乙级防火门,并应向疏散方向开启;其他建筑,可采用双向弹簧门。
4 楼梯间的首层可将走道和门厅等包括在楼梯间内形成扩大的封闭楼梯间,但应采用乙级防火门等与其他走道和房间分隔。

选项B设置常闭乙级防火门正确,如果是地上楼层的防火门开向楼梯间方向则正确,但如果是首层直接对外的疏散门,应向外开启。该选项表达不清,慎选。

6.4.4 除通向避难层所谓的疏散楼梯外,建筑内的疏散楼梯间在各层的平面位置不应改变。

除住宅建筑内的自用楼梯外,地下或半地下建筑(室)的疏散楼梯间,应符合下列规定:

1 室内地面与室外出入口地坪高差大于10m或3层及以上的地下、半地下建筑(室),其疏散楼梯应采用防烟楼梯间;其他地下或半地下建筑(室),其疏散楼梯应采用封闭楼梯间。

选项D室内外高差为9.85m,可以设封闭楼梯间,正确。

6.4.10 疏散走道在防火分区处应设置敞开甲级防火门。

6.4.3 防烟楼梯间除应符合本规范第6.4.1条的规定外,尚应符合下列规定:

4 疏散走道通向前室以及前室通向楼梯间的门应采用乙级防火门;规范未对首层直接对外的出口防火门有规定。(选项A正确)

6.5.1 防火门的设置应符合下列规定:

1 设置在建筑内经常有人通行处的防火门宜采用常开防火门,常开防火门应能在火灾时自行关闭,并应具有信号反馈功能;

2 除允许设置敞开防火门的位置外,其他位置的防火门均应采用常闭防火门。常闭防火门应在其明显位置设置"保持防火门关闭"等提示标识。

选项C,多层办公楼的封闭楼梯间如果经常通行,设置常开乙级防火门没有问题,但是选项中描述不严谨,应在火灾时自行关闭,考虑多层办公楼设置火灾自动报警系统的可能性也比较小,因此这个方案也有待商榷,慎选。

选项E,根据规范5.5.17条及表5.5.17,高层宾馆直通疏散走道的房间疏散门至最近安全出口的直线距离不应小于$30m×1.25=37.5m$,连接"一"字形内走廊的2个防烟楼梯间前室的入口中心线之间的距离为60m,则房间门至防烟楼梯间前室的入口的距离为30m,满足要求。

【题100】对某一类高层宾馆进行防火检查,查阅资料得知,该宾馆每层划分为2个防火分区,符合规范要求。下列检查结果中,不符合现行国家消防技术标准的有(   )。

A. 消防电梯前室的建筑面积为$6.0m^2$,与防烟楼梯间合用前室的建筑面积为$10m^2$
B. 兼作客梯用的消防电梯,其前室门采用耐火极限满足耐火完整性和耐火隔热性判定的防火卷帘
C. 设有3台消防电梯,一个防火分区有2台,另一个防火分区有1台
D. 消防电梯能够停靠每个楼层
E. 消防电梯从首层到顶层的运行时间为59s

【参考答案】AB

【解题分析】

《建筑设计防火规范》GB 50016—2014

7.3.5 除设置在仓库连廊、冷库穿堂或谷物筒仓工作塔内的消防电梯外,消防电梯应设置前室,并应符合下列规定:

1 前室宜靠外墙设置,并应在首层直通室外或经过长度不大于30m的通道通向室外。

2 前室的使用面积不应小于6.0m²，与防烟楼梯间合用的前室，应符合本规范第5.5.28条和第6.4.3条的规定。（选项A偷换概念，将"使用面积"换成"建筑面积"，错误）

3 除前室的出入口，前室内设置的正压送风口和本规范第5.5.27条规定的户门外，前室内不应开设其他门、窗、洞口。

4 前室或合用的门应采用乙级防火门，**不应设置卷帘**。（选项B错误）

7.3.2 消防电梯应分别设置在不同防火分区内，且**每个防火分区不应少于1台**。（选项C正确）

7.3.8 消防电梯应符合下列规定：

1 **应能每层停靠**。（选项D正确）

2 电梯从首层至顶层的运行时间不宜大于60s。（选项E正确）

2016 年
一级注册消防工程师《消防安全技术综合能力》
真题解析

一、单项选择题（共80题，每题1分。每题的备选项中，只有1个最符合题意）

【题1】消防设施检测机构在某单位自动喷水灭火系统未安装完毕的情况下出具了合格的《建筑消防设施检查报告》。针对这种行为，根据《中华人民共和国消防法》，应对改消防设施检查机构进行处罚。下列罚款处罚中，正确的是（　　）。

　　A. 五万元以上十万元以下　　B. 十万元以上二十万元以下
　　C. 五千元以上五万元以下　　D. 一万元以上五万元以下

【参考答案】A
【解题分析】
《中华人民共和国消防法》
　　第六十九条　消防产品质量认证、消防设施检测等消防技术服务机构出具虚假文件的，**责令改正，处5万元以上10万元以下罚款**，并对直接负责的主管人员和其他直接责任人员处1万元以上5万元以下罚款；有违法所得的，并处没收违法所得；给他人造成损失的，依法承担赔偿责任；情节严重的，由原许可机关依法责令停止执业或者吊销相应资质、资格。

【题2】某商场发生火灾时，商场现场工作人员没有履行组织引导疏散的义务，造成1名顾客死亡。根据《中华人民共和国消防法》的有关规定，可依法对现场工作人员予以处罚。下列处罚中，正确的是（　　）。

　　A. 五千元以上五万元以下罚款　　B. 五日以上十日以下拘留
　　C. 十日以上十五日以下拘留　　　D. 三万元以上三十万元以下罚款

【参考答案】B
【解题分析】
《中华人民共和国消防法》
　　第六十八条　人员密集场所发生火灾，该场所的现场工作人员不履行组织、引导在场人员疏散的义务，情节严重，尚不构成犯罪的，**处五日以上十日以下拘留**。

【题3】某建筑进行内部装修，一名电工违章电焊施工作业，结果引发火灾，造成3人死亡。根据《中华人民共和国刑法》，对该电工依法追究刑事责任。下列定罪中，正确的是（　　）。

　　A. 重大劳动安全事故罪　　B. 重大责任事故罪
　　C. 消防责任事故罪　　　　D. 工程重大安全事故罪

【参考答案】B
【解题分析】
　　根据教材《消防安全技术综合能力》：重大责任事故罪是指在生产、作业中违反有关**安全管理的规定**，因而发生重大伤亡事故或者造成其他严重后果的行为。
　　《刑法》第134条"重大责任事故罪"规定："工厂、矿山、林场、建筑企业或者其他企业、事业单位的职工，**由于不服管理、违反规章制度，或者强令工人违章冒险作业，因而发生重大伤亡事故，造成严重后果的**，处以3年以下有期徒刑或者拘役；情节特别恶劣的，处以3年以上7年以下有期徒刑。"

立案标准：

[规定（一）] 第八条 轨道灯，在生产、作业中违反有关安全管理的规定，涉嫌下列情形之一的，应予以立案追诉：

1) 造成1人死亡以上，或者重伤3人以上的。
2) 造成直接经济损失50万元以上的。
3) 发生矿山生产安全事故，造成直接经济损失100万元以上的。
4) 其他造成严重后果的情形。

【题4】某单位在县城新建一个商场，依法取得了当地市公安消防支队出具的消防设计审核合格意见书。建设单位在施工过程中拟对原设计进行修改。该商场建设单位的下列做法中，正确的是（　　）。

　　A. 向当地县公安消防大队重新申请消防设计审核
　　B. 将设计变更告知当地县公安消防大队
　　C. 向当地市公安消防支队重新申请消防设计审核
　　D. 将设计变更告知当地市公安消防支队

【参考答案】C

【解题分析】

《建设工程消防监督管理规定》（公安部119号令）

第二十条 建设、设计、施工单位不得擅自修改经公安机关消防机构审核合格的建设工程消防设计。确需修改的，建设单位应当向出具消防设计审核意见的公安机关消防机构**重新申请消防设计审核**。

【题5】根据《注册消防工程师制度暂行规定》，下列行为中，不属于注册消防工程师义务的是（　　）。

　　A. 在规定范围内从事消防安全技术执业活动
　　B. 履行岗位职责
　　C. 不得允许他人以本人名义执业
　　D. 不断更新知识，提高消防安全技术能力

【参考答案】A

【解题分析】

《注册消防工程师制度暂行规定》

第三十二条 注册消防工程师享有下列权利：

（一）使用注册消防工程师称谓；

（二）在规定范围内从事消防安全技术执业活动；

（三）对违反相关法律、法规和技术标准的行为提出劝告，并向本级别注册审批部门或者上级主管部门报告；

（四）接受继续教育；

（五）获得与执业责任相应的劳动报酬；

（六）对侵犯本人权利的行为进行申诉。

根据上述第（二）款的规定，选项A为权利之一，不是义务。

第三十三条 注册消防工程师履行以下义务：

（一）遵守法律、法规和有关管理规定，恪守执业道德；
（二）执行消防法律、法规、规章及有关技术标准；
（三）履行岗位职责，保证消防安全技术执业活动质量，并承担相应责任；
（四）保守知悉的国家秘密和聘用单位的商业、技术秘密；
（五）不得允许他人以本人名义执业；
（六）不断更新知识，提高消防安全技术能力；
（七）完成注册管理部门交办的相关工作。

【题6】对厂房、仓库进行防火检查时，应检查厂房、仓库的平面布置情况。某家具厂的下列做法中，不符合规范要求的是（　　）。

A. 厂房内设置员工宿舍，采用防火墙和甲级防火门与生产车间分隔，并设置独立出口

B. 厂房内设置办公室，并采用耐火极限为2.5h的防火墙与生产车间分隔

C. 厂房内设置办公室，连通生产车间的门采用乙级防火门

D. 靠外墙设置存放油漆的中间仓库，采用防火墙与生产区分隔，且设置直通室外的出口

【参考答案】A
【解题分析】
《建筑设计防火规范》GB 50016—2014

3.3.5 员工宿舍严禁设置在厂房内。

办公室、休息室等**不应设置在甲、乙类厂房内**，确需贴邻本厂房时，其耐火等级不应低于二级，并应采用耐火极限不低于3.00h的防爆墙与厂房分隔，且应设置独立的安全出口。

办公室、休息室设置在丙类厂房内时：应采用耐火极限不低于**2.50h的防火隔墙**和**1.00h的楼板**与其他部位分隔，并应设置1个独立的安全出口。如隔墙上需开设相互连通的门时，应采用乙级防火门。

根据上述规定可知，宿舍严禁设置在厂房内，故选项A不符合规范要求。

家具厂房属于丙类厂房，根据上述规定可知，选项B和选项C满足规范要求。

3.3.6 厂房内设置中间仓库时，应符合下列规定：

1 **甲、乙类中间仓库应靠外墙布置，其储量不宜超过1昼夜的需要量；**

2 甲乙丙类中间仓库应采用防火墙和耐火极限不低于1.50h的不燃性楼板与其他部位分隔；

3 丁戊类中间仓库应采用耐火极限不低于2.00h的防火隔墙和1.00h的楼板与其他部位分隔。

4 仓库的耐火等级和面积应符合本规范第3.3.2条和第3.3.3条的规定。

存放油漆的仓库属于甲类仓库，根据上述规定可知，选项D符合规范要求。

【题7】关于防火阀和排烟防火阀在建筑通风和排烟系统中的设置要求，下列说法中，错误的是（　　）。

A. 排烟防火阀开启和关闭的动作信号应反馈至消防联动控制器

B. 防火阀和排烟防火阀应具备温感控制方式

C. 安装在排烟风机入口总管处的排烟防火阀关闭后，应直接联动控制排烟风机停止运转

D. 当建筑内每个防火分区的通风、空调系统均独立设置时，水平风管与竖向总管的交界处应设置防火阀

【参考答案】D
【解题分析】

《火灾自动报警系统设计规范》GB 50116—2013

4.5.4 送风口、排烟口、排烟窗或排烟阀开启和关闭的动作信号，防烟、排烟风机启动和停止及电动防火阀关闭的动作信号，均应反馈至消防联动控制器。

4.5.5 排烟风机入口处的总管上设置280℃排烟防火阀在关闭后应直接联动控制风机停止，排烟防火阀及风机的动作信号应反馈至消防联动控制器。

根据上述规定可知，选项A和C符合规范规定，为正确选项。

防火阀和排烟防火阀应具备感温控制方式，防火阀达到70℃时关闭阀门，排烟防火阀达到280℃时关闭阀门，故选项B符合规范规定，为正确选项。

《建筑设计防火规范》GB 50016—2014

9.3.11 通风、空气调节系统的风管在下列部位应设置公称动作温度为70℃的防火阀：

1 穿越防火分区处；
2 穿越通风、空气调节机房的房间隔墙和楼板处；
3 穿越重要或火灾危险性大的场所的房间隔墙和楼板处；
4 穿越防火分隔处的变形缝两侧；
5 竖向风管与每层水平风管角接触的水平管段上。

根据上述规定可知，选项D不符合规范要求，故选D。

【题8】某建筑物内的火灾自动报警系统施工结束后，调试人员对通过管路采样的吸气式火灾探测器进行调试，下列调试方法和结果中，不符合现行国家消防技术标准要求的是（　　）。

A. 在其中一根采样管最末端（最不利处）采样孔加入试验烟，控制器在120s内发出火灾报警信号

B. 断开其中一根探测器的采样管路，控制器在100s内发出故障信号

C. 断开其中一根探测器的采样管路，控制器在120s内发出故障信号

D. 在其中一根采样管最末端（最不利处）采样孔加入试验烟，控制器在100s内发出火灾报警信号

【参考答案】C
【解题分析】

《火灾自动报警系统施工及验收规范》GB 50166—2007

4.7.1 在采样管最末端（最不利处）采样孔加入试验烟，探测器或其控制装置应在120s内发出火灾报警信号。

检查数量：全数检查。

检查方法：秒表测量，观察检查。

4.7.2 根据产品说明书,改变探测器的采样管路气流,使探测器处于故障状态,探测器或其控制器应在100s内发出故障信号。

检查数量:全数检查。

检查方法:秒表测量,观察检查。

教材《消防安全技术综合能力》第14章第2节"系统主要组件安装"

管路采样式吸气感烟火灾探测器:逐一在采样管最末端(最不利处)采样孔加入试验烟,采用秒表测量探测器的报警响应时间,探测器或其控制装置应在120s内发出火灾报警信号。根据产品说明书,改变探测器的采样管路气流,使探测器处于故障状态,采用秒表测量探测器的报警响应时间,探测器或其控制装置应在100s内发出故障信号。

根据上述要求,采用秒表测量探测器的报警响应时间,探测器或其控制装置应在120s内发出火灾报警信号,故选项A、D正确;根据产品说明书,改变探测器的采样管路气流,使探测器处于故障状态,采用秒表测量探测器的报警响应时间,探测器或其控制装置应在100s内发出故障信号,故选项B正确,选项C错误。

【题9】某油库采用低倍数泡沫灭火系统,根据《泡沫灭火系统施工及验收规范》GB 50281有关维护管理规定,下列检查项目中,属于每两年检查一次的项目是(　　)。

A. 储罐立管除锈 B. 喷泡沫试验
C. 冲洗管道 D. 自动控制设施功能测试

【参考答案】B

【解题分析】

教材《消防安全技术综合能力》第3篇第8章第4节

系统月检要求:①对低、中、高倍泡沫产生器、泡沫喷头、固定式泡沫炮、泡沫比例混合器(装置),泡沫液储罐进行外观检查,各部件要完好无损。②对固定式泡沫炮的回转机构、仰俯机构或电动操作机构进行检查,性能要达到标准的要求。③泡沫消火栓或阀门要能自由开启与关闭,不能有锈蚀。④压力表、管道过滤器、金属软管、管道及配件不能有损伤。⑤对遥控功能或**自动控制设施**及操作机构进行检查,性能要符合设计要求。⑥对储罐上的低、中倍数泡沫混合液**立管要清除锈渣**。⑦动力源和电气设备工作状态要良好。⑧水源及水位指示装置要正常。

根据上述要求,储罐立管除锈、自动控制设施功能测试属于月检项目,故选项A和选项D为错误选项。

系统年检要求:

每半年检查要求:每半年除储罐上泡沫混合液立管和液下喷水防火堤内泡沫管道,以及高倍数泡沫产生器进口端控制阀后的管道外,其余**管道需要全部冲洗,清除锈渣**。(故冲洗管道属于每半年检查项目,选项C错误)

每两年检查要求:

1) 对于低倍数泡沫灭火系统中的液上、液下及半液下喷射、泡沫喷淋、固定式泡沫炮和中倍数泡沫灭火系统**进行喷泡沫试验**,并对系统所有组件、设施、管道及管件进行全面检查。(故选项B正确)

【题10】对建筑防排烟系统验收时,验收包含资料验收、外观质量检查、系统功能测试和合格判定四部分内容,下列文件资料中,不属于资料验收内容的是(　　)。

A. 施工图等设计文件　　B. 联动调试记录表
C. 立项批准文件　　D. 风管系统安装及检查记录

【参考答案】C

【解题分析】

教材《消防安全技术综合能力》第3篇第11章第4节

资料查验内部包括：

1) 竣工验收申请报告。

2) **施工图**、设计说明书、设计变更通知书和实际审核意见书、竣工图。

3) 主要材料、设备、成品的出口质量合格证明及进场检（试）验报告。

4) 隐蔽工程检查验收记录。

5) 工程设备、部件、**风管（道）系统安装及检验记录**。

6) 风管（道）试验记录。

7) 设备单机试运转记录。

8) **联动调试记录**。

9) 工程划分表。

10) 观感质量综合验收记录。

11) 安全和功能检验资料的核查记录。（故选项C不属于资料验收内容选项）

【题11】某超高层建筑，室内消火栓系统采用临时高压消防给水系统，并采用减压阀减压分区供水，减压阀设置在该区域最高位。减压阀至最不利消火栓的水头损失为0.04MPa，其阀后静、动压设计压力值分别为0.50MPa、0.40MPa。下列系统调试检测结果中，不符合现行国家消防技术标准的是（　　）。

A. 减压阀后静压0.495MPa，出水达到设计流量时，阀后动压为0.395MPa

B. 试验消火栓出水时，阀后动压为0.45MPa

C. 出水量为设计流量的150%时，阀后动压为0.23MPa

D. 在试验消火栓出水，设计流量出水和150%设计流量出水时，减压阀的噪声没有明显异常

【参考答案】C

【解题分析】

《消防给水及消火栓系统技术规范》GB 50974—2014

减压阀的水头损失计算应根据产品技术参数确定，当无资料时，减压阀前后静压与动压差不小于0.10MPa。（0.495－0.395＝0.1MPa，故选项A满足规范要求）

7.4.12　室内消火栓栓口压力和消防水枪充实水柱，应符合下列规定：

1　消火栓栓口动压力不应大于0.50MPa，当大于0.70MPa时必须设置减压装置。

2　**高层建筑、厂房、库房和室内净空高度超过8m的民用建筑等场所**，消火栓栓口动压不应小于0.35MPa，且消防水枪充实水柱应按13m计算；其他场所，消火栓栓口动压不应小于0.25MPa，且消防水枪充实水柱应按10m计算。（故选项B符合规范要求）

5.1.6　消防水泵的选择和应用应符合下列规定：

……

5　当出流量为设计流量的150%时，其出口压力不应低于设计工作压力的65%。

（根据第 5 款要求，0.4×0.65＝0.26MPa，故选项 C 错误）

13.1.7 减压阀调试应符合下列要求：

1 减压阀的阀前阀后动静压力应满足设计要求；

2 减压阀的出流量应满足设计要求，当出流量为设计流量的 150% 时，阀后动压不应小于额定设计工作压力的 65%；

3 **减压阀在小流量、设计流量和设计流量的 150% 时不应出现噪声明显增加；**

4 测试减压阀的阀后动静压差应符合设计要求。（故选项 D 满足规范要求）。

【题12】泡沫产生装置进场检验时，下列检查项目中，不属于外观检查项目的是（　　）。

A. 材料材质　　　　　　　B. 名牌标记
C. 机械损伤　　　　　　　D. 表面涂层

【参考答案】A
【解题分析】

教材《消防安全技术综合能力》第 3 篇第 8 章第 2 节

（一）系统组件的外观质量检查

1．检查内容及要求

（1）需要对以下组件的进行检查：**泡沫产生装置、泡沫比例混合器（装置）、泡沫液储罐、泡沫消防泵、泡沫消火栓、阀门、压力表、管道过滤器、金属软管等。**

（2）组件需要满足的要求：

①无变形及其他**机械性损伤**；②外露非机械加工表面保护涂层完好；③无保护涂层的机械加工面无锈蚀；④所有外露接口无损伤，堵、盖等保护物包装良好；⑤**铭牌标记清晰、牢固**；⑥消防泵盘车灵活，无阻滞，无异常声音；⑦高倍数泡沫产生器用手动转动叶轮灵活；⑧固定式泡沫炮的手动机构无卡阻现象。（故答案为 A）

【题13】室内消火栓的性能和质量应符合现行国家标准《室内消火栓》GB 3445 的要求。对室内消火栓进行施工现场检验时，下列检验项目中，不属于进场检验项目的是（　　）。

A. 油漆等外观质量检查　　　B. 机械损伤检查
C. 水压强度试验　　　　　　D. 密封性能试验

【参考答案】C
【解题分析】

《消防给水及消火栓系统技术规范》GB 50974—2014

12.2.3 消火栓的现场检验应符合下列要求：

……

7 消火栓外观应无加工缺陷和机械损伤；铸件表面应无结疤、毛刺、裂纹和缩孔等缺陷；铸铁阀体外部应涂红色油漆，内表面应涂防锈漆，手轮应涂黑色油漆；**外部漆膜应光滑、平整、色泽一致，应无气泡、流痕、皱纹等缺陷，并应无明显碰、划等现象。**（故选项 A、B 属于检验项目）

……

14 **消火栓固定接口应进行密封性能试验**，应以无渗漏、无损伤为合格。试验数量宜从每批中抽查 1%，但不应少于 5 个，应缓慢而均匀地升压 1.6MPa，应保压 2min。当两个及两个以上不合格时，不应使用该批消火栓。当仅有 1 个不合格时，应再抽查 2%，但

不应少于10个，并应重新进行密封性能试验；当仍有不合格时，亦不应使用该批消火栓。（故选项D属于检验项目）

【题14】某建筑的电子计算机房采用气体灭火系统保护，在一个防护区内安装了3台预制灭火装置，根据《气体灭火系统设计规范》GB 50370，3台预制灭火装置动作响应时差最大不得大于（　　）s。

A. 1　　　　　B. 2　　　　　C. 3　　　　　D. 4

【参考答案】B

【解题分析】

《气体灭火系统设计规范》GB 50370—2005

3.1.15　同一防护区内的预制灭火系统装置多于1台时，必须能同时启动，其动作响应时差**不得大于2s**。

【题15】防排烟系统施工安装前，对风管部件进行现场检验时，下列检查项目中，不属于现场检查项目的是（　　）。

A. 电动防火阀　　B. 送风口　　C. 正压送风机　　D. 柔性短管

【参考答案】C

【解题分析】

教材《消防安全技术综合能力》第3篇第11章第2节

2. 风管部件检查规定

1）排烟防火阀、送风口、排烟阀（口）等符合有关消防产品标准的规定，其规格、型号应符合设计要求，手动开启灵活，关闭可靠严密。

2）**电动防火阀、送风口和排烟阀（口）的驱动装置**，动作应可靠，在最大工作压力下工作正常。

3）防烟排烟系统柔性短管的制作材料必须为不燃材料。

【题16】对剩余电流式电气火灾监控系统进行检查时，应主要检查剩余电流式探测器安装情况。检查发现的下列做法中，正确的是（　　）。

A. 将相线和PE线穿过剩余电流式探测器

B. 将PE线和中性线穿过剩余电流式探测器

C. 将相线和中性线穿过剩余电流式探测器

D. 将相线、中性线和PE线穿过剩余电流式探测器

【参考答案】C

【解题分析】

教材《消防安全技术综合能力》第3篇第14章第2节

剩余电流式电气火灾监控器探测原理：

（十一）电气火灾监控探测器的安装要求

1）根据设计文件的要求确定电气火灾监控探测器的安装位置，有防爆要求的场所，应按防爆要求施工。

2）剩余电流式探测器负载侧的N线（即穿过探测器的工作零线）不应与其他回路共用，且不能重复接地（即与PE线相连）；探测器周围应适当留出更换和标定的空间。

3）测温式电气火灾监控探测器应采用专用固定装置固定在保护对象上。

剩余电流式探测器安装方法是将相线和中性线穿过剩余电流式探测器，剩余电流的工作原理是把电路中所有带电导体包括进去，带电导体就是相线和中性线，不包括PE线。PE线是保护线，正常情况下是不带电的。

① 正常情况下：PE线上没有电流通过。$I_{L1}+I_{L2}+I_{L3}+I_N=0$（矢量和）

② 故障情况下：PE线上有电流。

$I_{L1}+I_{L2}+I_{L3}+I_N\neq 0$

当 $I_{L1}+I_{L2}+I_{L3}+I_N$ 的值达到设定值（如30mA），则剩余电流保护装置动作。

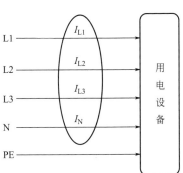

因此，剩余电流保护装置一定要把所有带电导体（正常情况下）全部包括在内。

③ 特殊情况：三相完全平衡的电机，这时配电回路中没有中性线（N），则 $I_{L1}+I_{L2}+I_{L3}=0$。这时，剩余电流保护装置只需装在3根相线上就可以。

不管哪种情况，都不是装在PE线上，因为正常情况下，PE线不带电。

《低压配电设计规范》GB 50054—2011

6.4.3 为减少接地故障引起的电气火灾危险而装设的剩余电流监测或保护电器，其动作电流不应大于300mA；当动作于切断电源时，应断开回路的所有带电导体。

注："断开回路所有带电导体"的要求，也是因为剩余电流装置的动作原理所明确的，上述6.4.3条的规定可以解释本题选C的原因。

【题17】对高位消防水箱进行维护保养，应定期检查水箱水位，检查水位的周期至少应为每（　　）检查一次。

A. 日　　　　B. 月　　　　C. 季　　　　D. 年

【参考答案】B

【解题分析】

《消防给水及消火栓系统技术规范》GB 50974—2014

14.0.3 水源的维护管理应符合下列规定：

1 每季度应监测市政给水管网的压力和供水能力；

2 每年应对天然河湖等地表水消防水源的常水位、枯水位、洪水位，以及枯水位流量或蓄水量等进行一次检测；

3 每年应对水井等地下水消防水源的常水位、最低水位、最高水位和出水量等进行一次测定；

4 **每月**应对消防水池、**高位消防水池**、高位消防水箱等消防水源设施的水位等进行一次检测；消防水池（箱）玻璃水位计两端的角阀在不进行水位观察时应关闭；

5 在冬季每天应对消防储水设施进行室内温度和水温检测，当结冰或室内温度低于5℃时，应采取确保不结冰和室温不低于5℃的措施。（故选项B正确）

【题18】细水雾灭火系统喷头的安装，应在管道安装完毕、试压、吹扫合格后进行。喷头与管道连接处的密封材料宜采用（　　）。

A. 聚四氟乙烯　　B. 麻丝　　C. 粘结剂　　D. O形密封圈

【参考答案】D
【解题分析】
教材《消防安全技术综合能力》第3篇第6章第3节
细水雾灭火系统喷头的安装必须在系统管道试压、吹扫合格后进行。
喷头与管道的连接宜采用端面密封或O形圈密封，**不应采用聚四氟乙烯、麻丝、粘结剂等作密封材料。**

【题19】消防设施检测机构对某厂房进行验收前的消防设施检测，检查了火灾探测器的类别、型号、适用场所、安装高度等，发现的下列情况中，不符合现行国家消防技术标准要求的是（　　）。

A. 类别为B的点型感温火灾探测器安装高度为6m
B. 类别为A_2的点型感温火灾探测器安装高度为7m
C. 类别为C的点型感温火灾探测器安装高度为5m
D. 类别为A_1的点型感温火灾探测器安装高度为8m

【参考答案】C
【解题分析】
《火灾自动报警系统设计规范》GB 50116—2013
5.2.1　对不同高度的房间，可按表5.2.1选择点型火灾探测器。

表5.2.1

房间高度h (m)	点型感烟探测器	点型感温探测器			火焰探测器
		A_1、A_2	B	C、D、E、F、G	
12<h≤20	不适合	不适合	不适合	不适合	适合
8<h≤12	适合	不适合	不适合	不适合	适合
6<h≤8	适合	适合	不适合	不适合	适合
4<h≤6	适合	适合	适合	不适合	适合
h≤4	适合	适合	适合	适合	适合

注：表中A_1、A_2、B、C、D、E、F、G为点型感温探测器的不同类型，其具体参数应符合本规范附录C的规定。

根据上述表格内容可知，答案选C。

【题20】对工业建筑进行防火检查时，应注意检查工业建筑的火灾危险性、耐火等级和建筑面积，在检查的下列工业建筑中，可以采用三级耐火等级的是（　　）。

A. 建筑面积为1500m^2的金属冶炼车间
B. 建筑面积为350m^2的氨压缩机房
C. 蒸发量为7t/h的燃煤锅炉房
D. 独立建筑的建筑面积为280m^2的单层制氧车间

【参考答案】D
【解题分析】
《建筑设计防火规范》GB 50016—2014
3.2.2　高层厂房，甲乙类厂房的耐火等级不应低于二级，**建筑面积不大于300m^2的**

独立甲乙类单层厂房可采用三级耐火等级的建筑。

选项 D 的制氧车间属于乙类厂房，面积不大于规定的 300m²，符合上述规定，可以采用三级耐火等级。故选项 D 正确。

选项 B 的氨压缩机房为乙类厂房，建筑面积 350m²，大于规范规定的 300m²，耐火等级不应低于二级。

3.2.3 单、多层丙类厂房和多层丁、戊类厂房的耐火等级不应低于三级。

使用或产生丙类液体的厂房和有火花、赤热表面、明火的丁类厂房，其耐火等级均不应低于二级，当为建筑面积不大于 500m² 的单层丙类厂房或建筑面积不大于 1000m² 的单层丁类厂房时，可采用三级耐火等级的建筑。

选项 A，建筑面积为 1500m² 金属冶炼车间生产时有火花、炽热表面、明火的丁类厂房，建筑面积大于 1000m²，耐火等级不应低于二级。

《建筑设计防火规范》GB 50016—2014

3.2.5 锅炉房的耐火等级不应低于二级，当为燃煤锅炉房且锅炉的总蒸发量不大于 4t/h 时，可采用三级耐火等级的建筑。

选项 C，蒸发量为 7t/h 的燃煤锅炉房，总蒸发量大于规范规定的 4t/h，耐火等级不应低于二级。

【题21】消防应急预案演练可以按照组织形式、演练内容、演练目的与作用等不同分类方法进行划分。下列演练中，属于按照演练内容进行划分的是（   ）。

A. 检验性演练　　　　　　B. 综合性演练
C. 示范性演练　　　　　　D. 研究性演练

【参考答案】B
【解题分析】

教材《消防安全技术综合能力》第 5 篇第 4 章第 3 节

（一）按组织形式划分

按组织形式划分为**桌面演练和实战演练**。

（二）按演练内容划分

按演练内容划分为**单项演练和综合演练**。

（三）按演练目的与作用划分

按演练目的与作用划分为**检验性演练、示范性演练和研究性演练**。

根据上述内容，本题答案为 B。

【题22】建筑防排烟系统运行周期性维护管理中，下列检查项目中，不属于每半年检查项目的是（   ）。

A. 防火阀　　　　　　　　B. 排烟口
C. 送风口（阀）　　　　　D. 联动功能

【参考答案】D
【解题分析】

教材《消防安全技术综合能力》第 3 篇第 11 章第 5 节

（二）半年检查内容及要求

1. 防火阀

手动或自动启动、复位试验，检查有无变形、锈蚀及弹簧性能，确认性能可靠。

2.排烟防火阀

手动或自动启动、复位试验，检查有无变形、锈蚀及弹簧性能，确认性能可靠。

3.送风阀（口）

手动或自动启动、复位试验，检查有无变形、锈蚀及弹簧性能，确认性能可靠。

4.排烟阀（口）

手动或自动启动、复位试验，检查有无变形、锈蚀及弹簧性能，确认性能可靠。

（三）每年检查要求

1.检查内容及要求

每年对所安装全部防烟排烟系统进行1次联动试验和性能检测，其**联动功能和性能**参数应符合原设计要求。（故选项D正确。联动功能属于年检）

【题23】消防技术服务机构对某大型商场内设置的疏散照明设施进行检测。下列检测结果中，不符合《建筑设计防火规范》GB 50016—2014 要求的是（   ）。

　　A.避难间疏散照明的地面最低水平照度为 10.0 lx

　　B.营业厅疏散照明的地面最低水平照度为 2.0 lx

　　C.楼梯间疏散照明的地面最低水平照度为 5.5 lx

　　D.前室疏散照明的地面最低水平照度为 6.0 lx

【参考答案】B

【解题分析】

《建筑设计防火规范》GB 50016—2014

10.3.2　建筑内疏散照明的地面最低水平照度应符合下列规定：

1　对于疏散走道，不应低于 1.0 lx；

2　对于**人员密集场所、避难层（间）**，**不应低于 3.0 lx**；对于病房楼或手术部的避难间，不应低于 10.0 lx；（故选项A满足要求，选项B不满足要求，营业厅为人员密集场所）

3　对于**楼梯间、前室或合用前室、避难走道**，**不应低于 5.0 lx**。（故选项C、D满足要求）

【题24】某建筑自动喷水灭火系统采用玻璃球洒水喷头，其中部分喷头玻璃球色标为黄色，该喷头公称动作温度为（   ）℃。

　　A.57　　　　　　B.68　　　　　　C.79　　　　　　D.93

【参考答案】C

【解题分析】

《自动喷水灭火系统 第1部分：洒水喷头》GB 5135.1—2003

5.2　公称动作温度和颜色标志

闭式洒水喷头的公称动作温度和颜色标志见表2。

玻璃球洒水喷头的公称动作温度分为13档，应在玻璃球工作液中做出相应的颜色标志。

易熔元件洒水喷头的公称动作温度分为7档，应在喷头轭臂或相应的位置做出颜色标志。

公称动作温度和颜色标志 表2

玻璃球洒水喷头		易熔元件喷头	
公称动作温度/℃	液体色标	公称动作温度/℃	色标
57	橙		
68	红		
79	黄		
93	绿	57～77	无需标志
107	绿	80～107	白
121	蓝	121～149	蓝
141	蓝	163～191	红
163	紫	204～246	绿
182	紫	260～302	橙
204	黑	320～343	橙
227	黑		
260	黑		
343	黑		

从上表可知，选项C正确。

【题25】根据《水喷雾灭火系统技术规范》GB 50219，对水喷雾灭火系统应进行联动试验检查，系统响应时间，工作压力和流量应符合设计要求：当系统为手动控制时，应以手动方式进行至少（　　）试验，检查系统的动作情况及信号反馈情况。

A. 3次　　　　B. 4次　　　　C. 1次　　　　D. 5次

【参考答案】C

【解题分析】

《水喷雾灭火系统技术规范》GB 50219—2014

8.4.11 联动试验应符合下列规定：

……

3 系统的响应时间、工作压力和流量应符合设计要求。

检查数量：全数检查。

检查方法：**当为手动控制时，以手动方式进行1～2次试验；**当为自动控制时，以自动和手动方式各进行1～2次试验，并用压力表、流量计、秒表计量。

【题26】对建筑灭火器的配置进行检查时，应注意检查灭火器的适用性。宾馆客房区域的走道上不应设置（　　）。

A. 水型灭火器　　　　　　B. 碳酸氢钠灭火器
C. 泡沫灭火器　　　　　　D. 磷酸铵盐灭火器

【参考答案】D

【解题分析】

《建筑灭火器配置设计规范》GB 50140—2005

3.1.1 灭火器配置场所的火灾种类应根据该场所内的物质及其燃烧特性进行分类。

3.1.2 灭火器配置场所的火灾种类可划分为以下六类：
1 A类火灾：固体物质火灾。
2 B类火灾：液体火灾或可熔化固体物质火灾。
3 C类火灾：气体火灾。
4 D类火灾：金属火灾。
5 E类火灾（带电火灾）：物体带电燃烧的火灾。
6 F类火灾：烹饪器具内的烹饪物（如动植物油脂）火灾。

4.2.1 A类火灾场所应选择水型灭火器、磷酸铵盐干粉灭火器、泡沫灭火器或卤代烷灭火器。

B类火灾场所应选择泡沫灭火器、碳酸氢钠干粉灭火器、磷酸铵盐干粉灭火器、二氧化碳灭火器、灭B类火灾的水型灭火器或卤代烷灭火器。

极性溶剂的B类火灾场所应选择灭B类火灾的抗溶性灭火器。

4.2.3 C类火灾场所应选择磷酸铵盐干粉灭火器、碳酸氢钠干粉灭火器、二氧化碳灭火器或卤代烷灭火器。

水型灭火器、磷酸铵盐干粉灭火器、泡沫灭火器可以扑灭A类火灾，碳酸氢钠可以扑灭B、C类火灾，宾馆火灾为A类火灾。故选择B。

【题27】注册消防工程师应当在履行职业过程中加强职业道德修养，坚持"慎独"是进行道德修养的方法之一。"慎独"指的是（　　）。

A. 学习先进模范任务，立志在本岗位建功立业
B. 能够及时调整和修正自己的执业行为方向
C. 加强有关专业知识的学习，提高职业道德水平
D. 能够自觉地严格要求自己，遵守职业道德原则和规范

【参考答案】D

【解题分析】

教材《消防安全技术综合能力》第1篇第2章

（三）坚持"慎独"

注册消防工程师进行职业道德修养时要坚持"慎独"，即不管所在单位的制度有无规定，也不管有无人监督，领导管理是否严格，都能够自觉地严格要求自己，遵守职业道德原则和规范，坚决杜绝不正之风和违法乱纪行为。（故选项D正确）

【题28】自动喷水灭火系统定期巡视检查测试时，下列关于湿式报警阀组检测试验的内容及要求的说法中，错误的是（　　）。

A. 测试过程中系统排出的水应通过排水设施全部排走，湿式报警阀处的排水立管不宜小于DN75
B. 开启末端试水装置，以1.2L/s的流量放水，水流指示器、湿式报警阀、压力开关动作
C. 消防联动控制器应准确接收并显示水流指示器、压力开关、水泵的反馈信号
D. 压力开关应直接连锁启动消防水泵

【参考答案】A

【解题分析】

《消防给水及消火栓系统技术规范》GB 50974—2014

9.3.1 消防给水系统试验装置处应设置专用排水设施,排水管径应符合下列规定:

1 自动喷水灭火系统等自动水灭火系统末端试水装置处的排水立管管径,应根据末端试水装置的泄流量确定,并不宜小于DN75;

2 **报警阀处的排水立管宜为DN100;**

3 减压阀处的压力试验排水管道直径应根据减压阀流量确定,但不应小于DN100。

根据上述规定可知,报警阀处的排水立管宜为DN100,故A为错误选项。

【题29】消防车登高操作场地是消防灭火救援的重要设施,下列关于消防车登高操作场地设置的说法中,错误的是(　　)。

A. 高层建筑应至少沿一个长边或周边长度的1/4且不小于一个长边长度的底边连续布置消防车登高操作场地

B. 消防车登高操作场地靠建筑外墙一侧的边缘距离建筑外墙不应大于10m

C. 消防车登高操作场地的坡度不宜大于3%

D. 高层建筑的消防车登高面不应布置裙房

【参考答案】D

【解题分析】

《建筑设计防火规范》GB 50016—2014(2018年版)

7.2 救援场地和入口

7.2.1 **高层建筑应至少沿一个长边或周边长度的1/4且不小于一个长边长度的底边连续布置消防车登高操作场地,该范围内的裙房进深不应大于4m。**

建筑高度不大于50m的建筑,连续布置消防车登高操作场地确有困难时,可间隔布置,但间隔距离不宜大于30m,且消防车登高操作场地的总长度仍应符合上述规定。

根据上述规定,选项A符合要求,选项D不符合规范要求。

7.2.2 消防车登高操作场地应符合下列规定:

1 场地与厂房、仓库、民用建筑之间不应设置妨碍消防车操作的树木、架空管线等障碍物和车库出入口。

2 **场地的长度和宽度分别不应小于15m和10m。** 对于建筑高度大于50m的建筑,场地的长度和宽度分别不应小于20m和10m。

3 场地及其下面的建筑结构、管道和暗沟等,应能承受重型消防车的压力。

4 场地应与消防车道连通,场地靠建筑外墙一侧的边缘距离建筑外墙不宜小于5m,且不应大于10m,**场地的坡度不宜大于3%。**

根据上述要求,选项B和选项C符合规范要求。

【题30】对高层医院病房楼进行防火检查时,应注意检查避难间的设置情况,下列对某医院病房楼避难间的检查结果中,符合现行国家消防技术标准的是(　　)。

A. 每个避难间为3个护理单元服务

B. 利用防烟楼梯间和消防电梯合用前室作避难间

C. 避难间采用耐火极限不低于2.00h的防火隔墙和乙级防火门与其他部位分隔

D. 在二层及以上的每个病房楼层设置避难间

【参考答案】D

【解题分析】

《建筑防火设计规范》GB 50016—2014

5.5.24 高层病房楼应**在二层及以上的病房楼层和洁净手术部设置避难间**。（选项 D 正确）

避难间应符合下列规定：

1 避难间服务的护理单元不应超过 2 个，其净面积应按每个护理单元不小于 25.0m² 确定。（选项 A 错误）

2 **避难间兼作其他用途时，应保证人员的避难安全，且不得减少可供避难的净面积。**（选项 B 错误）

3 应靠近楼梯间，并应采用耐火极限不低于 2.00h 的防火隔墙和甲级防火门与其他部位分隔。（选项 C 错误）

4 应设置消防专线电话和消防应急广播。

5 避难间的入口处应设置明显的指示标志。

6 应设置直接对外的可开启窗口或独立的机械防烟设施，外窗应采用乙级防火窗。

【题 31】某建筑的排烟系统采用活动式挡烟垂壁，按现行国家标准和系统使用功能以及质量要求进行施工，下列工作中，不属于挡烟垂壁安装工作的是（　　）。

A.挡烟垂壁与建筑主体结构安装固定

B.模拟火灾时挡烟垂壁动作功能

C.挡烟垂壁之间的缝隙衔接控制

D.挡烟垂壁与建筑主体之间的缝隙控制

【参考答案】B

【解题分析】

教材《消防安全技术综合能力》第 3 篇第 11 章第 3 节

挡烟垂壁的安装应符合：

(1) 型号、规格、下垂的长度和安装位置应符合设计要求。

(2) 活动挡烟垂壁与建筑结构（柱或墙）面的缝隙不大于 60mm，由两块或两块以上的挡烟垂帘组成的连续性挡烟垂壁，各块之间不应有缝隙，搭接宽度应不小于 100mm。

(3) 活动挡烟垂壁的手动操作按钮应固定安装在便于操作、明显可见处距楼地面 1.3～1.5m 之间。

根据上述要求，选项 A、C、D 都属于挡烟垂壁安装工作。模拟火灾时挡烟垂壁动作功能不属于挡烟垂壁安装工作。故答案选 B。

【题 32】某商场消防控制室先后接到地下室仓库内的 2 个感烟探测器，自动喷水灭火系统的水流指示器和报警阀压力开关等的动作信号，下列值班人员的工作程序中，正确的是（　　）。

A.组织扑救火灾　　　　　B.电话落实火情

C.打"119"电话报警　　　D.现场查看火情

【参考答案】D

【解题分析】

《消防控制室通用技术要求》GB 25506—2010

4.2 消防控制室管理及应急程序

4.2.2 消防控制室的值班应急程序应符合下列要求：

1) **接到火灾警报后，值班人员应立即以最快方式确认；**（故选项D正确）

2) 火灾确认后，值班人员应立即确认火灾报警联动控制开关处于自动状态，同时拨打"119"报警，报警时应说明着火单位地点、起火部位、着火物种类、火势大小、报警人姓名和联系电话；

3) 值班人员应立即启动单位内部应急疏散和灭火预案，并同时报告单位负责人。

【题33】《机关、团体、企业、事业单位消防安全管理规定》（公安部令第61号）规定，消防安全重点单位应当进行每日防火巡查，并确定巡查的内容和频次，公众聚集场所在营业期间的防火巡查，应当至少每（　　）小时一次。

A. 2　　　　B. 1　　　　C. 3　　　　D. 4

【参考答案】A

【解题分析】

《机关、团体、企业、事业单位消防安全管理规定》（公安部令第61号）

第二十五条　消防安全重点单位应当进行每日防火巡查，并确定巡查的人员、内容、部位和频次。其他单位可以根据需要组织防火巡查。巡查的内容应当包括：

（一）用火、用电有无违章情况；

（二）安全出口、疏散通道是否畅通，安全疏散指示标志、应急照明是否完好；

（三）消防设施、器材和消防安全标志是否在位、完整；

（四）常闭式防火门是否处于关闭状态，防火卷帘下是否堆放物品影响使用；

（五）消防安全重点部位的人员在岗情况；

（六）其他消防安全情况。

公众聚集场所在营业期间的防火巡查应当至少每2小时一次；营业结束时应当对营业现场进行检查，消除遗留火种。医院、养老院、寄宿制的学校、托儿所、幼儿园应当加强夜间防火巡查，其他消防安全重点单位可以结合实际组织夜间防火巡查。

根据上述要求，公众聚集场所在营业期间的防火巡查应当至少每2小时一次。

答案选A。

【题34】对防火分区进行检查时，应该检查防火分区的建筑面积。根据现行国家消防技术标准的规定，下列因素中，不影响防火分区的建筑面积划分的是（　　）。

A.使用性质　　B.防火间距　　C.耐火等级　　D.建筑高度

【参考答案】B

【解题分析】

教材《消防安全技术综合能力》第2篇第3章第1节

1.防火分区的建筑面积

防火分区允许最大建筑面积的确定与建筑的**使用性质**、火灾危险性、消防扑救能力以及火灾蔓延速度等因素有关。

确定防火分区面积时应考虑的因素有：

(1) **建筑物的使用性质**。多层民用建筑、一般工业建筑、仓库、高层建筑等因其用途、重要性不同，防火分区面积有所不同。

(2) 建筑物的火灾危险性。火灾危险性大者，防火分区面积应小些。
(3) **建筑物的耐火等级**。耐火等级高者，防火分区面积可大些。
(4) 消防设备。装有火灾自动报警和自动灭火设备者，防火分区面积可增大一倍。
综合上述知识，答案选 B。

【题35】某大型群众性活动的承办单位依法办理了申报手续，制定了灭火和应急疏散预案，并成立了防火巡查组，下列职责中，不属于防火巡查组职责范围的是（　　）。

A. 巡查活动现场消防设施是否完好有效
B. 巡查活动现场安全出口，疏散通道是否通畅
C. 巡查活动现场舞台布景的设置
D. 巡查活动过程中临时用电线路布置情况

【参考答案】C
【解题分析】
教材《消防安全技术综合能力》第 5 篇第 6 章第 3 节"大型群众性活动消防工作实施"

（二）防火检查
大型群众性活动应当在活动前 12h 内进行防火检查。检查的内容应当包括：
(1) 消防机构所提意见的整改情况以及防范措施的落实情况。
(2) 安全疏散通道、疏散指示标志、应急照明和安全出口情况。
(3) 消防车通道、消防水源情况。
(4) 灭火器材配置及有效情况。
(5) 用电设备运行情况。
(6) 重点操作人员以及其他人员消防知识的掌握情况。
(7) 消防安全重点部位的管理情况。
(8) 易燃易爆危险品和场所防火防爆措施的落实情况以及其他重要物资的防火安全情况。
(9) 防火巡查情况。
(10) 消防安全标志的设置情况和完好、有效情况。
(11) 其他需要检查的内容。
防火检查应当填写检查记录，检查人员和被检查部门负责人应当在检查记录上签名。
舞台布景设置不属于防火巡查组的工作范畴，故答案选 C。

【题36】根据《建设工程施工现场消防安全技术规范》GB 50720，施工单位应编制现场灭火及应急疏散预案，下列内容中，不属于灭火及应急疏散预案主要内容的是（　　）。

A. 应急疏散及救援的程序和措施
B. 应急灭火处置机构及各级人员应急处置职责
C. 动火作业的防火措施
D. 报警、接警处置的程序和通讯联络的方式

【参考答案】C
【解题分析】
《建设工程施工现场消防安全技术规范》GB 50720—2011

6.1.6 施工单位应编制施工现场灭火及应急疏散预案。灭火及应急疏散预案应包括下列主要内容：

1　应急灭火处置机构及各级人员应急处置职责。
2　报警、接警处置的程序和通讯联络的方式。
3　扑救初起火灾的程序和措施。
4　应急疏散及救援的程序和措施。

根据上述要求，答案选 C。

【题37】对某建筑内安装的火灾自动报警系统进行检查时，发现部分模块的连接导线余量不够，根据现行国家消防技术标准，关于模块的连接导线余量的说法中，正确的是，应留有不小于（　　）mm 的余量。

　　A. 100　　　　B. 150　　　　C. 200　　　　D. 250

【参考答案】B
【解题分析】

教材《消防安全技术综合能力》第3篇第14章第2节

（六）模块的安装要求

（1）同一报警区域内的模块宜集中安装在金属箱内。模块（或金属箱）应独立支撑或固定，安装牢固，并应采取防潮、防腐蚀等措施。隐蔽安装时，在安装处应有明显的部位显示和检修孔。

（2）模块的连接导线，应留有**不小于150mm 的余量**，其端部应有明显标志。

【题38】某建筑工程施工现场按照现行国家消防技术标准的规定，配置临时消防设施，临时消防应急照明灯具选用自备电源的应急照明灯具时，自备电源的连续供电时间不应小于（　　）min。

　　A. 30　　　　B. 60　　　　C. 40　　　　D. 50

【参考答案】B
【解题分析】

《建设工程施工现场消防安全技术规范》GB 50720—2011

5.4.3　临时消防应急照明灯具宜选用自备电源的应急照明灯具，自备电源的连续供电时间不应小于 60min 。

根据上述要求，答案选 B。

【题39】某大型地下商场，建筑面积为40000m²，采用兼作人员疏散的下沉广场进行防火分隔。下列关于下沉式广场的做法中，正确的是（　　）。

　　A. 用于疏散的净面积为125m²
　　B. 设置防风雨篷，四周开口高度为0.5m
　　C. 有一部满足疏散宽度要求并直通地面的疏散楼梯
　　D. 不同区域通向下沉式广场的开口之间的最大水平距离为10m

【参考答案】C
【解题分析】

《建筑设计防火规范》GB 50016—2014

6.4.12　用于防火分隔的下沉式广场等室外开敞空间，应符合下列规定：

1 分隔后的不同区域通向下沉式广场等室外开敞空间的开口最近边缘之间的水平距离不应小于13m。室外开敞空间除用于人员疏散外不得用于其他商业或可能导致火灾蔓延的用途，**其中用于疏散的净面积不应小于169m²。**

2 **下沉式广场等室外开敞空间内应设置不少于1部直通地面的疏散楼梯。**当连接下沉广场的防火分区需利用下沉广场进行疏散时，疏散楼梯的总净宽度不应小于任一防火分区通向室外开敞空间的设计疏散总净宽度。

3 确需设置防风雨篷时，防风雨篷不应完全封闭，四周开口部位应均匀布置，开口的面积不应小于该空间地面面积的25%，**开口高度不应小于1.0m；**开口设置百叶时，百叶的有效排烟面积可按百叶通风口面积的60%计算。

根据上述要求，用于疏散的净面积不应小于169m²，选项A错误；确需设置防风雨篷时，防风雨篷不应完全封闭，四周开口高度不应小于1.0m，选项B错误；分隔后的不同区域通向下沉式广场等室外开敞空间的开口最近边缘之间的水平距离不应小于13m，选项D错误。

【题40】对某建筑高度为140m的住宅建筑进行防火检查，下列关于避难层的检查结果中，不符合现行国家消防技术标准的是（　　）。

A. 在避难层设置消火栓、机械排烟系统和消防专用电话

B. 设置了可直接对外开启的乙级防火窗

C. 在避难层设置消防电梯出口

D. 在避难层设置的设备用房与避难区采用防火墙分隔

【参考答案】A

【解题分析】

《建筑设计防火规范》GB 50016—2014

5.5.23 建筑高度大于100m的公共建筑，应设置避难层（间）。避难层（间）应符合下列规定：

1 第一个避难层（间）的楼地面至灭火救援场地地面的高度不应大于50m，两个避难层（间）之间的高度不宜大于50m。

2 通向避难层（间）的疏散楼梯应在避难层分隔、同层错位或上下层断开。

3 避难层（间）的净面积应能满足设计避难人数避难的要求，并宜按5.0人/m²计算。

4 避难层可兼作设备层。设备管道宜集中布置，其中的易燃、可燃液体或气体管道应集中布置，设备管道区应采用耐火极限不低于3.00h的防火隔墙与避难区分隔。**管道井和设备间应采用耐火极限不低于2.00h的防火隔墙与避难区分隔，**管道井和设备间的门不应直接开向避难区；确需直接开向避难区时，与避难层区出入口的距离不应小于5m，且应采用甲级防火门。（选项D正确）

避难间内不应设置易燃、可燃液体或气体管道，不应开设除外窗、疏散门之外的其他开口。

5 **避难层应设置消防电梯出口。**（选项C正确）

6 **应设置消火栓和消防软管卷盘。**

7 **应设置消防专线电话和应急广播。**

8 在避难层（间）进入楼梯间的入口处和疏散楼梯通向避难层（间）的出口处，应设置明显的指示标志。

9 应设置直接对外的可开启窗口或独立的机械防烟设施，**外窗应采用乙级防火窗**。（选项B正确）

根据上述第6、7款，避难层中设置消火栓系统和消防专线电话；根据第9款，机械排烟设施不是必设项，如果有直接对外的可开启窗口，可不设机械排烟设施。故选项A错误。

【题41】在对建筑灭火器进行防火检查时，也应注意检查灭火器箱与地面的距离，根据现行国家消防技术标准，灭火器箱底部距地面的高度不应小于（　　）cm。

A. 8　　　　B. 5　　　　C. 10　　　　D. 15

【参考答案】A
【解题分析】
《建筑灭火器配置设计规范》GB 50140—2005

5.1.3 灭火器的摆放应稳固，其铭牌应朝外。手提式灭火器宜设置在灭火器箱内或挂钩、托架上，其顶部离地面高度不应大于1.50m；底部离地面高度**不宜小于0.08m**。灭火器箱不得上锁。

根据上述要求，选项A正确。

【题42】检查自动喷水灭火系统，湿式报警阀前压力为0.35MPa，打开湿式报警阀组试水阀，以1.2L/s的流量放水，不带延迟器的水力警铃最迟在（　　）s内发出报警铃声。

A. 5　　　　B. 30　　　　C. 15　　　　D. 90

【参考答案】C
【解题分析】
教材《消防安全技术综合能力》
调试湿式报警阀组应从试水装置处放水，当进水压力和流量达到要求后，报警阀应启动。

三、报警阀组调试与各水系统联动调试要求
湿式报警阀组
1. 末端装置处放水，湿式报警阀进口水压＞0.14MPa、放水流量＞1L/s时，报警阀启动。
① 水力警铃：带延迟器5～90s内发出报警铃声；**不带延迟器15s内发出报警铃声**。（故选项C正确）

【题43】某工地按现行国家标准《通用阀门压力试验》GB/T 13927、《自动喷水灭火系统 第6部分：通用阀门》GB 5135.6的要求，对消防用碟阀进行检验。下列检查项目中，不属于进场检验项目的是（　　）。

A. 外观质量检查　　　　B. 规格型号检查
C. 开关指示标志　　　　D. 水头损失检查

【参考答案】D
【解题分析】
根据教材《消防安全技术综合能力》：水头损失检测需要专业的水力性能测试台才可

以完成；其他三项都是通过外观就能检查。

水流在运动过程中单位质量液体的机械能的损失称为水头损失。产生水头损失的原因有内因和外因两种，外界对水流的阻力是产生水头损失的主要外因，液体的黏滞性是产生水头损失的主要内因，也是根本原因。

【题44】下列关于建筑中疏散门宽度的说法中，错误的是（　　）。

　　A. 电影院观众厅的疏散门，其净宽度应不小于1.2m
　　B. 多层办公建筑内疏散门，其净宽度不应小于0.9m
　　C. 地下歌舞娱乐场所疏散门，其总净宽度应根据疏散人数按每100人不小于1.0m计算
　　D. 住宅建筑的户门，其净宽度不应小于0.9m

【参考答案】D

【解题分析】

《建筑设计防火规范》GB 50016—2014

5.5.19　人员密集的公共场所、观众厅的疏散门不应设置门槛，**其净宽度不应小于1.40m**，且紧靠门口内外各1.40m范围内不应设置踏步。（故选项A错误）

5.5.18　除本规范另有规定外，**公共建筑内疏散门和安全出口的净宽度不应小于0.90m**，疏散走道和疏散楼梯的净宽度不应小于1.10m。（选项B正确）

5.5.21　除剧场、电影院、礼堂、体育馆外的其他公共建筑，其房间疏散门、安全出口、疏散走道和疏散楼梯的各自总净宽度，应符合下列规定：

1　每层的房间疏散门、安全出口、疏散走道和疏散楼梯的各自总净宽度，应根据疏散人数按每100人的最小疏散净宽度不小于表5.5.21-1的规定计算确定。当每层疏散人数不等时，疏散楼梯的总净宽度可分层计算，地上建筑内下层楼梯的总净宽度应按该层及以上疏散人数最多一层的人数计算；地下建筑内上层楼梯的总净宽度应按该层及以下疏散人数最多一层的人数计算。

2　**地下或半地下人员密集的厅、室和歌舞娱乐放映游艺场所**，其房间疏散门、安全出口、疏散走道和疏散楼梯的各自总净宽度，应根据**疏散人数按每100人不小于1.00m计算确定**。

根据上述要求，选项C正确。

5.5.30　住宅建筑的户门、安全出口、疏散走道和疏散楼梯的各自总净宽度应经计算确定，且户门和安全出口的净宽度不应小于0.90m，疏散走道、疏散楼梯和首层疏散外门的净宽度不应小于1.10m。建筑高度不大于18m的住宅中一边设置栏杆的疏散楼梯，其净宽度不应小于1.0m。（选项D正确）

【题45】为了防止建筑物在火灾时发生轰然，有效的方法是采用自动喷水灭火系统保护建筑物，闭式自动喷水灭火系统必须在（　　）启动并控制火灾的增长。

　　A. 火灾自动报警系统的感烟探测器探测到火灾之前
　　B. 火灾自动报警系统的感温探测器探测到火灾之前
　　C. 火灾自动报警系统接收到手动报警按钮信号之前
　　D. 起火房间达到轰然阶段之前

【参考答案】D

【解题分析】

轰燃是指火灾在建筑内部突发性的引起全面燃烧的现象，即当室内大火燃烧形成的充满室内各个房间的可燃气体和没充分燃烧的气体达到一定浓度时，形成的爆燃，从而导致室内其他房间的没接触大火的可燃物也一起被点燃而燃烧。自动喷水灭火系统主要是为了控制和扑灭初期火灾。因此，闭式自动喷水灭火系统必须在起火房间达到轰燃阶段之前启动并控制火灾的增长。(答案选D)

【题46】在对建筑外墙装饰材料进行防火检查时，发现的下列做法中，不符合现行国家消防技术标准规定的是（　　）。

A. 3层综合建筑，外墙的装饰层采用防火塑料装饰板
B. 25层住宅楼，外墙的装修层采用大理石
C. 建筑高度48m的医院，外墙的装饰层采用多彩涂料
D. 建筑高度55m的教学楼，外墙的装饰层采用铝塑板

【参考答案】D

【解题分析】

《建筑设计防火规范》GB 50016—2014

6.7.12 建筑外墙的装饰层应采用燃烧性能为A级的材料，但建筑高度不大于50m时，可采用B_1级材料。

根据上述规定，选项D错误。

【题47】根据《气体灭火系统施工及验收规范》GB 50263，安装气体灭火系统气动驱动装置的管道时，水平管道应采用管卡固定，管卡的间距不宜大于（　　）m，转弯处应增设1个管卡。

A. 0.5　　　　B. 0.6　　　　C. 0.7　　　　D. 0.8

【参考答案】B

【解题分析】

《气体灭火系统施工及验收规范》GB 50263—2007

5.4.5 气动驱动装置的管道安装应符合下列规定：
1 管道布置应符合设计要求。
2 竖直管道应在其始端和终端设防晃支架或采用管卡固定。
3 水平管道应采用管卡固定，管卡的间距不宜大于0.6m，转弯处应增设1个管卡。

根据上述规定，答案选B。

【题48】某消防技术服务机构的检测人员对一大型商业综合体设置的各类灭火器进行检查，根据现行国家标准《建筑灭火器配置验收及检查规范》GB 50444的要求，下列关于灭火器的检查结论，正确的是（　　）。

A. 每个月对顶层办公区域配置的灭火器进行一次检查，符合要求
B. 每个月对商场部分配置的灭火器进行一次检查，符合要求
C. 每个月对地下室配置的灭火器进行一次检查，符合要求
D. 每个月对锅炉房配置的灭火器进行一次检查，符合要求

【参考答案】A

【解题分析】

《建筑灭火器配置验收及检查规范》GB 50444—2005

5.2.1 灭火器的配置、外观等应按附录C的要求每月进行一次检查。

5.2.2 下列场所配置的灭火器,应按附录C的要求**每半月**进行一次检查。

1 候车(机、船)室、歌舞娱乐放映游艺等**人员密集的公共场所**；

2 堆场、罐区、石油化工装置区、加油站、**锅炉房、地下室**等场所。(故选项B、C、D错误。答案为A)

【题49】人员密集场所应当定期开展全员消防教育培训,提高全员的消防安全意识和消防安全能力。下列能力中,不属于员工通过教育培训必须具备的消防安全能力的是(　　)。

　　A. 检查和消防火灾隐患的能力　　　B. 扑救初期火灾的能力
　　C. 组织人员疏散逃生的能力　　　　D. 救援被困人员的能力

【参考答案】D

【解题分析】

员工通过教育培训必须具备的消防安全能力包括：

(1)检查和消除火灾隐患的能力；

(2)组织扑救初期火灾的能力；

(3)组织人员疏散逃生的能力。

救援被困人员不属于员工通过培训必须具备的消防安全能力,答案选D。

【题50】对气体灭火系统进行维护保养,应定期对系统功能进行测试。下列关于模拟喷气试验的说法中,错误的是(　　)。

　　A. 每年应对防护区进行一次模拟喷气试验

　　B. 10%混合气体灭火系统应采用其充装的灭火剂进行模拟喷气试验

　　C. 七氟丙烷系统模拟喷气实验时,试验瓶的数量不应小于灭火剂储存容器数的10%,且不少于1个

　　D. 高压二氧化碳灭火系统应采用其充装的灭火剂进行模拟喷气试验

【参考答案】C

【解题分析】

《气体灭火系统施工及验收规范》GB 50263—2007

8.0.8 **每年应按本规范第E.2节的规定,对每个防护区进行1次模拟启动试验,并应按本规范第7.4.2条规定进行1次模拟喷气试验。**(选项A符合规范要求)

教材《消防安全技术综合能力》第3篇第7章"气体灭火系统要求"

2. 模拟喷气试验

(2)模拟喷气试验方法

1) 模拟喷气试验的条件：①IG541**混合气体灭火系统及高压二氧化碳灭火系统,应采用其充装的灭火剂进行模拟喷气试验。**试验采用的储存容器数应为选定试验的防护区或保护对象设计用量所需容器总数的5%,且不少于1个。

根据试验条件,混合气体灭火系统及高压二氧化碳灭火系统应采用其充装灭火剂进行模拟喷气试验,选项B和选项D正确。卤代烷灭系统喷气试验时容器数不应少于灭火器储存容器数的20%,故选项C错误。答案选C。

【题51】对建筑物进行防火检查时,应注意检查建筑物的消防用电负荷设置的合理性。下

列建筑中,消防用电应按一级负荷供电的是(　　)。

　　A. 座位数超过1500个的电影院
　　B. 建筑高度大于50m的乙、丙厂房和丙类库房
　　C. 座位数超过3000个的体育馆
　　D. 省级电信和财贸金融建筑

【参考答案】B
【解题分析】

《建筑设计防火规范》GB 50016—2014

10.1 消防电源及其配电

10.1.1 下列建筑物的消防用电应按一级负荷供电:

1 **建筑高度大于50m的乙、丙类厂房和丙类仓库**;(选项B正确)

2 一类高层民用建筑。

10.1.2 下列建筑物、储罐(区)和堆场的消防用电应按二级负荷供电:

1 室外消防用水量大于30L/s的厂房(仓库);

2 室外消防用水量大于35L/s的可燃材料堆场、可燃气体储罐(区)和甲、乙类液体储罐(区);

3 粮食仓库及粮食筒仓;

4 二类高层民用建筑;

5 **座位数超过1500个的电影院**、剧场,**座位数超过3000个的体育馆**,任一层建筑面积大于3000m²的商店和展览建筑,省(市)级及以上的广播电视、**电信和财贸金融建筑**,室外消防用水量大于25L/s的其他公共建筑。

按照用户对供电连续性的要求,将供电负荷分为一级负荷、二级负荷、三级负荷。其中,一级负荷是对供电连续性要求最高的负荷。根据上述要求,选项A、C、D都属于二级负荷供电场所,选项B属于一级负荷供电场所。答案选B。

【题52】消防检测机构对某单位安装的干粉预制灭火装置进行检测,下列检测结果中,不符合现行国家消防技术标准规定的是(　　)。

　　A. 管道长度为18m　　　　　　B. 灭火剂储存量为160kg
　　C. 工作压力2.3MPa　　　　　　D. 一个防护区使用3套预制灭火装置

【参考答案】B
【解题分析】

《干粉灭火系统设计规范》GB 50347—2004

3.4.1 预制灭火装置应符合下列规定:

1 **灭火剂储存量不得大于150kg**。

2 管道长度不得大于20m。

3 **工作压力不得大于2.5MPa**。

3.4.2 一个防护区或保护对象宜用一套预制灭火装置保护。

3.4.3 一个防护区或保护对象所用预制灭火装置最多不得超过4套,并应同时启动,其动作响应时间差不得大于2s。

预制灭火系统是指按一定的应用条件,将灭火剂储存装置和喷放组件等预先设计、组

成成套且具有联动控制功能的灭火系统。

选项 A 管道长度为 18m，不大于 20m，符合规范要求；选项 B 灭火剂储存量为 160kg，大于 150kg，不符合规范要求，选项 C 工作压力 2.3MPa，不大于 2.5MPa，符合规范要求；选项 D 一个防护区使用 3 套预制灭火装置，不超过 4 套，符合规范要求。答案选 B。

【题53】消防给水系统维护管理人员，应掌握和熟悉消防给水系统的（   ）、性能和操作规程。

　　A. 灭火机理　　　　　　　　B. 工作原理
　　C. 运行规律　　　　　　　　D. 设计原理

【参考答案】B
【解题分析】
《消防给水及消火栓系统技术规范》GB 50974—2014

14.0.2　维护管理人员应掌握和熟悉消防给水系统的**原理**、性能和操作规程。（答案选 B）

【题54】对民用建筑的附属用房进行防火检查，下列检查结果中，不符合现行国家消防技术标准的是（   ）。

　　A. 住宅建筑地下车库的疏散楼梯与地上部分共用楼梯间，并按规范采取分隔措施
　　B. 将常压燃油锅炉房设置在高层建筑地下二层
　　C. 将燃油发电机房布置在商业建筑的地下二层
　　D. 将油浸变压器室设置在剧场建筑的地下二层

【参考答案】D
【解题分析】
《建筑设计防火规范》GB 50016—2014

6.4.4　除通向避难层错位的疏散楼梯外，建筑内的疏散楼梯间在各层的平面位置不应改变。

除住宅建筑套内的自用楼梯外，地下或半地下建筑（室）的疏散楼梯间，应符合下列规定：

1　室内地面与室外出入口地坪高差大于 10m 或 3 层及以上的地下、半地下建筑（室），其疏散楼梯应采用防烟楼梯间；其他地下或半地下建筑（室），其疏散楼梯应采用封闭楼梯间。

2　应在首层采用耐火极限不低于 2.00h 的防火隔墙与其他部位分隔并应直通室外，确需在隔墙上开门时，应采用乙级防火门。

3　建筑的地下或半地下部分与地上部分不应共用楼梯间，确需共用楼梯间时，应在**首层采用耐火极限不低于 2.00h 的防火隔墙和乙级防火门将地下或半地下部分与地上部分的连通部位完全分隔**，并应设置明显的标志。（故选项 A 满足规范要求）

5.4.12　燃油或燃气锅炉、油浸变压器、充有可燃油的高压电容器和多油开关等，宜设置在建筑外的专用房间内；确需贴邻民用建筑布置时，应采用防火墙与所贴邻的建筑分隔，且不应贴邻人员密集场所，该专用房间的耐火等级不应低于二级；确需布置在民用建筑内时，不应布置在人员密集场所的上一层、下一层或贴邻，并应符合下列规定：

1 燃油或燃气锅炉房、变压器室应设置在首层或地下一层的靠外墙部位,但常(负)压燃油或燃气锅炉可设置在地下二层或屋顶上。设置在屋顶上的常(负)压燃气锅炉,距离通向屋面的安全出口不应小于6m。

采用相对密度(与空气密度的比值)不小于0.75的可燃气体为燃料的锅炉,不得设置在地下或半地下。

根据上述要求,选项B符合规范要求;选项D不符合规范要求。

5.4.13 布置在民用建筑内的柴油发电机房应符合下列规定:
1 宜布置在首层或地下一、二层。(故选项C符合规范要求)
2 不应布置在人员密集场所的上一层、下一层或贴邻。

【题55】某消防检测机构,检查物业公司的临时高压消防给水系统维护管理记录,发现有一条维护管理记录如下:自动和手动启动消防水泵时,水泵无法实现运转,按下控制柜的机械应急启动操纵杆时,水泵能正常运转。下列关于系统故障的原因中,正确的是( )。

A. 自动巡检变频器故障　　　　B. 控制电器元件故障
C. 电机供电回路故障　　　　　D. 供电电压不足

【参考答案】B
【解题分析】

自动巡检变频器可以使消防水泵、消防喷淋泵在停泵期间,特定的时间内,自动唤醒消防泵、消防喷淋泵,使它们以低频低转速运行。自动巡检故障不会影响手动启泵,故选项A错误。

手动、自动启泵均是在消防控制室内启动消防泵,需要通过控制线路传输信号启泵,水泵无法正常实现运转,说明控制线路故障。故选项B正确。

机械应急操作是指在泵房内控制柜转为"手动"后启动水泵,可以启动消防水泵,是通过直接闭合电机供电回路达到启泵目的的,水泵能够启动说明水泵供电是没有问题的,供电回路也没有问题。故选项C和选项D错误。

【题56】对建筑进行火灾风险评估之后,需要采取一定的风险控制措施,下列措施中,不属于风险控制措施的是( )。

A. 风险消除　　B. 风险减少　　　　C. 风险分析　　　　D. 风险转移

【参考答案】C
【解题分析】

教材《消防安全技术综合能力》第4篇第2章第1节

经过评估之后,建筑的总体评估结果可能属于极高或高风险,也可能属于中风险及以下。通常情况下极高风险和高风险超出了可接受的风险水平,需要采取一定风险控制措施,将建筑的火灾风险控制在可接受的风险水平以下。**常用的风险控制措施:风险消除、风险减少、风险转移。**

【题57】对某33层住宅建筑的消防电梯进行防火检查,下列检查内容中,不属于防火检查内容的是( )。

A. 电梯的载重量
B. 首层设置的消防员专用操作按钮
C. 消防电梯内的安防摄像头

D. 消防电梯从首层到达顶层的时间

【参考答案】C

【解题分析】

《建筑设计防火规范》GB 50016—2014

7.3.8 消防电梯应符合下列规定：

1 应能每层停靠；

2 **电梯的载重量不应小于800kg；**

3 **电梯从首层至顶层的运行时间不宜大于60s；**

4 电梯的动力与控制电缆、电线、控制面板应采取防水措施；

5 **在首层的消防电梯入口处应设置供消防队员专用的操作按钮；**

6 电梯轿厢的内部装修应采用不燃材料；

7 电梯轿厢内部应设置专用消防对讲电话。

根据上述要求，选项A、B、D属于检查范围，选项C不属于防火检查范围，答案选C。

【题58】对防火门进行检查时，应注意检查防火门的门扇与下框或地面的活动间隙，根据现行国家消防技术标准的规定，该间隙不应大于（　　）mm。

A. 3　　　　B. 6　　　　C. 9　　　　D. 12

【参考答案】C

【解题分析】

《防火门》GB 12955—2008

5.8.2-5 门扇与下框或地面的活动间隙不应大于9mm。（故选项C正确）

【题59】物业管理公司对自动喷水灭火系统进行维护管理，定期巡视检查测试，根据《自动喷水灭火系统施工及验收规范》GB 50361的要求，下列检查项目中，属于每月检查项目的是（　　）。

A. 消防水源供水能力的测试

B. 室外阀门井中进水管道控制阀的开启状态

C. 控制阀的铅封、锁链

D. 所有报警阀组的试水阀放水测试及其启动性能测试

【参考答案】C

【解题分析】

《自动喷水灭火系统施工及验收规范》GB 50261—2017

9.0.3 **每年应对水源的供水能力进行一次测定**，每日应对电源进行检查。

9.0.4 消防水泵或内燃机驱动的消防水泵应每月启动运转一次。当消防水泵为自动控制启动时，应每月模拟自动控制的条件启动运转一次。

9.0.5 电磁阀应每月检查并应做启动试验，动作失常时应及时更换。

9.0.6 **每个季度应对系统所有的末端试水阀和报警阀旁的放水试验阀进行一次放水试验**，检查系统启动、报警功能以及出水情况是否正常。

9.0.7 系统上所有的控制阀门均应采用铅封或锁链固定在开启或规定的状态。**每月应对铅封、锁链进行一次检查**，当有破坏或损坏时应及时修理更换。

9.0.8 室外阀门井中，进水管上的控制阀门应每个季度检查一次，核实其处于全开启状态。

选项 A 属于年度检查项，选项 B 属于季度检查项，选项 C 属于月检查项，选项 D 属于季度检查项。答案选 C。

【题60】某五星级酒店设有消防控制中心，配备8名值班人员轮值，下列消防安全职责中，不属于消防控制中心值班人员职责的是（　　）。

A. 填写消防控制室值班记录表
B. 记录消防控制室室内消防设备的火警或故障情况
C. 对火灾报警控制器进行日常检查
D. 实施日常防火检查和巡查

【参考答案】D
【解题分析】

《消防控制室通用技术要求》GB 25506—2010
4.1 消防控制室内应保存下列纸质和电子档案资料：
……
4）**值班情况、消防安全检查情况及巡查情况的记录；**
5）消防设施一览表，包括消防设施的类型、数量、状态等内容；
6）消防系统控制逻辑关系说明、设备使用说明书、系统操作规程、系统和设备维护保养制度等；
7）**设备运行状况**、**接报警记录**、火灾处理情况、**设备检修检测报告**等资料，这些资料应能定期保存和归档

每日防火巡查由保卫部统一组织实施，每日由专门人员进行巡查，不是消控室值班人员的职责，故选 D。

【题61】某消防安全重点单位根据有关规定制定了消防应急疏散预案，将疏散引导工作分为四大块，下列工作内容中不属于疏散引导工作内容的是（　　）。

A. 拨打"119"电话　　　　　　B. 根据火场情况划定安全区
C. 明确疏散引导责任人　　　　D. 根据需要及时变更疏散路线

【参考答案】A
【解题分析】

教材《消防安全技术综合能力》第5篇第4章"应急预案编制与演练"
2. 疏散引导
一是划定安全区。根据建筑特点和周围情况，事先划定供疏散人员集结的安全区域。
二是明确责任人。在疏散通道上分段安排人员疏散方向，查看是否有人滞留在应急疏散的区域内，统计人员数量，稳定人员情绪。
三是及时变更修正。由于公众聚集场所的现场工作人员具有一定的流动性，在预案中担负灭火和疏散救援行动人员变化后，要及时进行调整和补充。
四是突出重点。应把疏散引导作为应急预案编制和演练的重点，加强疏散引导组的力量配备。

根据上述要求，选项 A 不属于疏散引导组的职责。答案选 A。

【题 62】在对层高为 3.5m 的地下车库进行防烟分区检查时,应注意检查挡烟垂壁的材料和挡烟垂壁的高度是否满足现行国家消防技术标准的要求,下列挡烟垂壁的做法中,错误的有（　　）。

　　A. 挡烟垂壁的最下端低于机械排烟口
　　B. 挡烟垂壁突出顶棚 500mm
　　C. 制作挡烟垂壁的材料为 5mm 厚的普通玻璃
　　D. 在挡烟垂壁明显位置设置永久性标志铭牌

【参考答案】C
【解题分析】
教材《消防安全技术综合能力》第 3 篇第 11 章第 1 节

挡烟垂壁：挡烟垂壁是用于分隔防烟分区的装置和设施，可分为固定式或活动式。固定式采用隔墙、楼板下不小于 500mm 的梁或吊顶下凸出不小于 500mm 的不燃烧体；活动式挡烟垂壁本体采用不燃烧体制作，平时隐藏于吊顶内或卷缩在装置内，当其所在部位温度升高，或消防控制中心发出火警信号或直接接收烟感信号，置于吊顶上方的挡烟垂壁迅速垂落至设定高度，限制烟气流动以形成"储烟仓"，便于排烟系统将高温烟气迅速排出室外。

选项 A，挡烟垂壁边缘低于机械排烟口，能有效形成储烟仓，便于机械排烟系统将高温烟气迅速排除室外，符合要求。选项 B，挡烟垂壁高度不小于 500mm，符合要求。选项 C，制作挡烟垂壁材料为普通玻璃，普通玻璃耐火稳定性较差，极冷极热条件下容易发生炸裂，不符合要求。选项 D，在挡烟垂壁明显位置设置永久性标志铭牌，更有利于管理，符合要求。答案选 C。

【题 63】某中型石油库航空煤油的立式固定顶储罐设置了低倍数泡沫灭火系统，采用水成膜泡沫液，运行几年后，消防设施检测机构对该系统进行检测与评估，下列检测结果中，不符合现行国家消防技术标准要求的有（　　）。

　　A. 泡沫混合液的连续供给时间为 45min
　　B. 泡沫混合液的发泡倍数为 10
　　C. 系统最不利点泡沫发生装置出泡沫的时间为 4.6min
　　D. 泡沫混合液的供给强度为 $4.7L/(min·m^2)$

【参考答案】D
【解题分析】
《泡沫灭火系统设计规范》GB 50151—2010
2.1.6　低倍数泡沫
发泡倍数低于 20 的灭火泡沫。（故选项 B 符合要求）
4.1.10　固定式泡沫灭火系统的设计应满足在泡沫消防水泵或泡沫混合液泵启动后，将泡沫混合液或泡沫输送到保护对象的时间**不大于 5min**。（故选项 C 符合要求）
4.2.2　泡沫混合液供给强度及连续供给时间应符合下列规定：
1　非水溶性液体储罐液上喷射系统，其泡沫混合液供给强度和连续供给时间不应小于表 4.2.2-1 的规定。

泡沫混合液供给强度和连续供给时间　　　　表 4.2.2-1

系统形式	泡沫液种类	供给强度 [L/(min·m²)]	连续供给时间(min)	
			甲、乙类液体	丙类液体
固定式、半固定式系统	蛋白	6.0	40	30
	氟蛋白、水成膜、成膜氟蛋白	5.0	45	30
移动式系统	蛋白、氟蛋白	8.0	60	45
	水成膜、成膜氟蛋白	6.5	60	45

选项 A，航空煤油属于丙类液体，立式固定顶储罐，设置了低倍数泡沫灭火系统，采用水成膜泡沫液，无论是固定式、半固定式、移动式，连续供液时间 45min 都满足要求。

选项 D，泡沫混合液的供给强度为 4.7L/(min·m²)，不符合任何形式的系统要求。

【题 64】对消防设施进行定期检测是消防设施维护管理工作的一项重要内容，确定自动喷水灭火系统末端试水的检测周期所依据的标准是（　　）。

A.《建筑消防设施检测技术规范》GA 503
B.《建筑消防设施维护管理规定》GB 25201
C.《自动喷水灭火系统施工及验收规范》GB 50261
D.《自动喷水灭火系统设计规范》GB 50084

【参考答案】C
【解题分析】
《自动喷水灭火系统施工及验收规范》GB 50261—2017
9.0.6 每个季度应对系统所有的末端试水阀和报警阀旁的放水试验阀进行一次放水试验，检查系统启动、报警功能以及出水情况是否正常。

【题 65】消防工程施工工地的进场检验包括合法性检查、一致性检查及产品质量检查。某工地对消火栓进行检查，下列检查项目中，属于合法性检查的项目是（　　）。

A. 型式检验报告　　　　　　　B. 抽样试验
C. 型号规格　　　　　　　　　D. 设计参数

【参考答案】A
【解题分析】
教材《消防安全技术综合能力》第 3 篇第 1 章第 1 节
一、合法性检查
按照国家相关法律法规规定，消防产品按照国家或者行业标准生产，并经型式检验和出厂检验合格后，方可使用。消防产品合法性检查，重点查验其符合国家市场准入规定的相关合法性文件，以及出厂检验合格证明文件。

1. 市场准入文件
到场检查重点检查下列市场准入文件：
（1）纳入强制性产品认证的消防产品，查验其依法获得的强制性认证证书。
（2）新研制的尚未制定国家或者行业标准消防产品，查验其依法获得的技术鉴定证书。
（3）目前尚未纳入强制性产品认证的非新产品类的消防产品，查验其经国家法定消防

产品检验机构检验合格的**型式检验报告**。(故选项 A 正确)

(4) 非消防产品类的管材管件以及其他设备查验其法定质量保证文件。

2. 产品质量检验文件

到场检查重点查验下列消防产品质量检验文件：

(1) 查验所有消防产品的型式检验报告；其他相关产品的法定检验报告。

(2) 查验所有消防产品、管材管件以及其他设备的出厂检验报告或者出厂合格证。

【题 66】高层医疗建筑采用双面布房的疏散走道，其净宽度应根据疏散人数通过计算确定，并应满足最小（　　）m 的要求。

A. 1.1　　　　B. 1.2　　　　C. 1.5　　　　D. 1.4

【参考答案】C

【解题分析】

《建筑设计防火规范》GB 50016—2014

5.5.18　除本规范另有规定外，公共建筑内疏散门和安全出口的净宽度不应小于 0.90m，疏散走道和疏散楼梯的净宽度不应小于 1.10m。

高层公共建筑内楼梯间的首层疏散门、首层疏散外门、疏散走道和疏散楼梯的最小净宽度应符合表 5.5.18 的规定。

高层公共建筑内楼梯间的首层疏散门、首层疏散外门、疏散走道和疏散楼梯的最小净宽度 (m)

表 5.5.18

建筑类别	楼梯间的首层疏散门、首层疏散外门	走道		疏散楼梯
		单面布房	双面布房	
高层医疗建筑	1.30	1.40	1.50	1.30
其他高层公共建筑	1.20	1.30	1.40	1.20

根据上表规定，答案选 C。

【题 67】火灾危险性应根据储存物品的火灾危险性及其数量等因素确定，对存储场所进行防火检查时，对类别数量和存放方式，某仓库的下列做法中，不符合现行国家消防技术标准的是（　　）。

A. 同一座仓库同时存放数种物品时，存储过程中采用分区存储

B. 同一座仓库放了汽油、机械零件、包装用的术箱，将仓库划分为甲类储存物品仓库

C. 采用木箱包装的戊类物品，术箱总量大于物品本身重量的 1/4，将仓库的火灾危险性划分为丁类

D. 储存电子元件的仓库，采用纸盒与泡沫塑料包装电子元件，包装材料的体积大于电子元件的体积 1/2，仓库的火灾危险性划分为丙类

【参考答案】C

【解题分析】

《建筑设计防火规范》GB 50016—2014（2018 年版）

3.1.4　同一座仓库或仓库的任一防火分区内储存不同火灾危险性物品时，仓库或防火分区的火灾危险性应按火灾危险性最大的物品确定。(故选项 B 符合要求)

3.1.5　丁、戊类储存物品仓库的火灾危险性，当可燃包装重量大于物品本身重量的

1/4或可燃包装体积大于物品本身体积的1/2时,应按丙类确定。(故选项C不符合要求,选项D符合要求)

条文说明:

3.1.4 本条规定了同一座仓库或其中同一防火分区内存在多种火灾危险性的物质时,确定该建筑或区域火灾危险性的原则。

一个防火分区内存放多种可燃物时,火灾危险性分类原则应按其中火灾危险性大的确定。当数种火灾危险性不同的物品存放在一起时,建筑的耐火等级、允许层数和允许面积均要求按最危险者的要求确定。如:同一座仓库存放有甲、乙、丙三类物品,仓库就需要按甲类储存物品仓库的要求设计。

此外,甲、乙类物品和一般物品以及容易相互发生化学反应或者灭火方法不同的物品,必须分间、分库储存,并在醒目处标明储存物品的名称,性质和灭火方法。因此,为了有利于安全和便于管理,同一座仓库或其中同一个防火分区内,要尽量储存一种物品。如有困难需将数种物品存放在一座仓库或同一个防火分区内时,存储过程中要采取分区域布置,但性质相互抵触或灭火方法不同的物品不允许存放在一起。

根据3.1.4条要求,选项A同一座仓库同时存放数种物品时,存储过程中采用分区存储,符合要求;选项B同一座仓库放了汽油、机械零件、包装用的木箱,将仓库划分为甲类储存物品仓库,符合要求。

根据3.1.5条要求,选项C采用木箱包装的戊类物品,术箱总量大于物品本身重量的1/4,将仓库的火灾危险性划分为丁类,不符合要求,应为丙类;选项D储存电子元件的仓库,采用纸盒与泡沫塑料包装电子元件,包装材料的体积大于电子元件的体积1/2,仓库的火灾危险性划分为丙类,符合要求。答案选C。

【题68】对建筑进行防火检查时,应注意检查建筑的疏散楼梯的形式。下列建筑中,应采用防烟楼梯间的是(   )。

A. 建筑高度为32m的高层丙类仓库

B. 建筑高度为36m的住宅建筑

C. 建筑高度为32m的医院建筑

D. 建筑高度为30m的学校办公楼

【参考答案】B

【解题分析】

《建筑设计防火规范》GB 50016—2014

5.5.12 一类高层公共建筑和建筑高度大于32m的二类高层公共建筑,其疏散楼梯应采用防烟楼梯间。

裙房和建筑高度不大于32m的二类高层公共建筑,其疏散楼梯应采用封闭楼梯间。

注:当裙房与高层建筑主体之间设置防火墙时,裙房的疏散楼梯可按本规范有关单、多层建筑的要求确定。

5.5.27 住宅建筑的疏散楼梯设置应符合下列规定:

1 建筑高度不大于21m的住宅建筑可采用敞开楼梯间;与电梯井相邻布置的疏散楼梯应采用封闭楼梯间,当户门采用乙级防火门时,仍可采用敞开楼梯间;

2 建筑高度大于21m、不大于33m的住宅建筑应采用封闭楼梯间;当户门采用乙级

防火门时,可采用敞开楼梯间;

3 建筑高度大于33m的住宅建筑应采用防烟楼梯间。户门不宜直接开向前室,确有困难时,每层开向同一前室的户门不应大于3樘且应采用乙级防火门。

疏散楼梯是指有足够防火能力可作为竖向通道的室内楼梯和室外楼梯。作为安全出口的楼梯是建筑物中的主要垂直交通空间,它既是人员避难、垂直方向安全疏散的重要通道,又是消防队员灭火的辅助进攻路线。防烟楼梯间是指在楼梯间入口处设有防烟前室、开敞式阳台或凹廊(统称前室)等设施,且通向前室和楼梯间的门均为防火门,以防止火灾的烟和热气进入的楼梯间。

根据上述要求,选项A建筑高度为32m的厂房可采用封闭楼梯间;选项B建筑高度为36m的住宅建筑,大于33m,应设置防烟楼梯间;选项C医院建筑32m,属于建筑高度不超过32m的二类公共建筑,可设置封闭楼梯间;选项D建筑高度为30m,可设置封闭楼梯间。答案选B。

【题69】某工地在自动喷水灭火系统施工安装前进行进场检验,下列关于报警阀组现场检验检查项目要求中,正确的是( )。
　　A.附件配置、外观标识、外观质量、渗漏试验和报警阀结构等
　　B.附件配置、外观标识、外观质量、渗漏试验和强度试验等
　　C.阀门材质、外观标识、外观质量、渗漏试验和强度试验等
　　D.压力等级、外观标识、外观质量、渗漏试验和强度试验等

【参考答案】A
【解题分析】
教材《消防安全技术综合能力》第3篇第4章第2节
为了保证报警阀组及其附件的安装质量和基本性能要求,报警阀组到场后,重点检查(验)其**附件配置、外观标识、外观质量、渗漏试验和报警阀结构**等内容。
根据上述要求,答案选A。

【题70】有爆炸危险区域内的楼梯间、室外楼梯或有爆炸危险的区域与相邻区域连通处,应设置门斗等防护措施。下列门斗的做法中,符合现行国家消防技术标准规定的是( )。
　　A.门斗隔墙的耐火极限为2.0h,门采用甲级防火门且与楼梯间门错位
　　B.门斗隔墙的耐火极限为1.5h,门采用甲级防火门且与楼梯间门正对
　　C.门斗隔墙的耐火极限为2.0h,门采用乙级防火门且与楼梯间门正对
　　D.门斗隔墙的耐火极限为2.5h,门采用乙级防火门且与楼梯间门错位

【参考答案】A
【解题分析】
《建筑设计防火规范》GB 50016—2014
3.6.10 有爆炸危险区域内的楼梯间、室外楼梯或有爆炸危险的区域与相邻区域连通处,应设置门斗等防护措施。**门斗的隔墙应为耐火极限不应低于2.00h的防火隔墙,门应采用甲级防火门并应与楼梯间的门错位设置。**
根据上述要求,答案选A。

【题71】根据现行国家消防技术标准,下列净化或输送有爆炸危险粉尘和碎屑的设施上,

不需要设置泄压装置的是（ ）。

   A. 除尘器　　　B. 过滤器　　　　C. 管道　　　　　D. 风机

【参考答案】D

【解题分析】

《建筑设计防火规范》GB 50016—2014（2018年版）

9.3.8　净化或输送有爆炸危险粉尘和碎屑的除尘器、过滤器或管道，均应设置泄压装置。

净化有爆炸危险粉尘的干式除尘器和过滤器应布置在系统的负压段上。

根据上述要求，答案选 D。

【题72】某消防检测机构对一栋二类高层办公楼的消防给水系统进行检测。该建筑室外有两路消防进水，自动喷水灭火系统设计流量为27L/s，设计扬程为1.0MPa；室内消火栓系统设计流量为20L/s，设计扬程为0.98MPa；高位消防水箱最低有效水位距较高层喷头的有效距离为10m。查验验收报告，系统所有检测合格。检测消防泵性能及其运行情况，下列检测结果中，符合现行国家消防技术标准的是（ ）。

   A. 自动喷水泵零流量时的压力为 1.50MPa

   B. 消火栓泵出流量 25L/s 时电机停止工作

   C. 自动喷水灭火系统最不利点末端试水装置打开 5s 后，流量开关发出信号启动自动喷水泵

   D. 室内消火栓系统试验消火栓出流量为 3L/s 时，消火栓泵没有启动

【参考答案】D

【解题分析】

《消防给水及消火栓系统技术规范》GB 50974—2014

5.1.6　消防水泵的选择和应用应符合下列规定：

1　消防水泵的性能应满足消防给水系统所需流量和压力的要求；

2　消防水泵所配驱动器的功率应满足所选水泵流量扬程性能曲线上任何一点运行所需功率的要求；

3　当采用电动机驱动的消防水泵时，应选择电动机干式安装的消防水泵；

4　流量扬程性能曲线应为无驼峰、无拐点的光滑曲线，零流量时的压力不应大于设计工作压力的140%，且宜大于设计工作压力的120%；

5　当出流量为设计流量的150%时，其出口压力不应低于设计工作压力的65%；

6　泵轴的密封方式和材料应满足消防水泵在低流量时运转的要求；

7　消防给水同一泵组的消防水泵型号宜一致，且工作泵不宜超过 3 台；

8　多台消防水泵并联时，应校核流量叠加对消防水泵出口压力的影响。

选项 A，设计扬程为1.0MPa，水泵零流量时的压力应该是设计值1.2~1.4倍，最高到1.4MPa，不符合要求。选项 B，流量不超过设计流量150%的时候，水泵应该仍然能正常工作，不符合要求。选项 C，流量开关发现信号启动自动喷水泵，应为压力开关启动自动喷水泵，不符合要求。

根据教材《消防安全技术实务》第3篇第2章第1节，消火栓给水系统的消防稳压泵流量不应大于5L/s，流量大于5L/s时消火栓泵才能启动，选项 D 正确。答案选 D。

【题73】某大型人防工程内的避难走道,与4个防火分区相连,每个防火分区的建筑面积均为2000m²。对该避难走道进行防火检查,下列检查结果中,不符合现行国家消防技术标准的是（　　）。

A. 避难走道的两端各设置了1个直通地面的安全出口

B. 每个防火分区至避难走道入口处设置了防烟前室,其使用面积为6m²

C. 避难走道内部采用轻钢龙骨石膏板做吊顶

D. 其中一个防火分区通向避难走道的门至该避难走道最近直通地面的出口的距离为65m

【参考答案】D

【解题分析】

《建筑设计防火规范》GB 50016—2014（2018年版）

6.4.14 避难走道的设置应符合下列规定:

1 避难走道防火隔墙的耐火极限不应低于3.00h,楼板的耐火极限不应低于1.50h;

2 避难走道直通地面的出口不应少于2个,并应设置在不同方向;当避难走道仅与一个防火分区相通且该防火分区至少有1个直通室外的安全出口时,可设置1个直通地面的出口。**任一防火分区通向避难走道的门至该避难走道最近直通地面的出口的距离不应大于60m**;

3 避难走道的净宽度不应小于任一防火分区通向该避难走道的设计疏散总净宽度;

4 避难走道内部装修材料的燃烧性能应为A级;

5 防火分区至避难走道入口处应设置防烟前室,**前室的使用面积不应小于6.0m²**,开向前室的门应采用甲级防火门,前室开向避难走道的门应采用乙级防火门;

6 避难走道内应设置消火栓、消防应急照明、应急广播和消防专线电话。

根据上述要求,任一防火分区通向避难走道的门至该避难走道最近直通地面的出口的距离不应大于60m,故选项D错误,答案选D。

【题74】某住宅小区采用临时高压消防给水系统,电动消防水泵供水,高位消防水箱稳压。运行维护管理时,根据现行国家消防技术标准,正确的做法是（　　）。

A. 每月手动启动消防泵运行,并检查供电情况

B. 每季度检查供电情况

C. 每年测试泵的流量和压力

D. 每周对稳压泵的停泵启泵压力进行检查

【参考答案】A

【解题分析】

《消防给水及消火栓系统技术规范》GB 50974—2014

14.0.4 消防水泵和稳压泵等供水设施的维护管理应符合下列规定:

1 **每月应手动启动消防水泵运转一次,并应检查供电电源的情况**;（故选项A正确,选项B错误）

2 每周应模拟消防水泵自动控制的条件自动启动消防水泵运转一次,且应自动记录自动巡检情况,每月应检测记录;

3 **每日应对稳压泵的停泵启泵压力和启泵次数等进行检查和记录运行情况**;（选项D

错误)

4 每日应对柴油机消防水泵的启动电池的电量进行检测,每周应检查储油箱的储油量,每月应手动启动柴油机消防水泵运行一次;

5 **每季度应对消防水泵的出流量和压力进行一次试验;**（选项C错误）

6 每月应对气压水罐的压力和有效容积等进行一次检测。

【题75】为防止电气火灾发生,应采取有效措施,预防电气线路过载。下列预防电气线路过载的措施中,正确的是（　　）。

  A. 安装电气火灾监控器　　　　　　B. 根据负载的情况选择合适的电线
  C. 安装剩余电流保护装置　　　　　　D. 安装测温式电气火灾监控探测器

【参考答案】B
【解题分析】

  教材《消防安全技术综合能力》第3篇第12章第2节

  2.预防电气线路过载的措施:

  根据负载情况,选择合适的电线;严禁滥用铜丝、铁丝代替熔断器的熔丝;不准乱拉电线和接入过多或功率过大的电气设备;严禁随意增加用电设备,尤其是大功率用电设备;应根据线路负载的变化及时更换适宜容量的导线;可根据生产程序和需要,采取排列先后控制使用的方法,把用电时间调开,以使线路不超过负载。

  由上述可知,"根据负载的情况选择合适的电线"正确,答案选B。

【题76】对干粉灭火系统进行周期性检查维护管理,下列检查项目中,不属于年度功能检测项目的是（　　）。

  A. 气瓶和干粉储罐充装量　　　　　　B. 模拟启动检查
  C. 模拟备用瓶组功能试验　　　　　　D. 模拟紧急启停功能

【参考答案】A
【解题分析】

  教材《消防安全技术综合能力》第3篇第9章第4节

  系统年度检测/功能性检测

  1.检测内容及要求

  1) 模拟干粉喷放功能检测;

  2) **模拟自动启动功能检测**;

  3) **模拟手动启动/紧急停止功能检测**;

  4) **备用瓶组切换功能检测**。

  气瓶和干粉储罐充装量不属于年度维护检查项目,为月检项目。答案选A。

【题77】在对建筑外保温系统进行防火检查时,发现的下列做法中,不符合现行国家消防技术标准要求的是（　　）。

  A. 建筑高度20m的医院病房楼,基层墙体与装饰层之间有空腔,外墙外保温系统采用燃烧性能为B_1级的保温材料

  B. 建筑高度27m的住宅楼,基层墙体与装饰层之间无空腔,外墙外保温系统采用燃烧性能为B_2级的保温材料

  C. 建筑高度15m的员工集体宿舍,基层墙体与装饰层之间无空腔,外墙外保温系统

采用燃烧性能为 B_1 级的保温材料

D. 建筑高度 18m 的办公楼，基层墙体与装饰层之间有空腔，外墙外保温系统采用燃烧性能为 B_2 级的保温材料

【参考答案】D
【解题分析】
《建筑设计防火规范》GB 50016—2014

6.7.5 与基层墙体、装饰层之间无空腔的建筑外墙外保温系统，其保温材料应符合下列规定：

1 住宅建筑：
1）建筑高度大于 100m 时，保温材料的燃烧性能应为 A 级；
2）建筑高度大于 27m，但不大于 100m 时，保温材料的燃烧性能不应低于 B_1 级；
3）**建筑高度不大于 27m 时，保温材料的燃烧性能不应低于 B_2 级。**（选项 B 满足规范要求）

2 除住宅建筑和设置人员密集场所的建筑外，其他建筑：
1）建筑高度大于 50m 时，保温材料的燃烧性能应为 A 级；
2）建筑高度大于 24m，但不大于 50m 时，保温材料的燃烧性能不应低于 B_1 级；
3）**建筑高度不大于 24m 时，保温材料的燃烧性能不应低于 B_2 级。**（选项 C 满足规范要求）

6.7.6 除设置人员密集场所的建筑外，与基层墙体、装饰层之间有空腔的建筑外墙外保温系统，其保温材料应符合下列规定：

1 建筑高度大于 24m 时，保温材料的燃烧性能应为 A 级；
2 **建筑高度不大于 24m 时，保温材料的燃烧性能不应低于 B_1 级。**（选项 A 符合规范要求，选项 D 不符合规范要求）

【题78】对建筑内部装修防火工程进行验收时，应对电气设备及灯具的设置进行检查。在对某建筑的内装修工程检查时，下列检查结果中，不符合现行国家消防技术标准规定的是（　　）。

A. 插座安装在木质装修材料上
B. 配电箱的壳体和底板采用金属材料制作，安装在轻钢龙骨纸面石膏板墙上
C. 吊顶内的电线采用金属管保护
D. 开关安装在水泥板隔墙上

【参考答案】A
【解题分析】
教材《消防安全技术综合能力》

开关、插座、配电箱不得直接安装在低于 B_1 级的装修材料上，安装在 B_1 级以下的材料基座上时，必须采用具有良好隔热性能的不燃材料隔绝。（故选项 A 不符合，选项 D 符合）

电气设备及灯具的施工应满足以下要求：

① 当有配电箱及电控设备的房间内使用了低于 B_1 级的材料进行装修时，配电箱必须采用不燃材料制作；

② 配电箱的壳体和底板应采用 A 级材料制作。配电箱不应直接安装在低于 B_1 级的装修材料上。（选项 B 符合要求）

【题79】检测建筑内自动喷水灭火系统报警阀水力警铃声强时，打开报警阀试水阀，放水流量为 1.5L/s，水力警铃喷嘴处压力为 0.1MPa，在距离水力警铃 3m 处测试水力警铃声强。根据现行国家消防技术标准，警铃声强至少不应小于（　　）dB。

  A. 60   B. 70   C. 65   D. 75

【参考答案】B

【解题分析】

  根据教材《消防安全技术综合能力》，水力警铃声强值不得低于 70dB。答案选 B。

【题80】对建筑进行防火检查时，应对建筑内设置的应急照明和疏散指示标志进行检查。下列关于公共建筑内安装应急照明灯具的说法中，错误的是（　　）。

  A. 在侧面墙上顶部安装时其底部距地面不得低于 1.8m

  B. 消防应急照明灯具应均匀布置

  C. 在距地面 1m 以下墙面上安装时应采用嵌入式安装

  D. 在侧面墙上顶部安装时其底部距地面不得低于 2m

【参考答案】A

【解题分析】

  教材《消防安全技术综合能力》

  消防应急照明灯具的安装：①消防应急照明灯具应均匀布置；②在侧面墙上顶部安装时，**其底部距地面距离不得低于 2m**，在距地面 1m 以下侧面墙上安装时，应采用嵌入式安装。

二、**多项选择题**（共 20 题，每题 2 分。每题的备选项中，有 2 个或 2 个以上符合题意，至少有 1 个错项。错选，本题不得分；少选，所选的每个选项得 0.5 分）

【题81】某高层宾馆按照指定的消防应急预案，组织进行灭火和应急疏散演练。下列程序中，正确的有（　　）。

  A. 确认火灾后，消防控制室值班人员先报告值班领导

  B. 接到火警后，立即通知保安人员进行确认

  C. 确认火灾后，消防控制室值班人员立即将火灾报警联动控制开关转入自动状态，同时打"119"报警

  D. 确认火灾后，通知宾馆内各层客人疏散

  E. 确认火灾后，组织宾馆专业消防队进行初级灭火

【参考答案】CD

【解题分析】

  教材《消防安全技术实务》第 3 篇第 9 章第 6 节

  （二）消防控制室管理及应急程序

消防控制室的值班应急程序应符合下列要求：**接到火灾报警后，值班人员应立即以最快的方式确认**；确认火灾后，值班人员立即将火灾报警联动控制开关转入自动状态（处于自动状态除外），同时拨打"119"报警；值班人员还应立即启动单位内部应急疏散和灭火预案，同时报告单位负责人。

教材《消防安全技术综合能力》第3篇第1章第3节

（二）消防控制室应急处置程序

火灾发生时，消防控制室的值班人员按照下列应急程序处置火灾：

（1）接到火灾报警后，**值班人员应立即以最快的方式确认**。（故选项B错误。）

（2）火灾确认后，值班人员**立即确认火灾报警联动控制开关处于自动状态，同时拨打"119"报警**；报警时需要说明着火单位地点、起火部位、着火物种类、火势大小、报警人姓名和联系电话等。（故选项A错误，选项C正确）

（3）值班人员还应立即启动单位内部应急疏散和灭火预案，同时报告单位消防安全负责人。

确认火灾后，值班人员应立即启动应急疏散预案和灭火预案，故选项D符合要求；选项E，宾馆一般无专业消防队，因此选项E不符合要求。

答案选CD。

【题82】某丙类厂房建筑高度为45m，对其消防救援窗口进行防火检查。下列消防救援窗口设置的做法中，符合规范要求的有（　　）。

A. 消防救援窗口采用易破碎安全玻璃，并在外侧设置明显标志

B. 每个防火分区设置1个消防救援窗口

C. 消防救援窗口设置在3层以上楼层

D. 消防救援窗口的净高和净宽均为1.20m

E. 消防救援窗口的下沿距地面室内高度为1.2m

【参考答案】ADE

【解题分析】

《建筑设计防火规范》GB 50016—2014

7.2.4　厂房、仓库、公共建筑的外墙应在每层的适当位置设置可供消防救援人员进入的窗口。

7.2.5　供消防救援人员进入的窗口的**净高度和净宽度均不应小于1.0m**，**下沿距室内地面不宜大于1.2m**，间距不宜大于20m且**每个防火分区不应少于2个**，设置位置应与消防车登高操作场地相对应。**窗口的玻璃应易于破碎**，并应设置可在室外易于识别的明显标志。

根据上述规定，选项A、选项D和选项E符合要求，选项B不符合规范要求。

【题83】对自动喷水灭火系统喷头的安装情况进行检查，下列说法中，正确的有（　　）。

A. 喷头安装应在系统试压、冲洗合格后进行

B. 同一隔间内不能同时安装3mm和5mm玻璃球洒水喷头

C. 水平边墙型洒水喷头溅水盘与顶板的距离不应小于150mm，且不应大于300mm

D. 湿式系统在吊顶下不应安装下垂型喷头

E. 喷头的型号、规格、使用场所应符合规范规定

【参考答案】ABC

【解题分析】

《自动喷水灭火系统施工及验收规范》GB 50261—2017

5.2.1 **喷头安装必须在系统试压、冲洗合格后进行。**

检查数量：全数检查。

检查方法：检查系统试压、冲洗记录表。（故选项A正确）

5.2.6 安装前检查喷头的**型号、规格、使用场所应符合设计要求**。系统采用隐蔽式喷头时，配水支管的标高和吊顶的开口尺寸应准确控制。

检查数量：全数检查。

检查方法：对照图纸，观察检查。

型号、规格、使用场所应符合设计要求，而不是符合规范要求，符合规范要求的不一定符合设计要求，特定条件下，设计要求要高于规范要求，因此选项E错误。

《自动喷水灭火系统设计规范》GB 50084—2017

6.1.8 **同一隔间内应采用相同热敏性能的洒水喷头**。

3mm 玻璃球洒水喷头，RTI≤50 $(M·S)^{0.5}$，属于快速响应喷头；5mm 玻璃球洒水喷头 RTI≤75~100 $(M·S)^{0.5}$，属于特殊响应喷头，二者之间差异比较大，不能在同一空间内安装，不符合上述要求。故选项B正确。

《自动喷水灭火系统设计规范》GB 50084—2017

6.1.3 湿式系统的洒水喷头选型应符合下列规定：

1 不做吊顶的场所，当配水支管布置在梁下时，应采用直立型洒水喷头；

2 吊顶下布置的洒水喷头，应采用下垂型洒水喷头或吊顶型洒水喷头。

根据上述要求，选项D不符合要求。

7.1.15 边墙型洒水喷头溅水盘与顶板和背墙的距离应符合表7.1.15的规定。

边墙型洒水喷头溅水盘与顶板和背墙的距离 (mm)　　表 7.1.15

喷头类型		喷头溅水盘与顶板的距离 S_L(mm)	喷头溅水盘与背墙的距离 S_W(mm)
边墙型标准覆盖面积洒水喷头	直立式	100≤S_L≤150	50≤S_W≤100
	水平式	150≤S_L≤300	—
边墙型扩大覆盖面积洒水喷头	直立式	100≤S_L≤150	100≤S_W≤150
	水平式	150≤S_L≤300	—

根据上表，水平式边墙型标准覆盖面积洒水喷头，洒水溅水盘与顶板的距离应不小于150mm，不大于300mm。选项C符合要求。

【题84】建筑灭火器配置缺陷项分为三类，分别为严重（A）、重（B）、轻（C）。下列灭火器配置中，属于严重缺陷项的有（　　）。

A.堆场上露天设置 MFT/ABC20 灭火器

B.柴油发动机房设置1具磷酸铵盐灭火器及1具碳酸氢钠灭火器

C.建筑地下室灭火器被锁在灭火器箱中

D.普通住宅内配置的灭火器未取得3C认证证书

E. 民用机场候机厅配置的灭火器型号为 MF/ABC4

【参考答案】BDE

【解题分析】

《建筑灭火器配置验收及检查规范》GB 50444—2008 附录 B

建筑灭火器配置缺陷项分类及验收报告　　　　　　表 B

	工程名称			工程地质	
	建设单位			设计单位	
	建立单位			施工单位	
序号	检查项目		缺陷项	检查记录	检查结论
1	灭火器的类型、规格、灭火级别和配置数量应符合建筑灭火器配置设计要求		严重(A)4.2.1		
2	灭火器的产品质量必须符合国家有关产品标准的要求		严重(A)4.2.2		
3	在同一灭火器配置单元内,采用不同类型灭火器时,其灭火剂应能相容		严重(A)4.2.3		
4	灭火器的保护距离应符合现行国家标准《建筑灭火器配置设计规范》GB 50140 的有关规定,灭火器的设置应保证配置场所的任一点都在灭火器设置点的保护范围内		严重(A)4.2.4		
5	灭火器设置点附近应无障碍物,取用灭火器方便,且不得影响人员安全疏散		重(B)4.2.5/3.1.3		
6	手提式灭火器宜设置在灭火器箱内或挂钩、托架上,或干燥、洁净的地面上		重(B)4.2.5/3.2.1		
7	灭火器(箱)不应被遮挡、拴系或上锁		重(B)4.2.6/3.2.2		
8	灭火器箱的箱门开启应方便灵活,其箱门开启后不得阻挡人员安全疏散。开门型灭火器箱的箱门开启角度应不小于175°,翻盖型灭火器箱的翻盖开启角度应不小于100°,不影响取用和疏散的场合除外		轻(C)4.2.6/3.2.3		
9	挂钩、托架安装后应能承受一定的静载荷,不应出现松动、脱落、断裂和明显变形。以 5 倍的手提式灭火器的载荷(不小于45kg)悬挂于挂钩、托架上,作用5min,观察检查		重(B)4.2.7/3.2.4		
10	挂钩、托架安装后,应保证可用徒手的方式便捷地取用手提式灭火器。当两具及两具以上的手提式灭火器相邻设置在挂钩、托架上时,应保证可任意地取用其中一具		重(B)4.2.7/3.2.5		
11	设有夹持带的挂钩、托架,夹持带的打开方式应从正面可以看到。当夹持带打开时,手提式灭火器不应掉落		轻(C)4.2.7/3.2.6		
12	嵌墙式灭火器箱及灭火器挂钩、托架的安装高度,应符合现行国家标准《建筑灭火器配置设计规范》GB 50140 关于手提式灭火器顶部离地面距离不大于 1.50m,底部离地面距离不小于 0.08m 的规定,其设置点与设计点的垂直偏差不应大于 0.01m		轻(C)4.2.8/3.2.7		

续表

序号	检查项目	缺陷项	检查记录	检查结论
13	推车式灭火器宜设置在平坦场地,不得设置在台阶上。在没有外力作用下,推车式灭火器不得自行滑动	轻(C)4.2.9/3.3.1		
14	推车式灭火器的设置和防止自行滑动的固定措施等均不得影响其操作使用和正常行驶移动	轻(C)4.2.9/3.3.12		
15	在有视线障碍的设置点安装设置灭火器时,应在醒目的地方设置指示灭火器位置的发光标志	重(B)4.2.10/3.4.1		
16	在灭火器箱的箱体正面和灭火器设置点附近的墙面上,应设置指示灭火器位置的标志,这些标志宜选用发光标志	轻(C)4.2.10/3.4.2		
17	灭火器的摆放应稳固。灭火器的铭牌应朝外,灭火器的器头宜向上	重(B)4.2.11/3.1.4		
18	灭火器的设置点应通风、干燥、洁净,其环境温度不得超出灭火器的使用温度范围。设置在室外和特殊场所的灭火器**应采取相应的保护措施**	重(B)4.2.11/3.1.5/3.4.3/3.4.4		
综合结论				
验收单位	施工单位签章: 日期:		建立单位签章: 日期:	
	设计单位签章: 日期:		建设单位签章: 日期:	

选项 A 堆场上露天设置 MFT/ABC20 灭火器,不符合上表序号 18 的要求,属于重缺陷项;选项 B 柴油发动机房设置 1 具磷酸铵盐灭火器及 1 具碳酸氢钠灭火器,灭火剂不能相容,不符合上表序号 3 的要求,属于严重缺陷项;选项 C 建筑地下室灭火器被锁在灭火器箱中,不符合上表序号 7 的要求,属于重缺陷项;选项 D 普通住宅内配置的灭火器未取得 3C 认证证书,不符合上表序号 2 的要求,属于严重缺陷项;选项 E 民用机场候机厅配置的灭火器型号为 MF/ABC4,依据《建筑灭火器配置设计规范》GB 50140—2005,民用机场候机厅属于严重危险级,灭火器不能低于 3A,不符合上表序号 1 的要求,属于严重缺陷项。答案选 BDE。

注:本题也可参照教材《消防安全技术综合能力》第 3 篇第 10 章第 2 节"竣工验收"。

【题85】对某地下一层人防工程进行消防安全检查,下列检查结果中,不符合现行国家消防技术标准要求的有(   )。

A. 设置了排烟机房,且采用防火墙和常闭甲级防火门与其他场所隔开
B. 设置了一个建筑面积为 200m² 的电子游艺厅,并采取了相应的防火分隔措施
C. 设置了一个建筑面积为 2000m² 的超市,并采取了相应的防火分隔措施
D. 设置了一个建筑面积为 200m² 的幼儿早教中心,并采取了相应的防火分隔措施

E. 设置了一个建筑面积为150m²的餐厅，其操作间采用液化石油气做燃料

【参考答案】D/E

【解题分析】

《人民防空工程设计防火规范》GB 50098—2009

　　4.2.4　下列场所应采用耐火极限不低于2h的隔墙和1.5h的楼板与其他场所隔开，并应符合下列规定：

　　1　消防控制室、消防水泵房、**排烟机房**、灭火剂储瓶室、变配电室、通信机房、通风和空调机房、可燃物存放量平均值超过30kg/m² 火灾荷载密度的房间等，**墙上应设置常闭的甲级防火门**；（故选项A符合规范要求）

　　2　柴油发电机房的储油间，墙上应设置常闭的甲级防火门，并应设置高150mm的不燃烧、不渗漏的门槛，地面不得设置地漏；

　　3　同一防火分区内厨房、食品加工等用火用电用气场所，墙上应设置不低于乙级的防火门，人员频繁出入的防火门应设置火灾时能自动关闭的常开式防火门；

　　4　歌舞娱乐放映游艺场所，且一个厅、室的建筑面积不应大于200m²，隔墙上应设置不低于乙级的防火门。（故选项B符合规范要求）

　　3.1.3　人防工程内**不应设置哺乳室、托儿所、幼儿园、游乐厅等儿童活动场所和残疾人员活动场所**。（故选项D不符合规范要求）

　　3.1.2　人防工程内**不得使用和储存液化石油气**、相对密度（与空气密度比值）大于或等于0.75的可燃气体和闪点小于60℃的液体燃料。

　　选项E设置了一个建筑面积为150m²的餐厅，其操作间采用液化石油气做燃料，不符合规范要求。

　　4.1.3　商业营业厅、展览厅、电影院和礼堂的观众厅、溜冰馆、游泳馆、射击馆、保龄球馆等防火分区划分应符合下列规定：

　　1　商业营业厅、展览厅等，当设置有火灾自动报警系统和自动灭火系统，且采用A级装修材料装修时，防火分区允许最大建筑面积不应大于2000m²。（故选项C符合规范要求）

【题86】某住宅小区，有18栋20层的住宅，建筑高度57m，20层楼板标高为54.2m，高位消防水箱底标高为62.6m，室内消防采用联合供水的临时高压消防给水系统，设计流量57L/s，室外埋地供水干管采用DN200球墨铸铁管，长2000m，漏水率为1.40L/min·km，室内管网总的漏水量为0.25L/s，下列关于该系统稳压设施的设置和参数设计的做法中，符合安全可靠、经济合理要求的有（　　）。

　　A. 临时高压消防给水系统采用高位消防水箱加稳压泵稳压的方式

　　B. 高位消防水箱出水管的流量开关启动流量设计值为1.2L/s

　　C. 高位消防水箱出水管的流量开关启动流量设计值为0.25L/s

　　D. 高位消防水箱出水管的流量开关启动流量设计值为0.30L/s

　　E. 临时高压消防给水系统采用高位消防水箱稳压的方式

【参考答案】BE

【解题分析】

《消防给水及消火栓系统技术规范》GB 50974—2014

5.2.2 高位消防水箱的设置位置应高于其所服务的水灭火设施，且最低有效水位应满足水灭火设施最不利点处的静水压力，并应按下列规定确定：

1 一类高层公共建筑，不应低于0.10MPa，但当建筑高度超过100m时，不应低于0.15MPa；

2 **高层住宅、二类高层公共建筑、多层公共建筑，不应低于0.07MPa**，多层住宅不宜低于0.07MPa；

3 工业建筑不应低于0.10MPa，当建筑体积小于20000m^3时，不宜低于0.07MPa；

4 自动喷水灭火系统等自动水灭火系统应根据喷头灭火需求压力确定，但最小不应小于0.10MPa；

5 当高位消防水箱不能满足本条第1款～第4款的静压要求时，应设稳压泵。

高位水箱地面标高与20层楼板之间距离为62.6m－54.2m＝8.4m＞7m，符合规范要求，可以不用设置稳压泵。临时高压消防给水系统尽量采用高位水箱，故选项A不符合要求，选项E符合规范要求。

5.3.2 稳压泵的设计流量应符合下列规定：

1 稳压泵的设计流量不应小于消防给水系统管网的正常泄漏量和系统自动启动流量；

2 消防给水系统管网的正常泄漏量应根据管道材质、接口形式等确定，当没有管网泄漏量数据时，**稳压泵的设计流量宜按消防给水设计流量的1%～3%计，且不宜小于1L/s**；

3 消防给水系统所采用报警阀压力开关等自动启动流量应根据产品确定。

本题中，室外埋管供水管采用DN200球墨铸铁管，长2000m，漏水率为1.4L/(min·km)，2×1.4÷60＝0.047，室内管网的漏水量为0.25L/s，正常泄露合计0.047＋0.25＝0.297L/s，系统自动启动流量不小于1L/s，但肯定大于0.003L/s，高位水箱出水管的流量开关启动流量设计值不大于0.3L/s。所以选项B正确，选项C和D错误。

【题87】某高层建筑，建筑高度50m，设有3台湿式报警阀，下列关于末端试水装置设置的说法中，正确的有（　　）。

　　A. 每层最不利点喷头处均应设置末端试水装置
　　B. 末端试水装置的出流量应由系统流量系数最大的喷头确定
　　C. 末端试水装置应由试水阀、压力表、试水接头组成。
　　D. 末端试水装置的出水应采取孔口出流的方式排入排水管道
　　E. 末端试水装置处排水管道的直径不宜小于DN75

【参考答案】CDE

【解题分析】

《自动喷水灭火系统设计规范》GB 50084—2017

6.5.1 每个报警阀组控制的最不利点洒水喷头处应设末端试水装置，其他防火分区、楼层均应设直径为25mm的试水阀。（选项A错误）

6.5.2 末端试水装置应由试水阀、压力表以及试水接头组成。试水接头出水口的流量系数，应等同于同楼层或防火分区内的最小流量系数洒水喷头。末端试水装置的出水，应采取孔口出流的方式排入排水管道，排水立管宜设伸顶通气管，且管径不应小于75mm。（故选项C、D、E正确）

【题88】某电信大楼设备机房设置气体灭火系统,有三个相同的防护区,采用IG541气体灭火系统进行防护,防护区吊顶为活动吊顶,吊顶上方空间和吊顶下方空间分别设置一套组合分配系统。下列检查结论中,正确的有(   )。

　　A. 防护区吊顶上方空间与吊顶下方空间的设计浓度相同,符合规范要求
　　B. 防护区吊顶上方空间与吊顶下方空间的喷头喷放时间相同,符合规范要求
　　C. 防护区内泄压口的安装高度低于防护区净高的2/3,不符合规范要求
　　D. 两套系统分别设置启动装置,同一防护区吊顶上方空间与吊顶下方空间的启动装置同时启动,符合规范要求
　　E. 两个集流管上的储存容器规格及充装压力分别为90L、15MPa和70L、15MPa,符合规范要求

【参考答案】ABCE
【解题分析】
《气体灭火系统设计规范》GB 50370—2005
3.1.10　同一防护区,当设计两套或三套管网时,集流管可分别设置,系统启动装置必须共用。各管网上喷头流量均应按同一灭火设计浓度、同一喷放时间进行设计。

条文说明:本条所做的规定,是为了尽量避免使用或少使用管道三通的设计,因其设计计算与实际在流量上存在的误差会带来较大的影响,在某些应用情况下它们可能会酿成不良后果(如在一防护区里包含一个以上封闭空间的情况)。所以,本条规定可设计两至三套管网以减少三通的使用。同时,如一防护区采用两套管网设计,还可使本应为不均衡的系统变为均衡系统。对一些大防护区、大设计用量的系统来说,采用两套或三套管网设计,可减小管网管径,有利于管道设备的选用和保证管道设备的安全。

根据上述规定,选项A和选项B符合规范要求,正确;系统启动装置必须共用,选项D错误。

3.2.7　防护区应设置泄压口,七氟丙烷灭火系统的**泄压口应位于防护区净高的2/3以上**。

根据上述规定,选项C正确。

3.1.9　同一集流管上的储存容器,其规格、充压压力和充装量应相同。

条文说明:必要时,IG541混合气体灭火系统的储存容器的大小(容量)允许有差别,但充装压力应相同。

根据上述规定,选项E错误。

【题89】消防设施检测机构的人员对建筑物内安装的火灾自动报警系统进行检查时,下列对引入火灾报警及联动控制器的电缆和导线的检查结果中,符合现行国家消防技术标准要求的有(   )。

　　A. 端子板的每个接线端,接线最多为2根
　　B. 24V供电的控制线路采用电压等级为300V/500V的铜芯导线
　　C. 接地导线采用截面积16mm² 铝芯导线
　　D. 每根电缆芯和导线留有200mm的余量
　　E. 传输总线采用截面积为0.5mm² 的阻燃双绞线

【参考答案】ABD

【解题分析】

《火灾自动报警系统施工及验收规范》GB 50166—2007

3.3.3 引入控制器的电缆或导线，应符合下列要求：

1 配线应整齐，不宜交叉，并应固定牢靠；

2 电缆芯线和所配导线的端部，均应标明编号，并与图纸一致，字迹应清晰且不易褪色；

3 **端子板的每个接线端，接线不得超过2根；**

4 **电缆芯和导线，应留有不小于200mm的余量；**

5 导线应绑扎成束；

6 导线穿管、线槽后，应将管口、槽口封堵。

检查数量：全数检查。

检验方法：尺量、观察检查。

根据上述要求，选项 A 和选项 D 符合要求。

《火灾自动报警系统设计规范》GB 50116—2013

10.2.4 消防控制室接地板与建筑接地体之间，应采用线芯截面面积不小于 $25mm^2$ 的铜芯绝缘导线连接。

选项C，接地导线应采用线芯截面面积不小于$25mm^2$的铜芯绝缘导线连接，不能使用铝芯，截面积也不满足要求，错误。

11.1.1 火灾自动报警系统的传输线路和50V 以下供电的控制线路，应采用电压等级**不低于交流 300V/500V 的铜芯绝缘导线或铜芯电缆**。采用交流220V/380V 的供电和控制线路，应采用电压等级不低于交流 450V/750V 的铜芯绝缘导线或铜芯电缆。

根据上述要求，选项 B 正确。

11.1.2 火灾自动报警系统传输线路的线芯截面选择，除应满足自动报警装置技术条件的要求外，还应满足机械强度的要求。铜芯绝缘导线和铜芯电缆线芯的最小截面面积，不应小于表 11.1.2 的规定。

铜芯绝缘导线和铜芯电缆线芯的最小截面面积　　　表 11.1.2

序号	类别	线芯的最小截面面积(mm^2)
1	穿管敷设的绝缘导线	1.00
2	线槽内敷设的绝缘导线	0.75
3	多芯电缆	0.50

11.2.1 火灾自动报警系统的传输线路应采用金属管、可挠（金属）电气导管、B_1 级以上的刚性塑料管或封闭式线槽保护。

11.2.3 线路暗敷设时，应采用金属管、可挠（金属）电气导管或 B_1 级以上的刚性塑料管保护，并应敷设在不燃烧体的结构层内，且保护层厚度不宜小于 30mm；线路明敷设时，应采用金属管、可挠（金属）电气导管或金属封闭线槽保护。矿物绝缘类不燃性电缆可直接明敷。

根据11.1.2条要求，当采用多芯电缆时，线芯的最小截面积不小于$0.5mm^2$，由此可知，选项 E "传输总线采用截面积为 $0.5mm^2$ 的阻燃双绞线"是正确的，但是根据 11.2.1

条和11.2.3条要求，报警线路需要穿管或采用封闭式线槽保护。所以选项E不建议选。

【题90】在对易燃易爆危险环境进行防火检查时，应注意检查电气设备和电缆电线的选型及其安装情况。下列做法中，符合现行国家消防技术标准要求的有（　　）。

A. 在爆炸性气体混合物级别为ⅡA级的爆炸性气体环境，选用ⅡB级别的防爆电器设备
B. 在爆炸危险区域为1区的爆炸性环境采用截面为2.0mm² 的铜芯照明电缆
C. 安装的正压型电气设备与通风系统连锁
D. 电气设备房间与爆炸性环境相通，采取对爆炸性环境保持相对正压的措施
E. 在爆炸危险区域不同的方向，接地干线有1处与接地体连接

【参考答案】ACD

【解题分析】

教材《消防安全技术综合能力》第2篇第5章第2节

爆炸性气体环境根据爆炸危险区域的分区、电气设备的种类和防爆结构的要求，选择相应的电气设备。 防爆电气设备的级别和组别不得低于该爆炸性气体环境内爆炸性气体混合物的级别和组别。当存在两种以上易燃性物质形成的爆炸性气体混合物时，应按危险程度较高的级别和组别选用防爆电气设备。（故选项A正确）

《爆炸危险环境电力装置设计规范》GB 50058—2014

5.4.1　爆炸性环境电缆和导线的选择应符合下列规定：

1　在爆炸性环境内，低压电力、照明线路采用的绝缘导线和电缆的额定电压应高于或等于工作电压，且U_0/U不应低于工作电压。中性线的额定电压应与相线电压相等，并应在同一护套或保护管内敷设。

2　在爆炸危险区内，除在配电盘、接线箱或采用金属导管配线系统内，无护套的电线不应作为供配电线路。

3　在1区内应采用铜芯电缆；除本质安全电路外，在2区内宜采用铜芯电缆，当采用铝芯电缆时，其截面不得小于16mm²，且与电气设备的连接应采用铜-铝过渡接头。敷设在爆炸性粉尘环境20区、21区以及在22区内有剧烈振动区域的回路，均应采用铜芯绝缘导线或电缆。

4　除本质安全系统的电路外，爆炸性环境电缆配线的技术要求应符合表5.4.1-1的规定。

表5.4.1-1

爆炸危险区域 \ 技术要求 \ 项目	电缆明设或在沟内敷设时的最小截面			移动电缆
	电力	照明	控制	
1区、20区、21区	铜芯2.5mm²及以上	铜芯2.5mm²及以上	铜芯1.0mm²及以上	重型
2区、22区	铜芯1.5mm²及以上，铝芯16mm²及以上	铜芯1.5mm²及以上	铜芯1.0mm²及以上	中型

爆炸危险环境的配线工程，因为铝线机械强度差，容易折断，需要进行过渡连接而加大连接盒，同时在连接技术上也难以控制并保证质量，因此应选用铜芯绝缘导线或电缆。

选用铜芯绝缘导线或电缆时，铜芯导线或电缆的截面 1 区应为 2.5mm² 以上，2 区应为 1.5mm² 以上。选项 B 电缆为 2.0mm²，不符合规定，错误。

电气设备房间与爆炸性环境相通，采取对爆炸性环境保持相对正压的措施，电气设备房间不应相通爆炸性环境，即使相通，爆炸环境应保持负压，不让爆炸性气体外漏，对爆炸性环境保持相对正压的措施。因此选项 D 正确。

5.2.4 当选用正压型电气设备及通风系统时，应符合下列规定：

1 通风系统应采用非燃性材料制成，其结构应坚固，连接应严密，并不得有产生气体滞留的死角。

2 **电气设备应与通风系统联锁**。运行前应先通风，并应在通风量大于电气设备及其通风系统管道容积的 5 倍时，接通设备的主电源。

选项 C 安装的正压型电气设备与通风系统联锁，符合上述要求，正确。

5.5.3 爆炸性环境内设备的保护接地应符合下列规定：

3 在爆炸危险区域不同方向，接地干线应**不少于两处与接地体连接**。

根据上述要求，接地干线宜设置在不同方向，且不少于 2 处，选项 E 错误。

【题91】对建筑的疏散楼梯进行工程验收时，下列关于疏散楼梯间检查的做法中，正确的有（　　）。

A. 检查疏散楼梯间在各层的位置是否改变
B. 检查地下与地上共用的楼梯间在首层与地下层的出入口处是否设置防火隔墙和乙级防火门完全隔开
C. 测量疏散楼梯间的门完全开启时楼梯平台的有效宽度
D. 检查通向建筑屋面的疏散楼梯间的门的开启方向是否正确
E. 测量疏散楼梯的净宽度，每部楼梯的测量点不少于 3 处

【参考答案】ABCD

【解题分析】

《建筑设计防火规范》GB 50016—2014（2018 年版）

6.4.4 除通向避难层错位的疏散楼梯外，建筑内的疏散楼梯间在各层的平面位置不应改变。（故选项 A 正确）

除住宅建筑套内的自用楼梯外，地下或半地下建筑（室）的疏散楼梯间，应符合下列规定：

1 室内地面与室外出入口地坪高差大于 10m 或 3 层及以上的地下、半地下建筑（室），其疏散楼梯应采用防烟楼梯间；其他地下或半地下建筑（室），其疏散楼梯应采用封闭楼梯间。

2 应在首层采用耐火极限不低于 2.00h 的防火隔墙与其他部位分隔并应直通室外，确需在隔墙上开门时，应采用乙级防火门。

3 **建筑的地下或半地下部分与地上部分不应共用楼梯间**，确需共用楼梯间时，应在首层采用耐火极限不低于 2.00h 的防火隔墙和乙级防火门将地下或半地下部分与地上部分的连通部位完全分隔，并应设置明显的标志。（故选项 B 正确）

6.4.11 建筑内的疏散门应符合下列规定：

1 民用建筑和厂房的疏散门，应采用向疏散方向开启的平开门，不应采用推拉门、

卷帘门、吊门、转门和折叠门。除甲、乙类生产车间外，人数不超过60人且每樘门的平均疏散人数不超过30人的房间，其疏散门的开启方向不限。

2 仓库的疏散门应采用向疏散方向开启的平开门，但丙、丁、戊类仓库首层靠墙的外侧可采用推拉门或卷帘门。

3 **开向疏散楼梯或疏散楼梯间的门，当其完全开启时，不应减少楼梯平台的有效宽度。**（故选项C正确）

4 人员密集场所内平时需要控制人员随意出入的疏散门和设置门禁系统的住宅、宿舍、公寓建筑的外门，应保证火灾时不需使用钥匙等任何工具即能从内部易于打开，并应在显著位置设置具有使用提示的标识。

5.5.3 建筑的楼梯间宜通至屋面，通向屋面的门或窗应向外开启。（故选项D正确）

此外，根据相关施工验收标准的规定，测量疏散楼梯的净宽度，每部楼梯的测量点不应少于5个，宽度测量值的允许负偏差不得大于规定值的5%。因此，选项E不正确。

【题92】某消防服务机构对建筑面积为30000m² 的大型地下商场进行安全评估，在对防火隔间进行检查时发现，防火分区通向防火隔间的门为乙级防火门，两个乙级防火门的间距为4m，隔间的装修为轻钢龙骨石膏板吊顶、阻燃壁纸装饰墙面，隔间内有几位顾客坐在座椅上休息。根据现行国家消防技术标准，该防火隔间不符合现行国家消防技术标准规定的有（ ）。

A. 防火隔间的门为乙级防火门
B. 采用轻钢龙骨石膏板吊顶
C. 设置供人员休息用的座椅
D. 不同防火分区开向防火隔间门的间距为4m
E. 采用阻燃壁纸装饰墙面

【参考答案】ACE

【解题分析】

《建筑设计防火规范》GB 50016—2014（2018年版）

6.4.13 防火隔间的设置应符合下列规定：

1 防火隔间的建筑面积不应小于6.0m²；
2 防火隔间的门应采用**甲级防火门**；
3 不同防火分区通向防火隔间的门不应计入安全出口，**门的最小间距不应小于4m**；
4 防火隔间内部装修材料的燃烧性能应为A级；
5 **不应用于除人员通行外的其他用途。**

根据上述要求第2款，防火隔间的门应为甲级防火门，选项A不符合规范要求；根据第5款，不能用于除人员通行外的其他用途，选项C符合规范要求；根据第3款规定，选项D符合规范要求；根据第4款，防火隔间内部装修材料的燃烧性能应为A级，石膏板为A级，阻燃壁纸为B_1级，选项B符合规范要求，选项E不符合规范要求。

【题93】针对人员密集场所存在的下列隐患情况，根据《重大火灾隐患判定办法》GA 653的规定，可判定为重大火灾隐患要素的有（ ）。

A. 一个防火分区设置的6樘防火门有2樘损坏
B. 商场营业厅内的疏散距离超过规定距离的20%

C. 火灾自动报警系统处于故障状态，不能恢复正常运行

D. 设置的防排烟系统不能正常使用

E. 安全出口被封堵

【参考答案】CDE

【解题分析】

《重大火灾隐患判定办法》GA 653—2006

6.1.2 防火分隔

6.1.2.1 擅自改变原有防火分区，造成防火分区面积超过规定的50％。

6.1.2.2 防火门、防火卷帘等防火分隔设施损坏的数量超过该防火分区防火分隔设施数量的50％。

根据上述要求，选项A中6樘防火门损坏了2樘，未达到50％，因此选项A未达到判定标准。

6.1.3 安全疏散及灭火救援

6.1.3.1 擅自改变建筑内的避难走道、避难间、避难层与其他区域的防火分隔设施，或避难走道、避难间、避难层被占用、堵塞而无法正常使用。

6.1.3.2 建筑物的安全出口数量不符合规定，或被封堵。

根据上述要求，选项E正确。

6.1.3.3 按规定应设置独立的安全出口、疏散楼梯而未设置。

6.1.3.4 **商店营业厅内的疏散距离超过规定距离的25％。**

根据上述要求，选项B仅超过20％，未达到判定标准。

6.1.5 防烟排烟设施

人员密集场所未按规定设置防烟排烟设施，或已设置但**不能正常使用或运行**。

根据上述要求，选项D正确。

6.1.7 火灾自动报警系统

6.1.7.1 除第5章中第e)条规定外的其他场所未按规定设置火灾自动报警系统。

6.1.7.2 **火灾自动报警系统处于故障状态，不能恢复正常运行。**

根据上述要求，选项C正确。因此答案选CDE。

【题94】对建筑内部装修工程进行防火检查时，应注意检查装修施工单位遵守有关规定的情况，根据现行国家消防技术标准，下列规定中，应由施工单位遵守的是（　　）。

A. 施工现场应具备相应的工程质量检验制度

B. 防火装修材料进入施工现场后应对材料进行见证取样检验

C. 材料进场时应核查装修材料的燃烧性能，并填写进厂检查记录

D. 装修施工过程中，应分阶段对所选用防火装修材料进行抽样检验

E. 内部装修不应影响消防设施的使用功能

【参考答案】ACDE

【解题分析】

《建筑内部装修防火施工及验收规范》GB 50354—2005

2.0.2 装修施工应按设计要求编写施工方案。施工现场管理应具备相应的施工技术标准、健全的施工质量管理体系和**工程质量检验制度**，并应按本规范附录A的要求填写有

关记录。

根据上述要求，施工现场应具备相应的工程质量检验制度，选项A符合要求。

2.0.4 进入施工现场的装修材料应完好，并应核查其燃烧性、防火性能型式检验报告、合格证书等技术文件是否符合防火设计要求。核查、检验时，应按本规范附录B的要求填写进场验收记录。

根据上述要求，装修材料进入施工现场时应检查其燃烧性能，选项C符合要求。

2.0.5 装修材料进入施工现场后，应按本规范的有关规定，在监理单位或建设单位监督下，由施工单位有关人员现场取样，并应由具备相应资质的检验单位进行见证取样检验。

根据上述要求，见证取样是在甲方或监理单位监督下，施工单位配合完成的事情，并应由具备相应资质的检验单位进行，选项B不符合要求。

2.0.8 建筑工程内部装修不得影响消防设施的使用功能。装修施工过程中，当确需变更防火设计时，应经原设计单位或具有相应资质的设计单位按有关规定进行。

根据上述要求，内部装修不得影响消防设施的使用功能，选项E符合要求。

2.0.9 装修施工过程中，**应分阶段对所选用的防火装修材料按本规范的规定进行抽样检验**。对隐蔽工程的施工，应在施工过程中及完工后进行抽样检验。现场进行阻燃处理、喷涂、安装作业的施工，应在相应的施工作业完成后进行抽样检验。

根据上述要求，施工过程中，应分阶段对所选用的防火装修材料按本规范的规定进行抽样检验，选项D符合要求。

【题95】某12层公共建筑，防烟楼梯间及其合用前室采用正压送风系统，正压风机设置在屋顶，消防设施检测机构对该建筑的正压送风系统进行检测，结果：11层送风量满足设计值，5层正压送风量为设计风量值的80%，2层正压送风量为设计风量值的60%。造成这一结果的可能原因有（　　）。

A. 风机风量压力不足　　B. 风道尺寸偏小
C. 部件选用不当　　　　D. 风道泄漏
E. 风口位置不当

【参考答案】ABCD

【解题分析】

《建筑防烟排烟系统技术标准》GB 51251—2017

3.3.3 建筑高度小于或等于50m的建筑，当楼梯间设置加压送风井（管）道确有困难时，楼梯间可采用直灌式加压送风系统，并应符合下列规定：

1 建筑高度大于32m的高层建筑，应采用楼梯间两点部位送风的方式，送风口之间距离不宜小于建筑高度的1/2；

2 **送风量应按计算值或本标准第3.4.2条规定的送风量增加20%。**

根据上述要求，机械加压送风系统的设计风量应充分考虑管道沿程损耗和漏风量，且不应小于计算风量的1.2倍，如风机风量压力偏小，可能出现风机近端送风口风量满足要求，而远端风量不足的情况。因此，选项A正确。

风管压力损失与风管长度成正比，与风管直径成反比；管道越长、管道尺寸越小，风压损失越大，有可能出现远端送风口风量不足的情况。因此，选项B正确。

部件选用不当、风口位置不当都是风机风量压力不足的潜在因素,而11层合格,5层达到80%可以判断风口位置不当导致风量不足的原因不成立。本题建筑12层,超过32m,应采用多点送风,部件选型不当可导致远端送风口风量不足,因此,选项C正确。

风管沿程如有泄露情况,将会导致远端风量不足,因此,选项D正确。

送风机位置可以设置在楼顶,风口位置不是导致远端风量不足的原因,因此,选项E不正确。

【题96】下列关于消防水泵接合器的安装要求的说法中,正确的有( )。

A. 应安装在便于消防车接近使用的地点

B. 墙壁式消防水泵接合器不应安装在玻璃幕墙下方

C. 墙壁式消防水泵接合器与门窗洞口的净距不应小于2.0m

D. 距室外消火栓或消防水池的距离宜为5m~40m

E. 地下消防水泵接合器进水口与井盖底部的距离不应小于井盖的直径

【参考答案】ABC

【解题分析】

《消防给水及消火栓系统技术规范》GB 50974—2014

5.4.7 水泵接合器应设在室外便于消防车使用的地点,且距室外消火栓或消防水池的距离不宜小于15m,并不宜大于40m。

根据该条要求,选项A正确;水泵接合器距室外消火栓或消防水池的距离宜为15m~40m,选项D错误。

5.4.8 墙壁消防水泵接合器的安装高度距地面宜为0.70m;与墙面上的门、窗、孔、洞的净距离不应小于2.0m,且不应安装在玻璃幕墙下方;地下消防水泵接合器的安装,应使进水口与井盖底面的距离不大于0.4m,且不应小于井盖的半径。

根据该条要求,选项B和选项C正确。地下水泵接合器的安装,应使进水口与井盖底面的距离不大于0.4m,且不应小于井盖的半径,选项E错误。

【题97】安全疏散距离是安全疏散设计的一项重要内容。关于安全疏散距离的设置,下列说法中,符合现行国家消防技术标准要求的有( )。

A. 商场营业厅内任一点至疏散门的距离不应大于30m

B. 设置自动喷水灭火系统的场所,室内任一点至安全出口的安全疏散距离可在规范规定值的基础上增加25%

C. 高层建筑在首层未采用防烟楼梯间前室时,可将直通室外的门设置在离楼梯间不大于15m处

D. 采用敞开式外廊的建筑,安全疏散距离可在规范规定值的基础上增加5m

E. 位于二级耐火等级建筑内的卡拉OK厅,厅内任一点至直通疏散走道的疏散门的直线距离不应大于9m

【参考答案】ABDE

【解题分析】

《建筑设计防火规范》GB 50016—2014

5.5.17 公共建筑的安全疏散距离应符合下列规定:

1 直通疏散走道的房间疏散门至最近安全出口的直线距离不应大于表5.5.17的

规定。

直通疏散走道的房间疏散门至最近安全出口的直线距离（m） 表 5.5.17

名　称			位于两个安全出口之间的疏散门			位于袋形走道两侧或尽端的疏散门		
			一、二级	三级	四级	一、二级	三级	四级
托儿所、幼儿园老年人照料设施			25	20	15	20	15	10
歌舞娱乐放映游艺场所			25	20	15	9	—	—
医疗建筑	单、多层		35	30	25	20	15	10
	高层	病房部分	24			12		
		其他部分	30			15		
教学建筑	单、多层		35	30	25	22	20	10
	高层		30			15		
高层旅馆、展览建筑			30			15		
其他建筑	单、多层		40	35	25	22	20	15
	高层		40			20		

注：1 建筑内开向敞开式外廊的房间疏散门至最近安全出口的直线距离可按本表的规定增加5m。
2 直通疏散走道的房间疏散门至最近敞开楼梯间的直线距离，当房间位于两个楼梯间之间时，应按本表的规定减少5m；当房间位于袋形走道两侧或尽端时，应按本表的规定减少2m。
3 建筑物内全部设置自动喷水灭火系统时，其安全疏散距离可按本表的规定增加25%。

2 楼梯间应在首层直通室外，确有困难时，可在首层采用扩大的封闭楼梯间或防烟楼梯间前室。当层数不超过4层且未采用扩大的封闭楼梯间或防烟楼梯间前室时，可将直通室外的门设置在离楼梯间不大于15m处。

3 房间内任一点至房间直通疏散走道的疏散门的直线距离，不应大于表5.5.17规定的袋形走道两侧或尽端的疏散门至最近安全出口的直线距离。

4 一、二级耐火等级建筑内疏散门或安全出口不少于2个的观众厅、展览厅、多功能厅、餐厅、营业厅等，其室内任一点至最近疏散门或安全出口的直线距离不应大于30m；当疏散门不能直通室外地面或疏散楼梯间时，应采用长度不大于10m的疏散走道通至最近的安全出口。当该场所设置自动喷水灭火系统时，室内任一点至最近安全出口的安全疏散距离可分别增加25%。

根据上述第4款，选项A满足规范要求；根据表5.5.17注3，选项B满足规范要求；根据第2款，当层数不超过4层且未采用扩大的封闭楼梯间或防烟楼梯间前室时，可将直通室外的门设置在离楼梯间不大于15m处，选项C不符合规范要求；根据表5.5.17注1，选项D符合规范要求；根据表5.5.17，歌舞娱乐放映游艺场所至疏散门的最大距离不应大于9m，选项E符合规范要求。

【题98】根据《火灾自动报警系统施工及验收规范》GB 50166要求，下列关于火灾自动报警系统周期性维护保养的说法中，正确的是（　　）。

A. 点型感烟火灾探测器投入运行3年后，应每隔2年至少全部清洗一遍
B. 每年应用专用检测仪器对所安装的全部探测器试验至少1次
C. 每年应用专用检测仪器对所安装的全部手动报警装置试验至少1次

D. 每年应对全部防火卷帘的试验至少1次
E. 每年应对全部电动防火门的试验至少1次

【参考答案】BCDE
【解题分析】
《火灾自动报警系统施工及验收规范》GB 50166—2007

6.2.4 每年应检查和试验火灾自动报警系统下列功能，并按本规范附录F的要求填写相应的记录。

1 应用专用检测仪器对所安装的全部探测器和手动报警装置试验至少1次。（选项B、C正确）

2 自动和手动打开排烟阀，关闭电动防火阀和空调系统。

3 对全部电动防火门、防火卷帘的试验至少1次。（选项D、E正确）

4 强制切断非消防电源功能试验。

5 对其他有关的消防控制装置进行功能试验。

6.2.5 点型感烟火灾探测器投入运行2年后，应每隔3年至少全部清洗一遍。（故选项A错误）

【题99】南方某工业厂区，占地面积为180hm²，长方形地块，其宽度为1000m，消防水泵房为独立建筑且设置在地块的中心位置，消防给水系统采用室内外合用的临时高压系统，系统设计流量和压力分别为120L/s、1.0MPa，厂区消防控制室至消防水泵房行走距离为800m。验收时，下列检测结果中，符合现行国家消防技术标准的有（   ）。

A. 消防水泵房地面与室外地坪相差50mm高差，没有挡水设施
B. 室外最不利点消火栓到消防泵房的行走距离为1350m
C. 稳压泵设计流量3L/s
D. 消防水泵五用一备
E. 消防水泵房不设值班室

【参考答案】CE
【解题分析】
《消防给水及消火栓系统技术规范》GB 50974—2014

5.5.14 消防水泵房应采取防水淹没的技术措施。（选项A没有挡水设施，错误。）

6.1.11 建筑群共用临时高压消防给水系统时，应符合下列规定：

1 工矿企业消防供水的最大保护半径不宜超过1200m，且占地面积不宜大于200hm²；

2 居住小区消防供水的最大保护建筑面积不宜超过500000m²；

3 公共建筑宜为同一产权或物业管理单位。

根据上述要求，工矿企业消防供水的最大保护半径不宜超过1200m，选项B为1350m，不符合要求，错误。

5.3.2 稳压泵的设计流量应符合下列规定：

1 稳压泵的设计流量不应小于消防给水系统管网的正常泄漏量和系统自动启动流量；

2 消防给水系统管网的正常泄漏量应根据管道材质、接口形式等确定，当没有管网泄漏量数据时，稳压泵的设计流量宜按消防给水设计流量的1%～3%计，且不宜小于

1L/s。

根据上述要求，选项 C 正确。

5.1.6 消防水泵的选择和应用应符合下列规定：

7 消防给水同一泵组的消防水泵型号宜一致，且**工作泵不宜超过 3 台**；

8 多台消防水泵并联时，应校核流量叠加对消防水泵出口压力的影响。

根据第 7 款，工作泵不宜超过 3 台，选项 D 错误。

消防水泵房不需设置值班室，但要求 24 小时有人值班，故选项 E 正确。

【题 100】在对建筑由火灾自动报警系统联动启动的雨淋喷水灭火系统进行检测时，应检测雨淋阀组联动控制功能。根据现行国家消防技术标准的规定，下列关于开启雨淋阀组的联动触发信号的说法中，正确的有（　　）。

A. 同一报警区域内两只及以上独立的感温火灾探测器的报警信号

B. 同一报警区域内两只及以上独立的感烟火灾探测器的报警信号

C. 同一报警区域内一只感烟火灾探测器与一只手动火灾报警按钮的报警信号

D. 同一报警区域内一只感烟火灾探测器与一只感温火灾探测器的报警信号

E. 同一报警区域内一只感温火灾探测器与一只手动火灾报警按钮的报警信号

【参考答案】AE

【解题分析】

《火灾自动报警系统设计规范》GB 50116—2013

4.2.3 雨淋系统的联动控制设计，应符合下列规定：

1 联动控制方式，应由**同一报警区域内两只及以上独立的感温火灾探测器或一只感温火灾探测器与一只手动火灾报警按钮的报警信号**，作为雨淋阀组开启的联动触发信号。应由消防联动控制器控制雨淋阀组的开启。（故选项 A、E 正确）

2 手动控制方式，应将雨淋消防泵控制箱（柜）的启动和停止按钮、雨淋阀组的启动和停止按钮，用专用线路直接连接至设置在消防控制室内的消防联动控制器的手动控制盘，直接手动控制雨淋消防泵的启动、停止及雨淋阀组的开启。

3 水流指示器，压力开关，雨淋阀组、雨淋消防泵的启动和停止的动作信号应反馈至消防联动控制器。

附录

附录 A 一级注册消防工程师资格考试考生须知

报名条件

凡中华人民共和国公民，遵守国家法律、法规，恪守职业道德，并符合一级注册消防工程师资格考试报名条件之一的，均可申请参加一级注册消防工程师资格考试。

（一）取得消防工程专业大学专科学历，工作满 6 年，其中从事消防安全技术工作满 4 年；或者取得消防工程相关专业大学专科学历（消防工程相关专业新旧对照见表1），工作满 7 年，其中从事消防安全技术工作满 5 年。

（二）取得消防工程专业大学本科学历或者学位，工作满 4 年，其中从事消防安全技术工作满 3 年；或者取得消防工程相关专业大学本科学历，工作满 5 年，其中从事消防安全技术工作满 4 年。

（三）取得含消防工程专业在内的双学士学位或者研究生班毕业，工作满 3 年，其中从事消防安全技术工作满 2 年；或者取得消防工程相关专业在内的双学士学位或者研究生班毕业，工作满 4 年，其中从事消防安全技术工作满 3 年。

（四）取得消防工程专业硕士学历或者学位，工作满 2 年，其中从事消防安全技术工作满 1 年；或者取得消防工程相关专业硕士学历或者学位，工作满 3 年，其中从事消防安全技术工作满 2 年。

（五）取得消防工程专业博士学历或者学位，从事消防安全技术工作满 1 年；或者取得消防工程相关专业博士学历或者学位，从事消防安全技术工作满 2 年。

（六）取得其他专业相应学历或者学位的人员，其工作年限和从事消防安全技术工作年限相应增加 1 年。

免试条件

凡符合一级注册消防工程师资格考试报名条件，并具备下列一项条件的可免试"消防安全技术实务"科目，只参加"消防安全技术综合能力"和"消防安全案例分析" 2 个科目的考试。

（一）2011 年 12 月 31 日前，评聘高级工程师技术职务的；

（二）通过全国统一考试取得一级注册建筑师资格证书，或者勘察设计各专业注册工程师资格证书的。

成绩管理

一级注册消防工程师资格考试成绩实行滚动管理方式，参加全部 3 个科目考试（级别为考全科）的人员，必须在连续 3 个考试年度内通过应试科目；参加 2 个科目考试（级别为免 1 科）的人员必须在 2 个连续考试年度内通过应试科目，方能取得资格证书。

考试时长及题型

一级注册消防工程师资格考试分3个半天进行。其中，《消防安全技术实务》和《消防安全技术综合能力》科目的考试时间均为2.5小时，题型均为客观题（单选80道题，每题1分；多选20道题，每题2分），满分120分。《消防安全案例分析》科目的考试时间为3小时，题型为主观题（6道大题），满分120分。

消防工程相关专业新旧对照表　　　　表1

专业划分	专业名称(98版)	旧专业名称(98年前)
工学类相关专业	电气工程及其自动化 电子信息工程 通信工程 计算机科学与技术	电力系统及其自动化；高电压与绝缘技术；电气技术(部分)；电机电器及其控制；光源与照明；电气工程及其自动化；电子工程；应用电子技术；信息工程；广播电视工程；电子信息工程；无线电技术与信息系统；电子与信息技术；公共安全图像技术；通信工程；计算机通信；计算机及应用；计算机软件；软件工程
	建筑学 城市规划 土木工程 建筑环境与设备工程 给水排水工程	建筑学；城市规划；城镇建设(部分)；总图设计与运输工程(部分)；矿井建设；建筑工程；城镇建设(部分)；交通土建工程；工业设备安装工程；涉外建筑工程；土木工程；供热通风与空调工程；城市燃气工程；供热空调与燃气工程；给水排水工程
	安全工程	矿山通风与安全；安全工程
	化学工程与工艺	化学工程；化工工艺；工业分析；化学工程与工艺
管理学类相关专业	管理科学 工业工程 工程管理	管理科学；系统工程(部分)；工业工程；管理工程(部分)；涉外建筑工程营造与管理；国际工程管理

注：表中"专业名称"指中华人民共和国教育部高等教育司1998年颁布的《普通高等学校本科专业目录和专业介绍》中规定的专业名称；"旧专业名称"指1998年《普通高等学校本科专业目录和专业介绍》颁布前各院校所采用的专业名称。

附录 B 一级注册消防工程师考试大纲

（注：截至本书出版之时，新版考试大纲尚未公布，本大纲为 2019 年版，供读者参考）

科目一：《消防安全技术实务》

一、考试目的
考查消防专业技术人员在消防安全技术工作中，依据现行消防法律法规及相关规定，熟练运用相关消防专业技术和标准规范，独立辨识、分析、判断和解决消防实际问题的能力。

二、考试内容及要求

（一）燃烧与火灾

1.燃烧

运用燃烧机理，分析燃烧的必要条件和充分条件。辨识不同的燃烧类型及其燃烧特点，判断典型物质的燃烧产物和有毒有害性。

2.火灾

运用火灾科学原理，辨识不同的火灾类别，分析火灾发生的常见原因，认真研究预防和扑救火灾的基本原理，组织制定预防和扑救火灾的技术方法。

3.爆炸

运用相关爆炸机理，辨识不同形式的爆炸及其特点，分析引起爆炸的主要原因，判断物质的火灾爆炸危险性，组织制定有爆炸危险场所建筑物的防爆措施与方法。

4.易燃易爆危险品

运用燃烧和爆炸机理，辨识易燃易爆危险品的类别和特性，分析其火灾和爆炸的危险性，判断其防火防爆要求与灭火方法的正确性，组织策划易燃易爆危险品安全管理的方法与措施。

（二）通用建筑防火

1.生产和储存物品的火灾危险性

根据消防技术标准规范，运用相关消防技术，辨识各类生产和储存物品的火灾危险性，分析、判断生产和储存物品火灾危险性分类的正确性，组织研究、制定控制或降低生产和储存物品火灾风险的方法与措施。

2.建筑分类与耐火等级

根据消防技术标准规范，运用相关消防技术，辨识、判断不同建筑材料和建筑物构件的燃烧性能、建筑物构件的耐火极限以及不同建筑物的耐火等级，组织研究和制定建筑结构防火的措施。

3.总平面布局和平面布置

根据消防技术标准规范，运用相关消防技术，辨识建筑物的使用性质和耐火等级，分析、判断建筑规划选址、总体布局以及建筑平面布置的合理性和正确性，组织研究和制定相应的防火技术措施。

4.防火防烟分区与分隔

根据消防技术标准规范，运用相关消防技术，辨识常用防火防烟分区分隔构件，分析、判断防火墙、防火卷帘、防火门、防火阀、挡烟垂壁等防火防烟分隔设施设置的正确性，针对不同建筑物和场所，组织研究、确认防火分区划分和防火分隔设施选用的技术要求。

5.安全疏散

根据消防技术标准规范，运用相关消防技术，针对不同的工业与民用建筑，组织研究、确认建筑疏散设施的设置方法和技术要求，辨识在疏散楼梯形式、安全疏散距离、安全出口宽度等方面存在的隐患，分析、判断建筑安全出口、疏散走道、避难走道、避难层等设置的合理性。

6.建筑电气防火

根据消防技术标准规范，运用相关消防技术，辨识电气火灾危险性，分析电气火灾发生的常见原因，组织研究、制定电气防火技术措施、方法与要求。

7.建筑防爆

根据消防技术标准规范，运用相关消防技术，辨识建筑防爆安全隐患，分析、判断爆炸危险环境电气防爆措施的正确性，组织研究、制定爆炸危险性厂房、库房防爆技术措施、方法与要求。

8.建筑设备防火防爆

根据消防技术标准规范，运用相关消防技术和防爆技术，辨识燃油、燃气锅炉和电力变压器等设施以及采暖、通风与空调系统的火灾爆炸危险性，分析、判断锅炉房、变压器室以及采暖、通风与空调系统防火防爆措施应用的正确性，组织研究、制定建筑设备防火防爆技术措施、方法与要求。

9.建筑装修、外墙保温材料防火

根据消防技术标准规范，运用相关消防技术，辨识各类装修材料和外墙保温材料的燃烧性能，分析、判断建筑装修和外墙保温材料应用方面存在的火灾隐患，组织研究和解决不同建筑物和场所内部装修与外墙保温系统的消防安全技术问题。

10.灭火救援设施

根据消防技术标准规范，运用相关消防技术，组织研究、制定消防车道、消防扑救面、消防车作业场地、消防救援窗及屋顶直升机停机坪、消防电梯等消防救援设施的设置技术要求，解决相关技术问题。

（三）建筑消防设施

1.室内外消防给水系统

根据消防技术标准规范，运用相关消防技术，辨识消防给水系统的类型和特点，分析、判断建筑物室内外消防给水方式的合理性，正确计算消防用水量，解决消防给水系统相关技术问题。

2.自动水灭火系统

根据消防技术标准规范，运用相关消防技术，辨识自动喷水灭火系统、水喷雾灭火系统、细水雾灭火系统的灭火机理和系统特点，针对不同保护对象，分析、判断建设工程中自动喷水灭火系统、水喷雾灭火系统、细水雾灭火系统选择和设置的适用性与合理性，解决相关技术问题。

3.气体灭火系统

根据消防技术标准规范，运用相关消防技术，辨识各类气体灭火系统的灭火机理和系统特点，针对不同保护对象，分析、判断建设工程中气体灭火系统选择和设置的适用性与合理性，解决相关技术问题。

4.泡沫灭火系统

根据消防技术标准规范，运用相关消防技术，辨识低倍数、中倍数、高倍数泡沫灭火系统的灭火方式和系统特点，针对不同保护对象，分析、判断泡沫灭火系统选择和设置的适用性与合理性，解决相关技术问题。

5.干粉灭火系统

根据消防技术标准规范，运用相关消防技术，辨识干粉灭火系统的灭火方式和系统特点，针对不同保护对象，分析、判断干粉灭火系统选择和设置的适用性与合理性，解决相关技术问题。

6.火灾自动报警系统

根据消防技术标准规范，运用相关消防技术，辨识火灾自动报警系统的报警方式和系统特点，针对不同建筑和场所，分析和判断系统选择和设置的适用性与合理性，解决相关技术问题。

7.防烟排烟系统

根据消防技术标准规范，运用相关消防技术，辨识建筑防烟排烟系统的方式和特点，分析、判断系统选择和设置的适用性与合理性，解决相关技术问题。

8.消防应急照明和疏散指示标志

根据消防技术标准规范，运用相关消防技术，辨识建筑消防应急照明和疏散指示标志设置的方式和特点，针对不同建筑和场所，分析、判断消防应急照明和疏散指示标志选择和设置的适用性与合理性，解决相关技术问题。

9.城市消防安全远程监控系统

根据消防技术标准规范，运用相关消防技术，辨识城市消防安全远程监控系统的方式和特点，分析、判断系统选择和设置的适用性与合理性，组织研究、制定系统设置的技术要求和运行使用要求。

10.建筑灭火器配置

根据消防技术标准规范，运用相关消防技术，辨识不同灭火器的种类与特点，针对不同建筑和场所，分析、判断灭火器的选择和配置的适用性与合理性，正确计算和配置建筑灭火器。

11.消防供配电

根据消防技术标准规范，运用相关消防技术，辨识建筑消防用电负荷等级和消防电源的供电负荷等级。针对不同的建筑和场所，分析、判断消防供电方式和消防用电负荷等级，组织研究和解决建筑消防供配电技术问题。

（四）特殊建筑、场所防火

1. 石油化工防火

根据消防技术标准规范，运用相关消防技术，辨识石油化工火灾特点，分析、判断石油化工生产、运输和储存过程中的火灾爆炸危险性，组织研究和制定相应的火灾防控措施，解决相关的消防安全技术问题。

2. 地铁防火

根据消防技术标准规范，运用相关消防技术，辨识地铁建筑火灾特点，分析、判断地铁火灾危险性，组织研究和制定相应的火灾防控措施，解决相关的消防安全技术问题。

3. 城市交通隧道防火

根据消防技术标准规范，运用相关消防技术，辨识隧道建筑火灾特点，分析、判断城市交通隧道的火灾危险性，组织研究和制定相应的火灾防控措施，解决相关的消防安全技术问题。

4. 加油加气站防火

根据消防技术标准规范，运用相关消防技术，辨识加油加气站的火灾特点，分析、判断加油加气站的火灾危险性，组织研究和制定相应的火灾防控措施，解决相关的消防安全技术问题。

5. 发电厂和变电站防火

根据消防技术标准规范，运用相关消防技术，辨识火力发电厂和变电站的火灾特点，分析、判断火力发电厂和变电站的火灾危险性，组织研究和制定相应的火灾防控措施，解决相关的消防安全技术问题。

6. 飞机库防火

根据消防技术标准规范，运用相关消防技术，辨识飞机库建筑的火灾特点，分析、判断飞机库的火灾危险性，组织研究和制定相应的火灾防控措施，解决相关的消防安全技术问题。

7. 汽车库、修车库防火

根据消防技术标准规范，运用相关消防技术，辨识汽车库、修车库的火灾特点，分析、判断汽车库、修车库的火灾危险性，组织研究和制定相应的火灾防控措施，解决相关的消防安全技术问题。

8. 洁净厂房防火

根据消防技术标准规范，运用相关消防技术，辨识洁净厂房的火灾特点，分析、判断洁净厂房的火灾危险性，组织研究和制定相应的火灾防控措施，解决相关的消防安全技术问题。

9. 信息机房防火

根据消防技术标准规范，运用相关消防技术，辨识信息机房的火灾危险性和火灾特点，分析、判断信息机房的火灾危险性，组织研究和制定相应的火灾防控措施，解决相关的消防安全技术问题。

10. 古建筑防火

根据消防技术标准规范和相关管理规定，运用相关消防技术，辨识古建筑的火灾特点、分析、判断古建筑的火灾危险性，组织研究和制定相应的火灾防控措施，解决相关的消防安全技术问题。

11.人民防空工程防火

根据消防技术标准规范，运用相关消防技术，辨识人民防空工程的火灾特点，分析、判断人民防空工程的火灾危险性，组织研究和制定相应的火灾防控措施，解决相关的消防安全技术问题。

12.其他建筑、场所防火

根据消防技术标准规范，运用相关消防技术，辨识其他建筑、场所的火灾特点，分析、判断其他建筑、场所的火灾危险性，组织研究和制定相应的火灾防控措施，解决相关的消防安全技术问题。

(五) 消防安全评估

1.火灾风险识别

根据消防技术标准规范，运用相关消防技术，辨识火灾危险源，分析火灾风险，判断火灾预防措施的合理性和有效性，组织制定火灾危险源的管控措施。

2.火灾风险评估方法

根据消防技术标准规范，运用相关消防技术，辨识、分析区域和建筑的火灾风险，判断火灾风险评估基本流程、评估方法以及基本手段的合理性；运用事件树分析等方法进行火灾风险分析，组织研究、策划、制定对区域和建筑进行火灾风险评估的技术方案。

建筑性能化防火设计评估运用相关消防技术，辨识和分析建筑火灾危险性，确定建筑消防安全目标，设定火灾场景，分析火灾烟气流动和人员疏散特性以及建筑结构耐火性能，判断火灾烟气及人员疏散模拟计算和建筑耐火性能分析计算手段的合理性，组织研究和确定建筑性能化防火设计的安全性。

科目二：《消防安全技术综合能力》

一、考试目的

考查消防专业技术人员在消防安全技术工作中，掌握消防技术前沿发展动态，依据现行消防法律法规及相关规定，运用相关消防技术和标准规范，独立解决重大、复杂、疑难消防安全技术问题的综合能力。

二、考试内容及要求

(一) 消防法及相关法律法规与注册消防工程师职业道德

1.消防法及相关法律法规

根据《消防法》《行政处罚法》和《刑法》等法律以及《机关、团体、企业、事业单位消防安全管理规定》和《社会消防技术服务管理规定》等行政规章的有关规定，分析、判断建设工程活动和消防产品使用以及其他消防安全管理过程中存在的消防违法行为及其相应的法律责任。

2.注册消防工程师执业

根据《消防法》《社会消防技术服务管理规定》和《注册消防工程师制度暂行规定》，

确认注册消防工程师执业活动的合法性和注册消防工程师履行义务的情况，确认规范注册消防工程师执业行为和职业道德修养的基本原则和方法，分析、判断注册消防工程师执业行为的法律责任。

（二）建筑防火检查

1. 总平面布局与平面布置检查

根据消防技术标准规范，运用相关消防技术，确认总平面布局与平面布置检查的内容和方法，辨识和分析总平面布局和平面布置、建筑耐火等级、消防车道和消防车作业场地及其他灭火救援设施等方面存在的不安全因素，组织研究解决消防安全技术问题。

2. 防火防烟分区检查

根据消防技术标准规范，运用相关消防技术，确定防火防烟分区检查的主要内容和方法，辨识和分析防火分区与防烟分区划分、防火分隔设施设置等方面存在的不安全因素，组织研究解决防火防烟分区的消防安全技术问题。

3. 安全疏散设施检

根据消防技术标准规范，运用相关消防技术，确定安全疏散设施检查的主要内容和方法，辨识和分析消防安全疏散设施方面存在的不安全因素，组织研究解决建筑中安全疏散的消防技术问题。

4. 易燃易爆场所防爆检查

根据消防技术标准规范，运用相关消防技术，确定易燃易爆场所防火防爆检查的主要内容和方法，辨识、分析易燃易爆场所存在的火灾爆炸等不安全因素，组织研究解决易燃易爆场所防火防爆的技术问题。

5. 建筑装修和建筑外墙保温检查

根据消防技术标准规范，运用相关消防技术，确定建筑装修和建筑外墙保温系统检查的主要内容和方法，辨识建筑内部装修和外墙保温材料的燃烧性能，分析建筑装修和外墙保温系统的不安全因素，组织研究解决建筑装修和建筑外墙保温系统的消防安全技术问题。

（三）消防设施检测与维护管理

1. 通用要求

根据消防技术标准规范，运用相关消防技术，组织制定消防设施检查、检测与维护保养的实施方案，确认消防设施检查、检测与维护保养的技术要求，辨识消防控制室技术条件、维护管理措施和应急处置程序的正确性。

2. 消防给水设施

根据消防技术标准规范，运用相关消防技术，组织制定消防给水设施检查、检测与维护保养的实施方案，确认设施检查、检测与维护保养的技术要求，辨识和分析消防给水设施运行过程中出现故障的原因，指导相关从业人员正确检查、检测与维护保养消防给水设施，解决消防给水设施的技术问题。

3. 消火栓系统

根据消防技术标准规范，运用相关消防技术，组织制定消火栓系统检查、检测与维护保养的实施方案，确认系统检查、检测与维护保养的技术要求，辨识和分析系统运行过程中出现故障的原因，指导相关从业人员正确检查、检测与维护保养消火栓系统，解决该系统的技术问题。

4. 自动水灭火系统

根据消防技术标准规范,运用相关消防技术,组织制定自动喷水灭火系统、水喷雾灭火系统、细水雾灭火系统及其组件检测、验收的实施方案,确认系统检查、检测与维护保养的技术要求,辨识和分析系统出现故障的原因,指导相关从业人员正确检查、检测与维护保养自动水灭火系统,解决该系统技术问题。

5. 气体灭火系统

根据消防技术标准规范,运用相关消防技术,组织制定气体灭火系统检查、检测与维护保养的实施方案,确认系统检查、检测与维护保养的技术要求,辨识和分析系统运行过程中出现故障的原因,指导相关从业人员正确检查、检测与维护保养气体灭火系统,解决该系统技术问题。

6. 泡沫灭火系统

根据消防技术标准规范,运用相关消防技术,组织制定泡沫灭火系统检查、检测与维护保养的实施方案,确认系统检查、检测与维护保养的技术要求,辨识和分析系统出现故障的原因,指导相关从业人员正确检查、检测与维护保养泡沫灭火系统,解决该系统的消防技术问题。

7. 干粉灭火系统

根据消防技术标准规范,运用相关消防技术,组织制定干粉灭火系统检查、检测与维护保养的实施方案,确认系统检查、检测与维护保养的技术要求,辨识和分析系统出现故障的原因,指导相关从业人员正确检查、检测与维护保养干粉灭火系统,解决该系统消防技术问题。

8. 建筑灭火器配置与维护管理

根据消防技术标准规范,运用相关消防技术,确认各种建筑灭火器安装配置、检查和维修的技术要求,辨识和分析建筑灭火器安装配置、检查和维修过程中常见的问题,指导相关从业人员正确安装配置、检查和维修灭火器,解决相关的技术问题。

9. 防烟排烟系统

根据消防技术标准规范,运用相关消防技术,组织制定防烟排烟系统检查、检测与维护保养的实施方案,确认系统检查、检测与维护保养的技术要求,辨识和分析系统运行过程中出现故障的原因,指导相关从业人员正确检查、检测与维护保养防烟排烟系统,解决该系统消防技术问题。

10. 消防用电设备的供配电与电气防火防爆

根据消防技术标准规范,运用相关消防技术,组织制定消防供配电系统和电气防火防爆检查的实施方案,确定电气防火技术措施,辨识和分析常见的电气消防安全隐患,解决电气防火防爆方面的消防技术问题。

11. 消防应急照明和疏散指示标志

根据消防技术标准规范,运用相关消防技术,组织制定消防应急照明和疏散指示标志检查、检测与维护保养的实施方案,确认系统及各组件检查、检测与维护保养的技术要求,辨识和分析系统运行出现故障的原因,指导相关从业人员正确检查、检测与维护保养消防应急照明和疏散指示标志,解决消防应急照明和疏散指示标志的技术问题。

12.火灾自动报警系统

根据消防技术标准规范,运用相关消防技术,组织制定火灾自动报警系统检查、检测与维护保养的实施方案,确认火灾探测报警系统、消防联动控制系统、可燃气体探测报警系统、电气火灾监控系统检查、检测与维护保养的技术要求,辨识和分析系统出现故障的原因,指导相关从业人员正确检查、检测与维护保养火灾自动报警系统,解决该系统的消防技术问题。

13.城市消防安全远程监控系统

根据消防技术标准规范,运用相关消防技术,组织制定城市消防安全远程监控系统检查、检测与维护保养的实施方案,确认系统及各组件检测与维护管理的技术要求,辨识和分析系统出现的故障及原因,指导相关从业人员正确检测、验收与维护保养城市消防安全远程监控系统,解决该系统的消防技术问题。

(四) 消防安全评估方法与技术

1.区域火灾风险评估

根据有关规定和标准,运用区域消防安全评估技术与方法,辨识和分析影响区域消防安全的因素,确认区域火灾风险等级,组织制定控制区域火灾风险的策略。

2.建筑火灾风险评估

根据有关规定和相关消防技术标准规范,运用建筑消防安全评估技术与方法,辨识和分析影响建筑消防安全的因素,确认建筑火灾风险等级,组织制定控制建筑火灾风险的策略。

3.建筑性能化防火设计评估

根据有关规定,运用性能化防火设计技术,确认性能化防火设计的适用范围和基本程序步骤,设定消防安全目标,确定火灾荷载,设计火灾场景,合理选用计算模拟软件,评估计算结果,确定建筑防火设计方案。

(五) 消防安全管理

1.社会单位消防安全管理

根据消防法律法规和有关规定,组织制定单位消防安全管理的原则、目标和要求,检查和分析单位依法履行消防安全职责的情况,辨识单位消防安全管理存在的薄弱环节,判断单位消防安全管理制度的完整性和适用性,解决单位消防安全管理问题。

2.单位消防安全宣传教育培训

根据消防法律法规和有关规定,确认消防宣传与教育培训的主要内容,制定消防宣传与教育培训的方案,分析单位消防宣传与教育培训制度建设与落实情况,评估消防宣传教育培训效果,解决消防宣传教育培训方面的问题。

3.消防应急预案制定与演练方案

根据消防法律法规和有关规定,确认应急预案制定的方法、程序与内容,分析单位消防应急预案的完整性和适用性,确认消防演练的方案,指导开展消防演练,评估演练的效果,发现、解决预案制定和演练方面的问题。

4.建设工程施工现场消防安全管理

根据消防法律法规和有关规定,运用相关消防技术和标准规范,确认施工现场消防管理内容与要求,辨识和分析施工现场消防安全隐患,解决施工现场消防安全管理问题。

5.大型群众性活动消防安全管理

根据消防法律法规和有关规定,辨识和分析大型群众性活动的主要特点和火灾风险因素,组织制定消防安全方案,解决消防安全技术问题。

科目三:《消防安全案例分析》

一、考试目的

考查消防专业技术人员根据消防法律法规和消防技术标准规范,运用《消防安全技术实务》和《消防安全技术综合能力》科目涉及的理论知识和专业技术,在实际应用时体现的综合分析能力和实际执业能力。

二、考试内容及要求

本科目考试内容和要求参照《消防安全技术实务》和《消防安全技术综合能力》两个科目的考试大纲,考试试题的模式参见考试样题。